let's Petzt
HM2

meins

Analysis

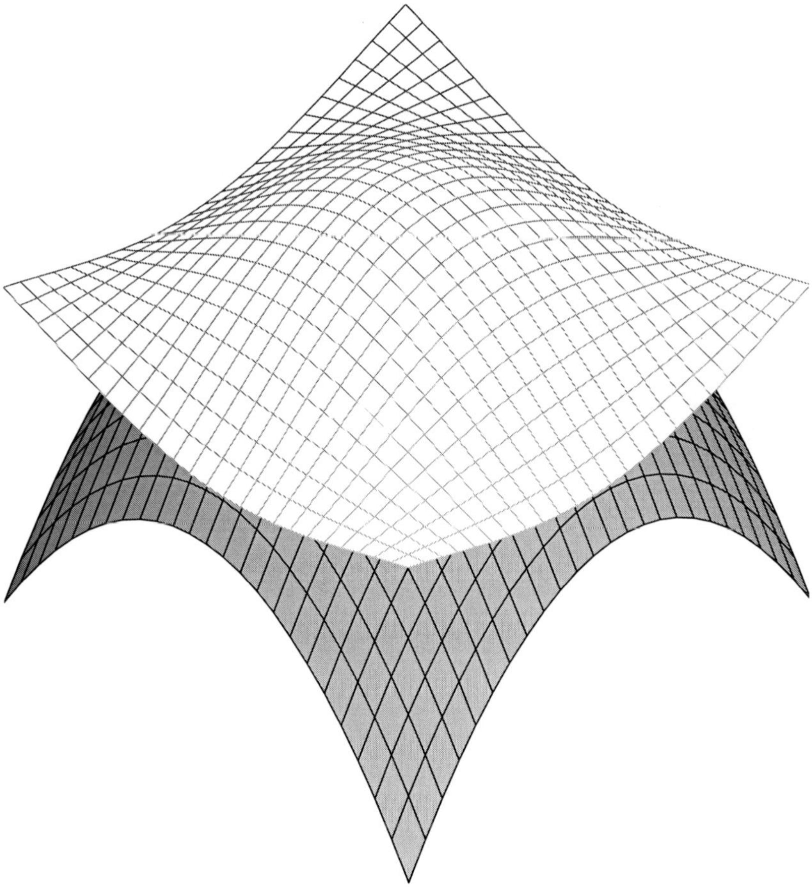

für Ingenieure, Mathematiker und Physiker

W. Kimmerle – M. Stroppel

Autoren:

apl. Prof. Dr. Wolfgang Kimmerle
apl. Prof. Dr. Markus Stroppel

Fakultät Mathematik und Physik
Universität Stuttgart
Pfaffenwaldring 57
D - 70550 Stuttgart Germany

Analysis
für Ingenieure, Mathematiker und Physiker
W. Kimmerle, M. Stroppel
4. Auflage, 2014
8. korrigierter Nachdruck, 2020
ISBN 978-3-936413-27-4

edition EAE delkhofen

Daten- und Texterstellung durch die Autoren unter Verwendung von LaTeX, Cinderella, XFig und Maple.

Druck: DCC Kästl, Ostfildern-Kemnat

Inhaltsverzeichnis

Vorwort

Dieses Textbuch zur Analysis entspricht weitgehend den vom zweiten Autor seit 2006 jeweils im Sommersemester an der Universität Stuttgart gehaltenen Vorlesungen „Höhere Mathematik 2 für Ingenieurstudierengänge". Auch die meist bereits in „Höhere Mathematik 1" behandelten Grundlagen der Analysis werden einbezogen. Im Interesse der Benutzbarkeit und der leichteren Querverweise wegen werden auch die elementaren Eigenschaften der relevanten Zahlbereiche $\mathbb{R}$ bzw. $\mathbb{C}$ in Kapitel 0 noch einmal aufgegriffen. Eine etwas ausführlichere Behandlung dieser Zahlbereiche findet man im Band „Lineare Algebra und Geometrie" (ISBN 978-3936413-24-3). Die vorliegende Darstellung basiert auf den einschlägigen Teilen der beiden Bände „Analysis von Funktionen einer reellen Veränderlichen" (ISBN 3-936413-05-3) und „Mehrdimensionale Analysis" (ISBN 3-936413-03-7) des ersten Autors, die zu dessen Vorlesungen zur Höheren Mathematik in den Sommersemestern 1998 und 2002 entstanden sind.

Neu aufgenommen wurden vor allem Bemerkungen zur Numerik (Newton-Verfahren, Quadratur). Außerdem sind in der gegenwärtigen Fassung zahlreiche Grafiken und Abbildungen hinzugekommen, diese wurden erstellt mit Hilfe der Programme Cinderella und Maple.

Im Unterschied zu Texten, die vorrangig für Mathematiker bestimmt sind, werden Beweise teilweise nur skizziert oder sogar ganz weggelassen. Wo wir die Beweise doch geben, geschieht dies in der Annahme, dass der Beweis zum besseren Verständnis beiträgt (oft handelt es sich um eine Rechnung, wie sie auch bei der Anwendung des betreffenden Resultats auftritt). Begründungen und Beweise für Teilbehauptungen finden sich oft auch in eckigen Klammern [in der Hoffnung, dass dadurch die Argumentationsstruktur klarer wird].

Ziel des vorliegenden Buches ist, die Theorie der Differentialrechnung (für Funktionen einer und auch mehrerer Veränderlicher) und die Integrationstheorie (für Funktionen einer Veränderlicher, einschließlich des Falls von Kurvenintegralen) so weit verständlich zu machen, dass auf dieser Grundlage sowohl die theoretische wie die numerische Behandlung technischer Anwendungen möglich wird.

Dieses Buch enthält keine Übungsaufgaben (ohne deren Bearbeitung eine Meisterung des Stoffs schwerlich gelingen dürfte). Eine Fülle geeigneter Aufgaben findet man im Angebot von „Mathematik Online“ der Universitäten Stuttgart und Ulm (siehe http://www.mathematik-online.org/). Außerdem sei auf die jeweils aktuelle Homepage zur Veranstaltung „Höhere Mathematik für Ingenieurstudiengänge“ verwiesen.

Für den vorliegenden sechsten Nachdruck der vierten Auflage wurden alle bisher bekannten Fehler korrigiert.

Stuttgart, im Dezember 2019

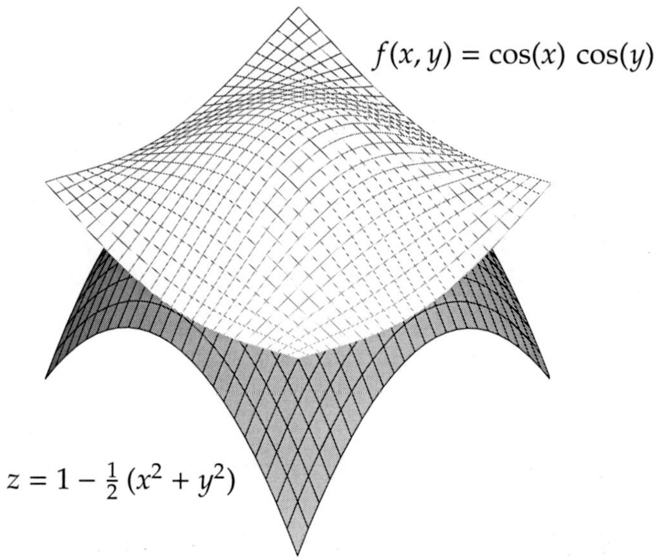

Zum Titelbild:
Die Abbildung zeigt einen Ausschnitt aus dem Graphen ($z = f(x, y)$) der Funktion $f\colon \mathbb{R}^2 \to \mathbb{R}\colon (x, y) \mapsto \cos(x)\,\cos(y)$ (in der Nähe des Ursprungs), zusammen mit der Schmiegquadrik im Punkt $(0, 0)$: Diese Quadrik ist in diesem Fall ein Rotationsparaboloid mit der Gleichung $z = 1 - \frac{1}{2}\,(x^2 + y^2)$. Die Schmiegquadrik approximiert die gegebene Funktion quadratisch, man erhält sie aus dem Taylorpolynom $T_2(f, (x, y), (0, 0))$ zweiter Stufe, vgl. 4.4.15.

Gute Approximationen durch Polynome sind für eine tatsächliche rechnerische Behandlung ingenieur- oder naturwissenschaftlicher Probleme unabdingbar und deshalb ein zentrales Thema der Analysis und der Numerik.

0 Reelle und komplexe Zahlen

0.1 Aussagen, Abbildungen und Mengen

0.1.1 Logische Operatoren und Quantoren.
Wir verwenden die folgenden Symbole zur Verknüpfung von Aussagen:

- $A \wedge B$ „Es gilt A und B".
- $A \vee B$ „Es gilt A oder B" (vielleicht auch beide!)
- $A \implies B$ „Aus A folgt B".
- $A \iff B$ „A und B sind äquivalent".

Ist M eine Menge, so bedeutet

- $\exists m \in M : A(m)$ „Es gibt ein m in M derart, dass $A(m)$ erfüllt ist".
- $\forall m \in M : A(m)$ „Für jedes m in M ist $A(m)$ erfüllt".

Man nennt $\exists$ den *Existenzquantor* und $\forall$ den *Allquantor*.

0.1.2 Definition. Unter einer *Abbildung* (*Funktion*) $f : A \to B$ von einer Menge A in eine Menge B versteht man eine Vorschrift, die jedem $a \in A$ eindeutig ein $f(a) \in B$ zuordnet.

Diese „Vorschrift" muss nicht *explizit* gegeben sein.
Beispielsweise wird die Funktion „Fakultät" $f(n) = n!$ *induktiv* definiert durch

$$f : \mathbb{N}_0 \to \mathbb{N}_0 : f(n) = \begin{cases} 1 & \text{falls } n = 0, \\ n \cdot f(n-1) & \text{sonst.} \end{cases}$$

0.1.3 Definitionen. Eine Abbildung $f : A \to Z$ heißt

- *injektiv*, falls für $a \neq b$ stets $f(a) \neq f(b)$ gilt
  $\big(\forall\, a, b \in A : a \neq b \implies f(a) \neq f(b)\big)$
- *surjektiv*, falls zu jedem $z \in Z$ ein $a \in A$ mit $f(a) = z$ existiert
  $\big(\forall\, z \in Z\, \exists a \in A : f(a) = z\big)$
- *bijektiv*, falls f sowohl injektiv als auch surjektiv ist.

0.1.4 Beispiele.

1. Die Funktion $q : \mathbb{R} \to \mathbb{R} : q(x) = x^2$ ist weder injektiv $[q(x) = q(-x)]$ noch surjektiv $[\forall\, x \in \mathbb{R} : q(x) \neq -1]$.
2. Die Einschränkung von q zu einer Funktion $\tilde{q} : \mathbb{R}_0^+ \to \mathbb{R}_0^+$ ist bijektiv.
3. Die Funktion „Fakultät" ist weder injektiv noch surjektiv.
   [Es gilt ja $0! = 1 = 1!$ und $\forall\, n \in \mathbb{N}_0 : n! \neq 3$]
4. Schränkt man die Fakultät zu einer Abbildung von $\mathbb{N}$ nach $\mathbb{N}$ ein, so wird diese injektiv (aber immer noch nicht surjektiv).

Mengen kann man auf verschiedene Arten beschreiben:

- durch explizite Auflistung, etwa $M = \{1, 2, 15, 23\}$ oder $X = \{3, 5, 7, \ldots\}$,
- durch Aussondern aus einem Universummittels einerAussageform, etwa $Y := \{x \in U \mid A(x)\}$. Konkretes Beispiel: $\mathbb{N}_0 = \{x \in \mathbb{Z} \mid x \geqq 0\}$.

Die zweite Variante ist präziser:

Bei der eben gegebenen Beschreibung der Menge X ist nur aus dem Kontext zu entnehmen, ob die Menge aller ungeraden ganzen Zahlen größer als 1 gemeint ist (präzise: $\{z \in \mathbb{Z} \mid z > 1 \wedge z \text{ ungerade}\}$) oder doch die Menge aller Primzahlen größer als 2, oder noch etwas ganz anderes.

0.1.5 Definitionen. Es sei X eine Menge.

- Eine Menge M heißt *Teilmenge* von X, wenn jedes Element von M auch Element von X ist. Wir schreiben dann $M \subseteq X$.
- Der *Schnitt* von zwei Mengen A, B ist $A \cap B := \{x \mid x \in A \wedge x \in B\}$.
- Die *Vereinigung* ist $A \cup B := \{x \mid x \in A \vee x \in B\}$.
- Die *Differenz* ist $A \setminus B := \{x \in A \mid x \notin B\}$.
- Das *Komplement* von M in X ist $\complement_X(M) := \{x \in X \mid x \notin M\}$ — man kann auch einfach $\complement_X(M) = X \setminus M$ schreiben.

0.1.6 Gesetze von de Morgan.

1. $\complement_X(A \cup B) = \complement_X(A) \cap \complement_X(B)$

2. $\complement_X(A \cap B) = \complement_X(A) \cup \complement_X(B)$

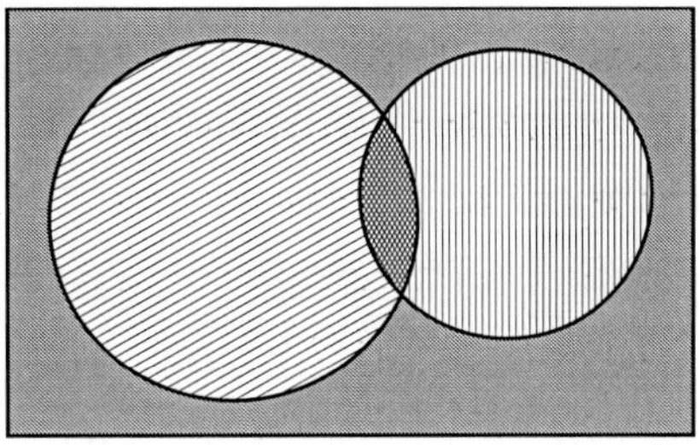

0.1.7 Definition. Für beliebige Mengen A und B bildet man das *kartesische Produkt* $A \times B := \{(a,b) \mid a \in A \wedge b \in B\}$, also die Menge aller *geordneten Paare*. Im Falle $A = B$ schreibt man kurz $A^2 := A \times A$.

Man kann wiederholt kartesische Produkte bilden, dabei werden $(A \times B) \times C$ und $A \times (B \times C)$ identifiziert, und man schreibt einfach $A \times B \times C$. Insbesondere ist $A^n := \underbrace{A \times \cdots \times A}_{n\text{-mal}}$. Ein sehr wichtiges Beispiel ist die Menge $\mathbb{R}^n$.

Man beachte: Elemente in kartesischen Produkten sind genau dann gleich, wenn sie in *allen* Einträgen übereinstimmen!

$$\forall\, a_1, a_2 \in A\; \forall\, b_1, b_2 \in B : \quad (a_1, b_1) = (a_2, b_2) \iff (a_1 = a_2) \wedge (b_1 = b_2)\,.$$

0.2 Die Menge $\mathbb{R}$ der reellen Zahlen: Anordnung und Abstände

Mit $\mathbb{Z}$ wird die Menge $\mathbb{Z} := \{\ldots, -3, -2, -1, 0, 1, 2, 3, \ldots\}$ aller *ganzen Zahlen* bezeichnet. Wir brauchen diese Erweiterung von $\mathbb{N}$, da $\mathbb{N}$ unter Subtraktion nicht abgeschlossen ist. Nun ist $\mathbb{Z}$ zwar unter Subtraktion, aber nicht unter Division abgeschlossen: Wir erweitern deswegen weiter zur Menge $\mathbb{Q}$ aller *rationalen Zahlen*: $\mathbb{Q} := \left\{\frac{a}{b} \;\middle|\; a, b \in \mathbb{Z} \wedge b \neq 0\right\}$. Um den Zahlenstrahl (und damit die Geometrie) beschreiben zu können, müssen wir den Zahlbereich noch einmal erweitern [z. B. fehlen $\sqrt{2}$ und π].

Jede von Null verschiedene *reelle Zahl* lässt sich durch einen nicht abbrechenden Dezimalbruch beschreiben. Umgekehrt beschreibt jeder Dezimalbruch eine reelle Zahl.

0.2.1 Beispiele.

- π =3,1415926535897932384 $\cdots$
- e = 2,7182818284590452353 $\cdots$
- $\frac{1}{3} = 0,3333333333333333333\cdots$
- $\frac{1}{17} = 0,0588235294117647\cdots$
- $\frac{1}{2} = 0,49999999999999999\cdots$

0.2.2 Ordnungsrelation auf der Menge der reellen Zahlen.
Mit Hilfe der Geometrie der Zahlengeraden kann man reelle Zahlen untereinander vergleichen. Man definiert für $a, b \in \mathbb{R}$:

- $a < b$ falls a links von b liegt
- $a > b$ falls a rechts von b liegt
- $a = b$ sonst.

Offenbar tritt immer genau einer dieser Fälle ein. Wir erhalten daher eine Zerlegung von $\mathbb{R}$ in die Mengen

$$\mathbb{R}^+ := \{r \in \mathbb{R} \mid r > 0\}\ ,$$
$$\{0\}\ ,$$
$$\mathbb{R}^- := \{r \in \mathbb{R} \mid r < 0\}\ ;$$

man schreibt auch $\mathbb{R}_0^+ := \mathbb{R}^+ \cup \{0\} = \{r \in \mathbb{R} \mid r \geqq 0\}$.

Allgemein schreibt man $a \geqq b$ für $(a > b \vee a = b)$, analog $a \leqq b$.

0.2.3 Eigenschaften der Ordnungsrelation. Für alle $a, b, c \in \mathbb{R}$ gilt:

1. Transitivität: $(a < b) \wedge (b < c) \implies (a < c)$
2. Monotonie der Addition: $(a < b) \implies (a + c < b + c)$
3. Monotonie der Multiplikation: $(a < b) \wedge (c > 0) \implies (ac < bc)$
   $(a < b) \wedge (c < 0) \implies (ac > bc)$
4. Archimedisches Prinzip: $\forall\, x \in \mathbb{R}\, \exists\, n \in \mathbb{N} : n > x$

0.2.4 Weitere Eigenschaften der Ordnungsrelation. Für alle $a, b, c, d \in \mathbb{R}$ gilt:

1. $(a < b) \wedge (c < d) \implies a + c < b + d$
2. $c > 0 \implies \frac{1}{c} > 0$
3. $0 < a < b \implies 0 < \dfrac{1}{b} < \dfrac{1}{a}$

0.2.5 Monotonie des Quadrierens.
Ist $a > 0$ *und* $b > 0$, *so gilt* $(a < b \iff a^2 < b^2)$.

0.2.6 Betrag einer reellen Zahl.
Für $x \in \mathbb{R}$ setzen wir $|x| := \begin{cases} x & \text{falls } x \geqq 0 \\ -x & \text{falls } x < 0. \end{cases}$

0.2.7 Rechenregeln für Beträge. Für $a, b \in \mathbb{R}$ und $c \in \mathbb{R} \setminus \{0\}$ gilt:

1. $|a| \geqq a, \quad |a| \geqq -a, \quad |a| = \max\{a, -a\}$
2. $|a| = 0 \iff a = 0$
3. $|a \cdot b| = |a| \cdot |b| \qquad \left|\frac{a}{c}\right| = \frac{|a|}{|c|}$
4. $|a + b| \leqq |a| + |b|$ *(Dreiecksungleichung)*
5. $\big||a| - |b|\big| \leqq |a + b|$

0.3 Der Körper $\mathbb{C}$ der komplexen Zahlen

Auch die reellen Zahlen reichen noch nicht aus. Zum Beispiel hat zwar das Polynom $X^2 - 2$ eine reelle Nullstelle (sogar zwei: die —irrationalen— Zahlen $\sqrt{2}$ und $-\sqrt{2}$), aber das Polynom $X^2 + 1$ hat noch keine Nullstellen.
Wir werden als Nächstes den Zahlenbereich so erweitern, dass *jedes* nicht konstante Polynom eine Nullstelle hat.

0.3.1 Konstruktion. Auf der Menge aller geordneten Paare reeller Zahlen setzen wir die folgenden Operationen fest:

$$(a, b) + (x, y) := (a + x, b + y)$$
$$(a, b) \cdot (x, y) := (ax - by, ay + bx).$$

Wir setzen außerdem $\mathrm{i} := (0, 1)$ und identifizieren 1 mit $(1, 0)$. Dies führt zur *Schreibweise* $a + b\mathrm{i}$ für $(a, b) = a(1, 0) + b(0, 1)$. Den so gewonnenen Rechenbereich nennt man den *Körper* $\mathbb{C}$ *der komplexen Zahlen.* Für $w := a + b\mathrm{i} \in \mathbb{C}$ (mit $a, b \in \mathbb{R}$) nennt man $\operatorname{Re} w := a$ den *Realteil* und $\operatorname{Im} w := b$ den *Imaginärteil* von w.

0.3.2 Eigenschaften der komplexen Zahlen. Es seien $a, b, x, y \in \mathbb{R}$.

1. Man kann die Elemente von $\mathbb{R}$ mit denen der Form $a + 0\mathrm{i}$ identifizieren (die Rechenregeln sind dieselben).
2. $(a + b\mathrm{i}) + (x + y\mathrm{i}) = (a + x) + (b + y)\mathrm{i}$ $\quad [(a, b) + (x, y) = (a + x, b + y)]$
3. $(a + b\mathrm{i}) \cdot (x + y\mathrm{i}) = (ax - by) + (ay + bx)\mathrm{i}$ $[(a, b) \cdot (x, y) = (ax - by, ay + bx)]$
4. insbesondere: $\mathrm{i}^2 = -1$ $\quad [(0, 1) \cdot (0, 1) = (-1, 0)]$
5. $a \cdot (x + y\mathrm{i}) = ax + ay\mathrm{i}$.
6. $(a + b\mathrm{i})(a - b\mathrm{i}) = a^2 + b^2 + 0\mathrm{i}$ kann als reelle Zahl $a^2 + b^2$ interpretiert werden (*sogar als Element von* $\mathbb{R}_0^+$). Wir schreiben $\overline{a + b\mathrm{i}} := a - b\mathrm{i}$ und nennen $\bar{z}$ die zu z *komplex konjugierte Zahl.*

0.3.3 Ring- und Körperaxiome.

Eine Menge R mit zwei Operationen $+$ und $*$ heißt ein *Ring*, wenn die folgenden Bedingungen erfüllt sind:

- *Assoziativität von* $+$: $\quad \forall a, b, c \in R : (a + b) + c = a + (b + c)$
- *Kommutativität von* $+$: $\quad \forall a, b \in R : a + b = b + a$
- *Neutralelement für* $+$: $\quad \exists 0 \in R \, \forall a \in R : a + 0 = a = 0 + a$
- *Inverse für* $+$: $\quad \forall a \in R \, \exists b \in R : a + b = 0$
- *Assoziativität von* $*$: $\quad \forall a, b, c \in R : (a * b) * c = a * (b * c)$
- *Neutralelement für* $*$: $\quad \exists 1 \in R \, \forall a \in R : a * 1 = a = 1 * a$
- *Distributivität:* $\quad \forall a, b, c \in R : \begin{aligned} a * (b + c) &= (a * b) + (a * c) \\ (b + c) * a &= (b * a) + (c * a) \end{aligned}$

Ein Ring $(R, +, *)$ heißt *Körper*, wenn außerdem gilt:

- *Kommutativität von* $*$: $\quad \forall a, b \in R : a * b = b * a$
- *Inverse für* $*$: $\quad \forall a \in R \setminus \{0\} \, \exists c \in R : a * c = 1 = c * a$

Diese Axiome beschreiben die Grundregeln, nach denen wir algebraische Terme umformen können. Jede kompliziertere Umformung muss sich auf diese Axiome zurückführen lassen.

Diese Grundregeln gelten auch in vielen anderen Bereichen (in denen man also „wie mit Zahlen rechnen" kann). Wir geben einige Beispiele, weitere (etwa gewisse Mengen von Matrizen) lernt man in der linearen Algebra kennen:

0.3.4 Beispiele.

1. $(\mathbb{Z}, +, \cdot)$ ist ein Ring.
2. $(\mathbb{Q}, +, \cdot)$ ist ein Körper.
3. $(\mathbb{R}, +, \cdot)$ ist ein Körper.
4. $(\mathbb{C}, +, \cdot)$ ist ein Körper.
5. Die Menge Pol $\mathbb{R}$ aller Polynome mit Koeffizienten aus $\mathbb{R}$ ist ein Ring.
6. Die Menge Pol $\mathbb{C}$ (Polynome mit Koeffizienten aus $\mathbb{C}$) ist ein Ring.
7. Die Menge Pol $\mathbb{Z}$ (Polynome mit Koeffizienten aus $\mathbb{Z}$) ist ein Ring.

0.3.5 Komplexe Konjugation, Betrag.
Für $z = a + bi \in \mathbb{C}$ mit $a, b \in \mathbb{R}$ setzen wir

1. $\bar{z} := \overline{(a+bi)} := a - bi$
2. $|z| := \sqrt{z\,\bar{z}} = \sqrt{a^2 + b^2}$

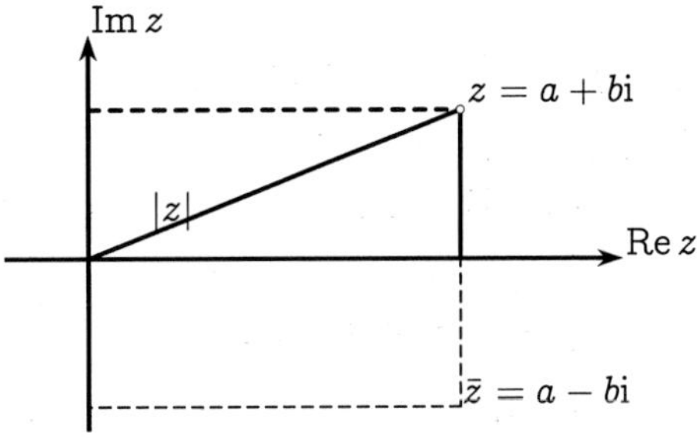

0.3.6 Mehr Eigenschaften der komplexen Zahlen. Seien $z, w \in \mathbb{C}$.

1. $z \in \mathbb{R} \iff \bar{z} = z$
2. $\overline{z + w} = \bar{z} + \bar{w}, \quad \overline{z \cdot w} = \bar{z} \cdot \bar{w}.$
3. $|\bar{z}| = |z|, \quad z \cdot \bar{z} = |z|^2$
4. $\overline{\left(\frac{1}{z}\right)} = \frac{1}{\bar{z}} = \frac{z}{|z|^2}$ (falls $z \neq 0$)
5. $|z \cdot w| = |z| \cdot |w|, \quad \left|\frac{z}{w}\right| = \frac{|z|}{|w|}$ (falls $w \neq 0$)
6. $|z + w| \leqq |z| + |w|$ *(Dreiecksungleichung)*

0.3.7 Konsequenz aus der Dreiecksungleichung.
Es seien $z_1, z_2 \in \mathbb{C}$. Aus $|z_1| = |z_1 + z_2 - z_2| \leqq |z_1 + z_2| + |-z_2|$ ergibt sich wie in 0.2.7.5: $\big||z_1| - |z_2|\big| \leqq |z_1 + z_2|$.

0.4 Polarkoordinaten komplexer Zahlen

Neben der Darstellung durch Paare reeller Zahlen, die für die Addition am günstigsten ist, benötigen wir eine Darstellung, die für Multiplikationen (und vor allem für die Beschreibung rotationssymmetrischer Objekte oder Prozesse) Vorteile bietet.

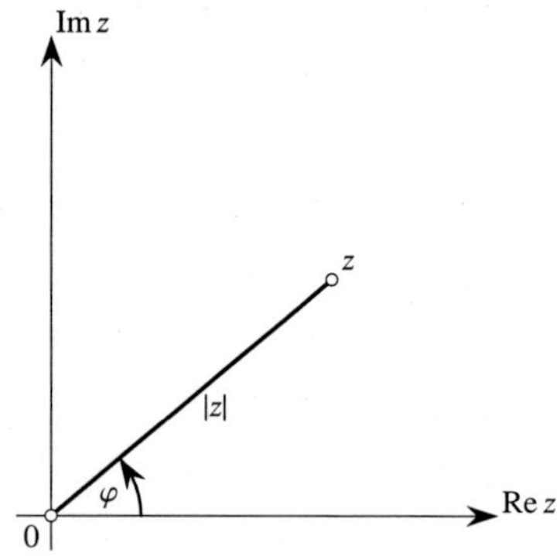

0.4.1 Definition.
Für jede komplexe Zahl $z \neq 0$ gibt es ein $\varphi \in \mathbb{R}$ so, dass gilt:

$$\begin{aligned} z &= |z|(\cos\varphi + \mathrm{i}\sin\varphi) \\ &= |z|\cos\varphi + \mathrm{i}\,|z|\sin\varphi\,. \end{aligned}$$

Wegen der Periodizität der Winkelfunktionen ist φ nur bis auf Addition eines ganzzahligen Vielfachen von 2π festgelegt.
(Wir verwenden das Bogenmaß zur Angabe des Winkels).

Um Eindeutigkeit zu erreichen, verlangt man $0 \leqq \varphi < 2\pi$.
Ist dies erfüllt, nennt man $\arg z := \varphi$ das *Argument* von z.

0.4.2 Rechenregeln in Polarkoordinaten.
Es seien $z = |z|(\cos\varphi + \mathrm{i}\sin\varphi)$
und $z' = |z'|(\cos\psi + \mathrm{i}\sin\psi)$.
Dann gilt:

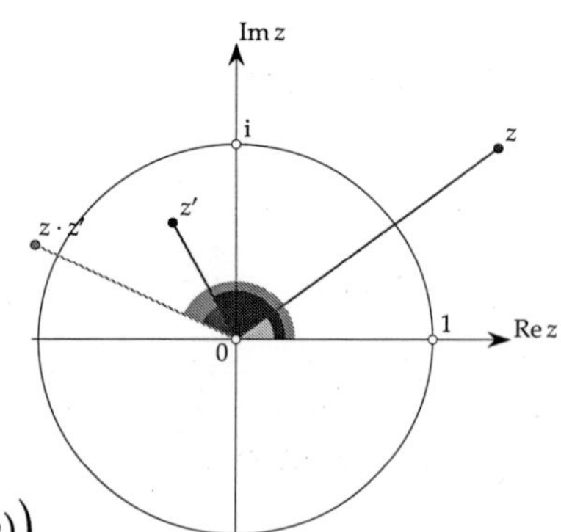

1. $$\begin{aligned} \bar{z} &= |z|(\cos\varphi - \mathrm{i}\sin\varphi) \\ &= |z|(\cos(-\varphi) + \mathrm{i}\sin(-\varphi)) \end{aligned}$$

2. $$\begin{aligned} \frac{1}{z} &= \frac{\bar{z}}{|z|^2} = \frac{1}{|z|}(\cos\varphi - \mathrm{i}\sin\varphi) \\ &= \frac{1}{|z|}(\cos(-\varphi) + \mathrm{i}\sin(-\varphi)) \end{aligned}$$

3. $$z \cdot z' = |z| \cdot |z'| \cdot \Big(\cos(\varphi + \psi) + \mathrm{i}\sin(\varphi + \psi)\Big)$$

Man multipliziert also komplexe Zahlen, indem man ihre Beträge multipliziert und ihre Argumente addiert.

Zum Nachweis der Regel für die Multiplikation benutzt man das *Additionstheorem* (das sich ergibt aus der *Formel von Euler und de Moivre*, siehe 1.14.18):

0.4.3 Additionstheorem. Für $s, t \in \mathbb{R}$ gilt

1. $\cos(s+t) = \cos s \, \cos t - \sin s \, \sin t$
2. $\sin(s+t) = \sin s \, \cos t + \cos s \, \sin t$

0.4.4 Wurzelziehen bei komplexen Zahlen.
Es sei $n \in \mathbb{N}$ und $z = r(\cos\beta + \mathrm{i}\sin\beta) \in \mathbb{C} \setminus \{0\}$.
Gesucht ist eine n-te Wurzel aus z, also $w = s(\cos\varphi + \mathrm{i}\sin\varphi) \in \mathbb{C}$ mit $w^n = z$.
Ansatz: $w^n = z \iff s^n \left(\cos(n\varphi) + \mathrm{i}\sin(n\varphi)\right) = r(\cos\beta + \mathrm{i}\sin\beta)$. Durch Vergleich von Real- und Imaginärteilen ergibt sich $s = \sqrt[n]{r}$ und $n\varphi = \beta + 2\pi\ell$ mit $\ell \in \mathbb{Z}$ [wg. der Periodizität von cos und sin], also $\varphi \in \{\frac{\beta}{n} + \ell\frac{2\pi}{n} \mid \ell \in \mathbb{Z}\}$. Wegen der Periodizität der Winkelfunktionen kann man sich auf Werte von ℓ im Intervall $[0, n-1]$ beschränken. Man erhält also n verschiedene n-te Wurzeln.

In 0.4.4 haben wir gesehen, dass Polynome der Form $X^n - z$ mit $z \in \mathbb{C} \setminus \{0\}$ stets n verschiedene Nullstellen in $\mathbb{C}$ haben.

Der folgende Satz ist viel allgemeiner, sein Beweis liegt aber tief und würde uns hier zu weit führen:

0.4.5 Fundamentalsatz der Algebra.
Jedes Polynom $p(X) = X^n + a_{n-1}X^{n-1} + \cdots + a_1X^1 + a_0X^0$ mit $a_0, \ldots, a_{n-1} \in \mathbb{C}$ und $n \geqq 1$ besitzt *mindestens eine Nullstelle in* $\mathbb{C}$.

0.4.6 Bemerkung. Der Fundamentalsatz besagt, dass *jedes* Polynom mit komplexen Koeffizienten wenigstens eine Nullstelle hat — außer den Konstanten: Man kann durch Division durch den Leitkoeffizienten stets die in 0.4.5 verlangte Form erreichen.

0.4.7 Faktorisierung von Polynomen.
Ist x_0 eine Nullstelle von $p(X) = X^n + a_{n-1}X^{n-1} + \cdots + a_1X + a_0$, so gibt es ein Polynom $q(X)$ mit $p(X) = q(X)(X - x_0)$.

0.4.8 Linearfaktoren.
Aus dem Fundamentalsatz 0.4.5 folgt, dass sich jedes Polynom

$$p(X) = X^n + a_{n-1}X^{n-1} + \cdots + a_1 X + a_0$$

darstellen lässt als

$$p(X) = (X - z_1) \cdot (X - z_2) \cdots (X - z_n)\,.$$

Dabei können manche der z_j gleich sein: die Anzahl der Faktoren $(X - z_j)$ nennt man die *Vielfachheit* der Nullstelle z_j in $p(X)$. Die Faktoren $(X - z_j)$ heißen *Linearfaktoren.*

0.4.9 Erraten ganzzahliger Nullstellen.
Ist $p(X) = a_n X^n + a_{n-1}X^{n-1} + \cdots + a_1 X + a_0 \in \operatorname{Pol}\mathbb{Z}$ ein Polynom mit *ganzzahligen* Koeffizienten (also $a_n, \ldots, a_0 \in \mathbb{Z}$), so ist jede ganzzahlige Nullstelle ein Teiler von a_0. Im Fall $a_0 \neq 0$ besitzt a_0 nur endlich viele Teiler, man kann also algorithmisch alle ganzzahligen Nullstellen von $p(X)$ bestimmen.

0.5 Ungleichungen

0.5.1 Bernoullische Ungleichung.
Für alle $x \in \mathbb{R}$ mit $x > -1$ und alle $n \in \mathbb{N}_0$ gilt:

$$1 + nx \leqq (1 + x)^n\,.$$

0.5.2 Schwarzsche Ungleichung. Für beliebige $a_j, b_j \in \mathbb{R}$ gilt

$$\left(\sum_{j=1}^{n} a_j b_j\right)^2 \leqq \left(\sum_{j=1}^{n} a_j^2\right)\left(\sum_{j=1}^{n} b_j^2\right).$$

0.5.3 Arithmetisches und geometrisches Mittel.
Für beliebige $a_1, \ldots, a_n \in \mathbb{R}_0^+$ gilt

$$\frac{a_1 + \cdots + a_n}{n} \geqq \sqrt[n]{a_1 \cdots a_n}\,.$$

Man nennt $\dfrac{a_1 + \cdots + a_n}{n}$ das *arithmetische* und $\sqrt[n]{a_1 \cdots a_n}$ das *geometrische Mittel.*

1 Folgen und Reihen

1.1 Folgen

In der Analysis begegnen wir einem mathematischen Grundprinzip, das in der linearen Algebra noch keine Rolle gespielt hat: der Approximation von (komplizierten) Objekten oder Größen durch einfachere, beherrschbare.

1.1.1 Beispiele. **1.** Die Tangente an eine glatte Kurve approximiert man durch eine Folge von Sekanten.

2. Die Fläche unter dem Graph einer stetigen Funktion approximiert man durch Folgen von Rechtecksflächen.

3. Den Umfang eines Kreises approximiert man durch eine Folge von Umfängen von Polygonen.

4. eine beliebige reelle Zahl (z. B. $\pi = 3,14159265358979323846264338\ldots$) approximiert man durch eine Folge rationaler Zahlen (nämlich durch *abbrechende* Dezimalentwicklungen).

Das erste Problem wird in der Differentialrechnung, das zweite und das dritte werden in der Integralrechnung behandelt.

„Approximation" bedeutet hier: wir nähern uns dem gesuchten Objekt *beliebig nahe* an. Wir werden dies mit Hilfe des Begriffs der *Konvergenz* von Folgen präzise fassen.

1.1.2 Schreibweise. Eine *Folge* $(a_n)_{n\in\mathbb{N}}$ reeller Zahlen gibt zu jeder natürlichen Zahl $n \in \mathbb{N}$ ein *Folgenglied* $a_n \in \mathbb{R}$ an.

Wir werden allgemeiner auch Folgen komplexer Zahlen, Folgen von Vektoren, Folgen von Matrizen oder Folgen von Funktionen betrachten.

Alle diese Folgen werden wir aber auf Folgen reeller Zahlen zurückführen.

1.1.3 Beispiel. Die Folge $(a_n)_{n\in\mathbb{N}}$ mit $a_n = \frac{1}{n}$:

$$a_1 = 1, \quad a_2 = \frac{1}{2}, \quad a_3 = \frac{1}{3}, \quad a_4 = \frac{1}{4}, \quad \ldots$$

1.1.4 Beispiel. Die durch $a_n := (-1)^n$ gegebene Folge $(a_n)_{n\in\mathbb{N}}$:

$$-1, \quad 1, \quad -1, \quad 1, \quad -1, \quad 1, \quad -1, \quad \ldots$$

Folgen, die (wie diese) bei jedem Folgenglied das Vorzeichen wechseln, nennt man *alternierend*.

1.1.5 Definition. Eine Folge wird *rekursiv* definiert, indem man jedes Folgenglied durch seine Vorgänger festlegt und außerdem genügend viele Anfangsglieder vorgibt.

1.1.6 Beispiel. Durch $b_1 := 0$, $b_2 := 1$ und $b_n := b_{n-1} + 2\,b_{n-2}$ wird eine Folge $(b_n)_{n\in\mathbb{N}}$ definiert, deren erste Glieder lauten

$$b_1 = 0, \quad b_2 = 1, \quad b_3 = 1, \quad b_4 = 3, \quad b_5 = 5, \quad b_6 = 11, \quad \ldots$$

1.1.7 Beispiel. Ein und dieselbe Folge kann auf sehr verschiedene Arten beschrieben werden. Die Folge $(b_n)_{n\in\mathbb{N}}$ aus 1.1.6 stimmt überein mit der Folge $(c_n)_{n\in\mathbb{N}}$, die definiert wird durch $c_1 := 0$ und $\forall\, n \in \mathbb{N}\setminus\{1\}\colon c_n := 2\,c_{n-1} + (-1)^n$.

(IA) Es gilt $c_1 = 0 = b_1$ und $c_2 = 2\,c_1 + (-1)^2 = 0 + 1 = 1 = b_2$.

(IS) Angenommen, die Behauptung $b_k = c_k$ sei bewiesen für alle $k \leqq n$:
Dann gilt einerseits

$$\begin{aligned} b_{n+1} &= b_n + 2\,b_{n-1} \underset{\text{Ind.-Vor.}}{=} c_n + 2\,c_{n-1} \\ &= 2\,c_{n-1} + (-1)^n + 2\,c_{n-1} = 4\,c_{n-1} + (-1)^n\,, \end{aligned}$$

andererseits aber auch

$$\begin{aligned} c_{n+1} &= 2\,c_n + (-1)^{n+1} = 2\,(2\,c_{n-1} + (-1)^n) + (-1)^{n+1} \\ &= 4\,c_{n-1} + 2\,(-1)^n - (-1)^n = 4\,c_{n-1} + (-1)^n\,. \end{aligned}$$

1.2 Beschränktheit und Monotonie

1.2.1 Definition. Eine Folge $(a_n)_{n\in\mathbb{N}}$ reeller Zahlen heißt

- *nach oben beschränkt*, wenn es eine reelle Zahl $S \in \mathbb{R}$ so gibt, dass $\forall n \in \mathbb{N}\colon a_n \leqq S$ gilt. In diesem Fall heißt S eine *obere Schranke* für die Folge $(a_n)_{n\in\mathbb{N}}$.
- *nach unten beschränkt*, wenn es eine reelle Zahl $s \in \mathbb{R}$ so gibt, dass $\forall n \in \mathbb{N}\colon s \leqq a_n$ gilt. In diesem Fall heißt s eine *untere Schranke* für die Folge $(a_n)_{n\in\mathbb{N}}$.
- *beschränkt*, wenn sie nach oben und unten beschränkt ist.

1.2.2 Definition. Eine Folge $(a_n)_{n\in\mathbb{N}}$ reeller Zahlen heißt

- *monoton steigend*, wenn für alle $n \in \mathbb{N}$ gilt: $a_{n+1} \geqq a_n$.
- *streng monoton steigend*, wenn für alle $n \in \mathbb{N}$ gilt: $a_{n+1} > a_n$.
- *monoton fallend*, wenn für alle $n \in \mathbb{N}$ gilt: $a_{n+1} \leqq a_n$.
- *streng monoton fallend*, wenn für alle $n \in \mathbb{N}$ gilt: $a_{n+1} < a_n$.
- *monoton*, wenn sie monoton steigend oder monoton fallend ist.

1.2.3 Bemerkung. Wenn eine Folge *gleichzeitig* monoton steigend und fallend ist, sind alle ihre Folgenglieder gleich: solche Folgen heißen *konstant*.

1.2.4 Beispiel.
Die durch $a_n := \frac{1}{n}$ gegebene Folge $(a_n)_{n\in\mathbb{N}}$ ist streng monoton fallend. Sie ist nach oben beschränkt [z. B. durch $S = 1$ oder auch durch $S = 178$].
Die Folge ist auch nach unten beschränkt [z. B. durch $s = 0$ oder $s = -3295$].

1.2.5 Beispiel. Die schon in 1.1.4 betrachtete alternierende Folge $(a_n)_{n\in\mathbb{N}}$ mit $a_n = (-1)^n$ ist beschränkt [z. B. durch $S = 1$ und $s = -1$], aber nicht monoton.

1.2.6 Beispiel.
Die Folge $(b_n)_{n\in\mathbb{N}}$ aus 1.1.6 ist nach unten beschränkt [mit $s = 0$], und monoton steigend. Allerdings ist sie wegen $b_2 = 1 = b_3$ nicht streng monoton steigend.

1.2.7 Beispiel. In der Zinseszinsrechnung, allgemeiner zur Beschreibung gewisser Formen des Wachstums, braucht man Folgen wie die durch $a_n := \left(1 + \frac{1}{n}\right)^n$ definierte.

Diese Folge ist jedenfalls nach unten beschränkt [etwa durch 1].

Wir wollen klären, ob die Folge monoton steigend ist. Zunächst betrachten wir die ersten Glieder:

$$\begin{aligned}
a_1 &= 2 \\
a_2 &= \frac{9}{4} &&= 2{,}25 \\
a_3 &= \frac{64}{27} &&\approx 2{,}37\ldots \\
a_4 &= \frac{625}{256} &&\approx 2{,}44\ldots \\
a_5 &= \frac{7776}{3125} &&\approx 2{,}48\ldots \\
a_6 &= \frac{117649}{46656} &&\approx 2{,}52\ldots \\
a_7 &= \frac{2097152}{823543} &&\approx 2{,}54\ldots
\end{aligned}$$

1.2.8 Satz. *Die Folge $(a_n)_{n\in\mathbb{N}}$ mit $a_n := \left(1+\frac{1}{n}\right)^n$ ist beschränkt und streng monoton wachsend.*

Beweis. Wir zeigen zuerst

$$(*) \qquad \forall\, n \geqq 2: \quad a_n < \sum_{k=0}^{n} \frac{1}{k!}\,.$$

$$\begin{aligned}
a_n &= \left(1+\frac{1}{n}\right)^n = \sum_{k=0}^{n} \binom{n}{k} \frac{1}{n^k} \\
&= 1 + \sum_{k=1}^{n} \binom{n}{k} \frac{1}{n^k}
\end{aligned}$$

$$
\begin{aligned}
&= 1 + \sum_{k=1}^{n} \frac{n(n-1)\cdots(n-k+1)}{k!} \cdot \frac{1}{n^k} \\
&= 1 + \sum_{k=1}^{n} \frac{1}{k!} \cdot \frac{n}{n} \cdot \frac{n-1}{n} \cdot \ldots \cdot \frac{n-k+1}{n} \\
&= 1 + \sum_{k=1}^{n} \frac{1}{k!} \underbrace{\left(1 - \frac{1}{n}\right) \cdots \left(1 - \frac{k-1}{n}\right)}_{<1} \quad < \quad 1 + \sum_{k=1}^{n} \frac{1}{k!} = \sum_{k=0}^{n} \frac{1}{k!}.
\end{aligned}
$$

Als Nächstes werden wir zeigen:

$$(**) \qquad \forall\, n \geqq 2: \quad \sum_{k=0}^{n} \frac{1}{k!} \leqq 3.$$

Durch den Vergleich

$$
\begin{array}{ccccccccc}
k! & = & k & \cdot & (k-1) & \cdots & 2 & \cdot & 1 \\
2^{k-1} & = & 2 & \cdot & 2 & \cdots & 2 & \cdot & 1
\end{array}
$$

erhalten wir für alle $k \geqq 2$ die Ungleichung $2^{k-1} \leqq k!$ und daraus

$$\forall\, k \geqq 2: \frac{1}{k!} \leqq \frac{1}{2^{k-1}}.$$

Jetzt ergibt sich

$$
\begin{aligned}
\sum_{k=0}^{n} \frac{1}{k!} = 1 + 1 + \sum_{k=2}^{n} \frac{1}{k!} \quad &= \quad 2 + \sum_{k=2}^{n} \frac{1}{k!} \\
&\leqq \quad 2 + \sum_{k=2}^{n} \frac{1}{2^{k-1}} \\
&= \quad 2 + \frac{1}{2} \sum_{k=2}^{n} \frac{1}{2^{k-2}} \quad = \quad 2 + \frac{1}{2} \sum_{\ell=0}^{n-2} \frac{1}{2^{\ell}} \\
&= \quad 2 + \frac{1}{2}\left(1 + \frac{1}{2} + \frac{1}{4} + \frac{1}{8} + \cdots + \frac{1}{2^{n-2}}\right) \leqq 2 + 1 = 3.
\end{aligned}
$$

Die letzte Ungleichung benutzt $\sum_{\ell=0}^{m} \frac{1}{2^\ell} \leqq 2$.
Man kann diese Abschätzung durch Induktion begründen, wir geben hier einen geometrischen (und damit anschaulichen) Beweis:

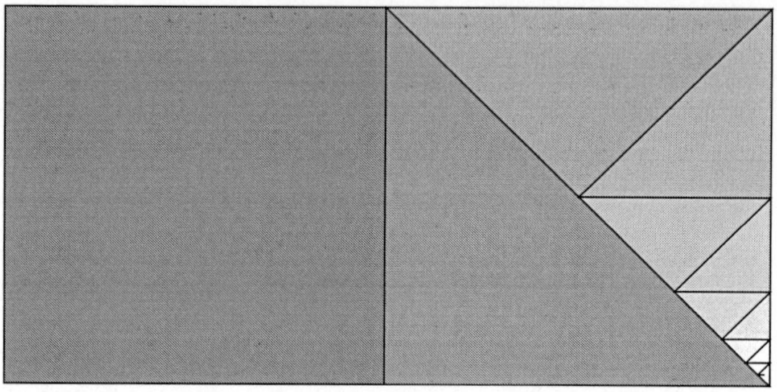

Man startet mit dem Quadrat vom Inhalt $1 = \frac{1}{2^0}$ und fügt danach durch sukzessive Halbierung gewonnene Dreiecke an. Jedes neue Dreieck ist halb so groß wie das vorhergehende, das ℓ-te Dreieck hat also den Inhalt $\frac{1}{2^\ell}$. Die Summe $\sum_{\ell=0}^{m} \frac{1}{2^\ell}$ beschreibt den Inhalt des Quadrats zusammen mit den ersten m Dreiecken: das ist offenbar weniger als der Inhalt der beiden Quadrate!

Wir haben jetzt mit 1.2.7, (*) und (**) nachgewiesen, dass unsere Folge beschränkt ist.

Es bleibt die Monotonie zu zeigen, also $\forall\, n \in \mathbb{N}\colon a_{n+1} - a_n > 0$. Wir benutzen wieder wie oben die Beziehung $a_n = 1 + \sum_{k=1}^{n} \frac{1}{k!}\left(1 - \frac{1}{n}\right)\cdots\left(1 - \frac{k-1}{n}\right)$, und erhalten

$$\begin{aligned}
a_{n+1} - a_n &= 1 + \sum_{k=1}^{n+1} \frac{1}{k!}\left(1 - \frac{1}{n+1}\right)\cdots\left(1 - \frac{k-1}{n+1}\right) \\
&\quad -1 - \sum_{k=1}^{n} \frac{1}{k!}\left(1 - \frac{1}{n}\right)\cdots\left(1 - \frac{k-1}{n}\right) \\
&= \frac{1}{(n+1)!}\left(1 - \frac{1}{n+1}\right)\cdots\left(1 - \frac{n}{n+1}\right) \\
&\quad + \sum_{k=1}^{n} \frac{1}{k!}\left(1 - \frac{1}{n+1}\right)\cdots\left(1 - \frac{k-1}{n+1}\right) \\
&\quad - \sum_{k=1}^{n} \frac{1}{k!}\left(1 - \frac{1}{n}\right)\cdots\left(1 - \frac{k-1}{n}\right).
\end{aligned}$$

Für alle $n \in \mathbb{N}$ und alle $x > 0$ gilt

$$\frac{1}{n} > \frac{1}{n+1}, \quad \frac{x}{n} > \frac{x}{n+1} \quad \text{und damit} \quad 1 - \frac{x}{n+1} > 1 - \frac{x}{n}.$$

Wir wenden dies speziell für $x \in \{1,\ldots,k-1\}$ an, und erhalten

$$\left(1-\frac{1}{n+1}\right)\cdots\left(1-\frac{k-1}{n+1}\right)-\left(1-\frac{1}{n}\right)\cdots\left(1-\frac{k-1}{n}\right)>0\,.$$

Nach Multiplikation mit $\frac{1}{k!}$, Summation über k und wegen

$$\frac{1}{(n+1)!}\left(1-\frac{1}{n+1}\right)\cdots\left(1-\frac{n}{n+1}\right)>0$$

liefert dies die Behauptung: $a_{n+1}-a_n>0$. Damit ist unsere Folge auch als streng monoton steigend erkannt. □

Später (in 1.6.5) werden wir sehen, dass jede monotone beschränkte Folge reeller Zahlen gegen einen wohlbestimmten reellen Grenzwert strebt.

Dem Grenzwert der eben betrachteten Folge geben wir einen besonderen Namen:

1.2.9 Definition. Der Grenzwert der Folge $\left(\left(1+\frac{1}{n}\right)^n\right)_{n\in\mathbb{N}}$ heißt *Eulersche Zahl* und wird mit e bezeichnet.

Näherungsweise gilt

$$\mathrm{e}\approx 2,718281828\ldots$$

Entgegen dem ersten Eindruck ist die Dezimalentwicklung nicht periodisch! In der Tat kann man die Eulersche Zahl nicht elementarer (etwa als Bruch, oder als Nullstelle eines Polynoms) definieren — einfacher als über unsere einigermaßen verwickelte Definition ist diese Zahl nicht zu haben.

1.3 Teilfolgen und Häufungspunkte

1.3.1 Definition. Es sei $(a_n)_{n\in\mathbb{N}}$ eine Folge, und es sei $(n_k)_{k\in\mathbb{N}}$ eine *streng monoton steigende* Folge natürlicher Zahlen. Dann heißt $(a_{n_k})_{k\in\mathbb{N}}$ eine *Teilfolge* von $(a_n)_{n\in\mathbb{N}}$.

Bei der Auswahl von Teilfolgen darf man also Folgenglieder überspringen, aber man darf nicht umsortieren.

1.3.2 Beispiel. Die Folge $(x_n)_{n\in\mathbb{N}}$ sei gegeben durch

$$x_n := \begin{cases} \frac{1}{2}(n+1) & \text{falls } n \text{ ungerade,} \\ \frac{1}{2}n+2 & \text{falls } n \text{ gerade.} \end{cases}$$

Es gilt also

$$x_1 = 1\,, \quad x_2 = 3\,, \quad x_3 = 2\,, \quad x_4 = 4\,, \quad x_5 = 3\,, \quad x_6 = 5\,, \quad x_7 = 4\,, \quad x_8 = 6\ldots$$

Durch $n_k := 2\,k$ wird eine streng monotone Folge $(n_k)_{k\in\mathbb{N}}$ natürlicher Zahlen definiert, diese führt auf die Teilfolge $(x_{2k})_{k\in\mathbb{N}}$ unserer Folge:

$$x_2 = 3\,, \qquad x_4 = 4\,, \qquad x_6 = 5\,, \qquad x_8 = 6\ldots$$

Die Teilfolge $(x_{3k-1})_{k\in\mathbb{N}}$ ist nicht streng monoton:

$$x_2 = 3\,, \qquad x_5 = 3\,, \qquad x_8 = 6\ldots$$

Das macht nichts: Wir verlangen ja nur, dass $(3\,k-1)_{k\in\mathbb{N}}$ streng monoton ist — das ist erfüllt!

1.3.3 Bemerkungen. Es sei $(a_n)_{n\in\mathbb{N}}$ eine Folge reeller Zahlen.

1. Ist die Folge nach oben (bzw. nach unten) beschränkt, so ist jede Teilfolge nach oben (bzw. nach unten) beschränkt.
2. Ist die Folge monoton steigend (bzw. fallend), so ist jede Teilfolge monoton steigend (bzw. fallend).

1.3.4 Beispiel. Die in 1.3.2 betrachtete Folge ist selbst nicht monoton, hat aber streng monoton steigende Teilfolgen.

1.3.5 Definition. Es sei $(a_n)_{n\in\mathbb{N}}$ eine Folge reeller Zahlen.

1. Eine reelle Zahl a heißt *Häufungspunkt der Folge* $(a_n)_{n\in\mathbb{N}}$, wenn es zu jedem $\varepsilon > 0$ unendlich viele natürliche Zahlen k mit $|a - a_k| < \varepsilon$ gibt.
2. Auch $+\infty$ und $-\infty$ sind Kandidaten für Häufungspunkte. Falls die Folge nicht nach oben beschränkt ist, gilt $+\infty$ als Häufungspunkt. Falls die Folge nicht nach unten beschränkt ist, gilt $-\infty$ als Häufungspunkt. Solche (nicht reellen) Häufungspunkte heißen *uneigentlich*.

Für reelle Häufungspunkte kann man die Bedingung auch so fassen: Für jedes $\varepsilon > 0$ und jedes $n \in \mathbb{N}$ gibt es $k > n$ so, dass $|a - a_k| < \varepsilon$. Mit Quantoren präzisiert, sieht die Bedingung so aus:

$$\forall \varepsilon > 0 \quad \forall n \in \mathbb{N} \quad \exists k \in \mathbb{N}: \quad (\quad k > n \quad \wedge \quad |a - a_k| < \varepsilon \quad).$$

Etwas salopp formuliert man manchmal: Die Folge häuft sich bei a, wenn beliebig nahe bei a immer noch unendlich viele Folgenglieder liegen. Vorsicht ist geboten: wir wollen nur, dass für unendliche viele „Nummern" k auch a_k nahe bei a liegt — die Folgenglieder müssen aber nicht verschieden sein!

1.3.6 Beispiel. Die alternierende Folge $((-1)^n)_{n\in\mathbb{N}}$ häuft sich bei 1 und bei -1.

1.3.7 Beispiel. Die Folge $\left((-1)^n\left(1-\frac{1}{n}\right)\right)_{n\in\mathbb{N}}$ häuft sich bei 1 und bei -1.

1.3.8 Beispiel. Die Folge $\left(\frac{1}{n}\right)_{n\in\mathbb{N}}$ häuft sich bei 0.

1.3.9 Beispiel. Die Folge $\left(\left(1+(-1)^n\right)^n\right)_{n\in\mathbb{N}}$ häuft sich bei 0 und bei $+\infty$.

1.4 Konvergente und divergente Folgen

1.4.1 Definition. Eine Folge $(a_n)_{n\in\mathbb{N}}$ reeller Zahlen heißt *konvergent* gegen den *Grenzwert* a, wenn es zu jedem $\varepsilon > 0$ eine natürliche Zahl n_ε so gibt, dass für alle natürlichen Zahlen n mit $n > n_\varepsilon$ gilt:

$$|a - a_n| < \varepsilon .$$

Man nennt den Grenzwert auch *Limes* der Folge, und schreibt

$$a = \lim_{n\to\infty} a_n .$$

Man sagt dann auch: Die Folge $(a_n)_{n\in\mathbb{N}}$ *konvergiert* gegen a.
Wenn es kein reelles a gibt, gegen das die Folge konvergiert, nennt man die Folge *divergent*.

In Quantoren ausgedrückt, lautet die Bedingung für Konvergenz gegen a:

$$\forall \varepsilon > 0 \quad \exists n_\varepsilon \in \mathbb{N} \quad \forall n > n_\varepsilon: \quad |a - a_n| < \varepsilon .$$

Wenn eine Folge nicht konvergiert, so könnte sie wenigstens Häufungspunkte haben. Man bezeichnet mit $\overline{\lim\limits_{n\to\infty}}\, a_n$ (*Limes superior*) den *größten Häufungspunkt* der Folge $(a_n)_{n\in\mathbb{N}}$. Mit $\underline{\lim\limits_{n\to\infty}}\, a_n$ (*Limes inferior*) wird der *kleinste Häufungspunkt* bezeichnet. In beiden Fällen muss man auch uneigentliche Häufungspunkte (also $+\infty$ und $-\infty$) in Betracht ziehen!

1.4.2 Beispiel. Die Folge $\left(\frac{1}{n}\right)_{n\in\mathbb{N}}$ konvergiert gegen 0.

[Nach dem Archimedischen Prinzip 0.2.3 gibt es zu jedem $\varepsilon > 0$ eine natürliche Zahl n_ε mit $n_\varepsilon > \frac{1}{\varepsilon}$. Für alle $n > n_\varepsilon$ gilt nun

$$\frac{1}{n} < \frac{1}{n_\varepsilon} < \frac{1}{\frac{1}{\varepsilon}} = \varepsilon .$$

Also gilt für alle $n > n_\varepsilon$:

$$\left|0 - \frac{1}{n}\right| = \frac{1}{n} < \varepsilon .$$

Damit haben wir $\lim\limits_{n\to\infty} \frac{1}{n} = 0$ bewiesen.]

1.4.3 Beispiel. **1.** Es gilt $\lim\limits_{n\to\infty} \frac{n}{n+1} = 1$.

[Zu jedem beliebigen $\varepsilon > 0$ gibt es $n_\varepsilon \in \mathbb{N}$ mit $1 + n_\varepsilon > \frac{1}{\varepsilon}$. Für $n > n_\varepsilon$ gilt nun $1 + n > 1 + n_\varepsilon$ und damit

$$\begin{aligned}\varepsilon > \frac{1}{1+n_\varepsilon} &> \frac{1}{1+n} \\ &= \left|\frac{1}{1+n}\right| \\ &= \left|\frac{1+n-n}{1+n}\right| = \left|\frac{1+n}{1+n} - \frac{n}{n+1}\right| = \left|1 - \frac{n}{1+n}\right| .\end{aligned}$$

Damit haben wir die Konvergenz nachgewiesen.]

2. Die Folge $\left(\sqrt{n+1}-\sqrt{n}\right)_{n\in\mathbb{N}}$ konvergiert gegen 0.

⌈Wir erweitern:

$$\begin{aligned}\sqrt{n+1}-\sqrt{n} &= \frac{\left(\sqrt{n+1}-\sqrt{n}\right)\left(\sqrt{n+1}+\sqrt{n}\right)}{\sqrt{n+1}+\sqrt{n}} \\ &= \frac{n+1-n}{\sqrt{n+1}+\sqrt{n}} = \frac{1}{\sqrt{n+1}+\sqrt{n}}\,.\end{aligned}$$

Da der Nenner des rechts stehenden Ausdrucks über alle Grenzen wächst, konvergiert die Folge gegen 0. Direkt auf die Definition 1.4.1 zurückgeführt: Man wählt $n_\varepsilon > \frac{1}{\varepsilon^2}$, dann gilt

$$\forall n > n_\varepsilon : \left|\left(\sqrt{n+1}-\sqrt{n}\right)-0\right| = \frac{1}{\sqrt{n+1}+\sqrt{n}} < \frac{1}{\sqrt{n}} < \varepsilon\,.$$
⌋

Indem man etwa die beiden eben betrachteten Folgen „mischt“, kann man divergente Folgen mit unterschiedlichen Häufungspunkten erzeugen.

1.4.4 Definition. Für $\varepsilon > 0$ und $a \in \mathbb{R}$ definiert man

$$U_\varepsilon(a) := \left\{x \in \mathbb{R} \,\middle|\, |x-a| < \varepsilon\right\}.$$

Man nennt $U_\varepsilon(a)$ die *ε-Umgebung* von a.

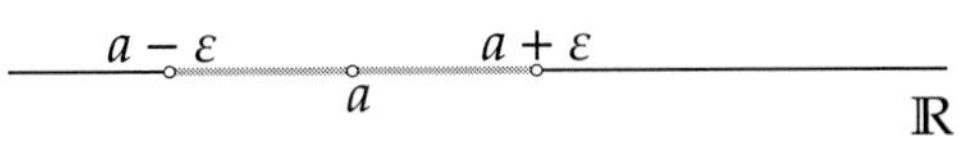

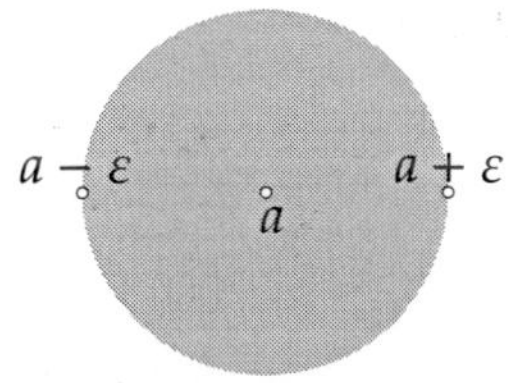

Man kann solche Umgebungen auch in $\mathbb{C}$ definieren, dann erhält man das Innere des Kreises vom Radius ε um a (vgl. die rechte Skizze).

1.4.5 Lemma. *Eine Folge $(a_n)_{n\in\mathbb{N}}$ konvergiert genau dann gegen a, wenn in jeder ε-Umgebung von a alle Folgenglieder bis auf endlich viele Ausnahmen liegen.*

1.4.6 Definition. Statt „alle bis auf endlich viele Ausnahmen“ sagt man auch *„fast alle“*.

1.4.7 Bemerkung. Damit haben wir den Gebrauch der Formulierung „fast alle“ mathematisch präzisiert: Wenn jedes tausendste Folgenglied nicht in einer gegebenen Umgebung liegt, liegen im hier definierten Sinn *nicht* fast alle Glieder in dieser Umgebung, denn es liegen ja noch unendlich viele draußen!

Als direkte Umformulierung von 1.4.5 erhalten wir:

1.4.8 Lemma. *Eine reelle Folge ist genau dann divergent, wenn es zu jeder reellen Zahl a ein $\varepsilon > 0$ so gibt, dass unendlich viele Folgenglieder außerhalb von $U_\varepsilon(a)$ liegen.*

1.4.9 Beispiel. Die Folge $((-1)^n)_{n\in\mathbb{N}}$ ist *divergent*.

[Zu jedem $a \in \mathbb{R}$ gibt es ein $\varepsilon > 0$ so, dass unendlich viele Folgenglieder nicht in $U_\varepsilon(a)$ liegen: Wir können etwa $\varepsilon = \frac{1}{2}$ nehmen.]

Es gibt Folgen, die deswegen divergent sind, weil sie „ziellos in $\mathbb{R}$ herumirren“.

Andere scheinen dagegen ein klares Ziel zu haben, das nur leider nicht im Reellen liegt:

1.4.10 Definition. Es sei $(a_n)_{n\in\mathbb{N}}$ eine Folge reeller Zahlen. Man sagt „die Folge *strebt gegen* $+\infty$“, wenn es zu jeder reellen Zahl s eine natürliche Zahl n_s so gibt, dass für alle $n > n_s$ gilt: $a_n > s$. Mit anderen Worten: Fast alle Folgenglieder sind größer als s. Man schreibt in diesem Fall $\lim\limits_{n\to\infty} a_n = +\infty$.

Vorsicht: Es gibt keinen *reellen* Grenzwert, die Folge ist *nicht konvergent*!

Analog sagt man „die Folge *strebt gegen* $-\infty$“ (und schreibt $\lim\limits_{n\to\infty} a_n = -\infty$), wenn für jede reelle Zahl s fast alle Folgenglieder kleiner als s sind.

Folgen, die gegen $+\infty$ oder gegen $-\infty$ streben, nennt man auch *bestimmt divergent* (gegen $+\infty$ bzw. $-\infty$).

1.4.11 Beispiele. Es sei $(x_n)_{n\in\mathbb{N}}$ eine Folge reeller Zahlen.

1. Wenn die Folge konvergiert, dann konvergiert auch jede Teilfolge.
2. Eine reelle Zahl a ist genau dann Häufungspunkt der Folge, wenn es eine gegen a konvergente Teilfolge gibt.

3. Die Folge häuft sich bei $+\infty$ oder $-\infty$ genau dann, wenn es eine entsprechende bestimmt divergente Teilfolge gibt.
4. Die Folge konvergiert *genau dann*, wenn sie nur einen einzigen Häufungspunkt hat *und* dieser *reell* ist. In diesem Fall gilt $\overline{\lim_{n\to\infty}}\, x_n = \underline{\lim_{n\to\infty}}\, x_n$, dieser Wert ist reell, und er stimmt mit dem Grenzwert überein.
5. Die Folge ist *genau dann* bestimmt divergent, wenn sie nur einen einzigen Häufungspunkt hat *und* dieser *nicht reell* ist. (Dieser Häufungspunkt ist also $-\infty$ oder $+\infty$). In diesem Fall gilt wieder $\overline{\lim_{n\to\infty}}\, x_n = \underline{\lim_{n\to\infty}}\, x_n$, aber dieser Wert liegt jetzt in $\{-\infty, +\infty\}$.

1.4.12 Beispiele. Eine divergente Folge *kann* konvergente Teilfolgen haben.

1. $a_n = n$ liefert eine bestimmt divergente Folge $(a_n)_{n\in\mathbb{N}}$ (diese strebt gegen $+\infty$, keine Teilfolge konvergiert).
2. $b_n = (-1)^n n$ liefert eine divergente Folge $(b_n)_{n\in\mathbb{N}}$:
Es gilt $\overline{\lim_{n\to\infty}}\, b_n = +\infty$, $\underline{\lim_{n\to\infty}}\, b_n = -\infty$, keine Teilfolge konvergiert
3. $c_n = 1 + (-1)^n$ liefert eine divergente Folge $(c_n)_{n\in\mathbb{N}}$:
Es gilt $\overline{\lim_{n\to\infty}}\, c_n = 2$, $\underline{\lim_{n\to\infty}}\, c_n = 0$, konvergente Teilfolgensind z. B. $(c_{2k})_{k\in\mathbb{N}}$ und $(c_{2k+1})_{k\in\mathbb{N}}$, mit $\lim_{k\to\infty} c_{2k} = 2$ und $\lim_{k\to\infty} c_{2k+1} = 0$.
4. $d_n = (1-(-1)^n)n$ liefert eine divergente Folge $(d_n)_{n\in\mathbb{N}}$:
Es gilt $\overline{\lim_{n\to\infty}}\, d_n = +\infty$, $\underline{\lim_{n\to\infty}}\, d_n = 0$; die Teilfolge $(d_{2k})_{k\in\mathbb{N}}$ konvergiert.

1.4.13 Beispiel. Wenn man endlich viele konvergente Teilfolgen einer Folge $(a_n)_{n\in\mathbb{N}}$ derart gefunden hat, dass jeder Index $n \in \mathbb{N}$ als Index in wenigstens einer dieser Teilfolgen verwendet wird, dann ist die Menge aller Häufungspunkte der Folge genau die Menge der Grenzwerte dieser Teilfolgen.

1. In der durch $a_n = \frac{1}{n} + \cos(n\frac{\pi}{2})$ gegebenen Folge haben wir die vier Teilfolgen $(a_{4k})_{k\in\mathbb{N}}$, $(a_{4k-3})_{k\in\mathbb{N}}$, $(a_{4k-2})_{k\in\mathbb{N}}$, $(a_{4k-1})_{k\in\mathbb{N}}$. Diese konvergieren gegen 1, gegen 0, gegen -1 und gegen 0. Die Menge aller Häufungspunkte der Folge ist $\{-1, 0, 1\}$.
2. Das Verfahren klappt nicht bei allen Folgen. Zum Beispiel hat die Folge $(\sin(n))_{n\in\mathbb{N}}$ unendlich viele Häufungspunkte: Jeder Punkt im Intervall $[-1, 1]$ ist Häufungspunkt (aber das ist schwer zu beweisen).

Das Konvergenzverhalten einer Folge reeller Zahlen ändert sich nicht, wenn man *endlich* viele Folgenglieder ändert oder ganz entfernt.
Insbesondere gilt:

1.4.14 Endstücke konvergenter Folgen. *Es sei $(a_n)_{n\in\mathbb{N}}$ eine Folge reeller Zahlen. Wir betrachten die Teilfolge $(a_{N+k})_{k\in\mathbb{N}}$: $a_{N+1}, a_{N+2}, a_{N+3}, \ldots$
Die Folge $(a_n)_{n\in\mathbb{N}}$ konvergiert genau dann, wenn die Teilfolge (das Endstück) $(a_{N+k})_{k\in\mathbb{N}}$ konvergiert. Der Grenzwert ist dann derselbe.*

Man schreibt $\lim\limits_{n>N} a_n = \lim\limits_{k\to\infty} a_{N+k}$.

1.5 Sätze über Konvergenz

1.5.1 Lemma. *Jede konvergente Folge reeller Zahlen besitzt genau einen Grenzwert.*

Hätte die Folge zwei Grenzwerte a und b, so wären fast alle Folgenglieder in $U_{\frac{1}{2}|a-b|}(a)$ und auch fast alle Folgenglieder in $U_{\frac{1}{2}|a-b|}(b)$. Das ist unmöglich.

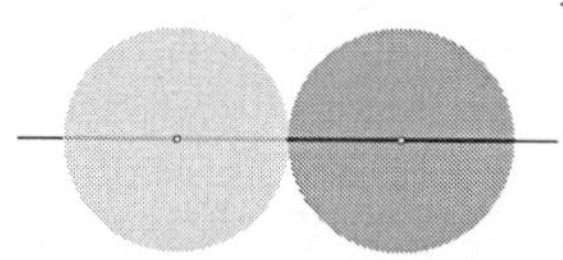

1.5.2 Lemma. *Jede konvergente Folge ist beschränkt.*

Es sei a der Grenzwert der Folge. Fast alle Folgenglieder liegen in $U_1(a)$, sind also kleiner als $a+1$. Die verbleibenden (endlich vielen) können sich von $a+1$ nicht mehr beliebig weit entfernen. So sieht man, dass die Folge nach oben beschränkt ist. Analog weist man Beschränktheit nach unten nach.

1.5.3 Grenzwertsätze. *Es seien $(a_n)_{n\in\mathbb{N}}$ und $(b_n)_{n\in\mathbb{N}}$ konvergente Folgen reeller Zahlen: Es gelte $\lim\limits_{n\to\infty} a_n = a$ und $\lim\limits_{n\to\infty} b_n = b$.*

1. *Die Folge $(a_n + b_n)_{n\in\mathbb{N}}$ konvergiert gegen $a+b$.*
2. *Die Folge $(a_n \cdot b_n)_{n\in\mathbb{N}}$ konvergiert gegen $a \cdot b$.*
3. *Gilt $b \neq 0$ und $b_n \neq 0$ für jedes n, so konvergiert die Folge $\left(\frac{a_n}{b_n}\right)_{n\in\mathbb{N}}$ gegen $\frac{a}{b}$.*

Wir überlassen den Beweis den Mathematikern.
Setzt man im Grenzwertsatz für $(b_n)_{n\in\mathbb{N}}$ eine konstante Folge ein, so erhält man:

1.5.4 Lemma. *Es sei $k \in \mathbb{R}$. Konvergiert die reelle Folge $(a_n)_{n\in\mathbb{N}}$ gegen a, so konvergieren die Folgen*

1. $(a_n + k)_{n\in\mathbb{N}}$ *gegen* $a + k$,
2. $(k\,a_n)_{n\in\mathbb{N}}$ *gegen* $k\,a$
3. *und* $(-a_n)_{n\in\mathbb{N}}$ *gegen* $-a$.

1.5.5 Lemma. *Es seien $(a_n)_{n\in\mathbb{N}}$ und $(b_n)_{n\in\mathbb{N}}$ konvergente reelle Folgen. Gilt für (fast) alle $n \in \mathbb{N}$ die Ungleichung $a_n \leqq b_n$, so gilt auch $\lim\limits_{n\to\infty} a_n \leqq \lim\limits_{n\to\infty} b_n$.*

1.5.6 Sandwichsatz. *Es seien $(a_n)_{n\in\mathbb{N}}$, $(b_n)_{n\in\mathbb{N}}$ und $(c_n)_{n\in\mathbb{N}}$ reelle Folgen. Es gebe n_0 so, dass für alle $n > n_0$ gilt:*

$$a_n \leqq b_n \leqq c_n\,.$$

Konvergieren $(a_n)_{n\in\mathbb{N}}$ und $(c_n)_{n\in\mathbb{N}}$ beide gegen den gleichen Grenzwert g, so konvergiert auch $(b_n)_{n\in\mathbb{N}}$ gegen g.

1.5.7 Beispiel. Für $c > 0$ gilt $\lim\limits_{n\to\infty} \sqrt[n]{c} = 1$.

Beweis. Für $c = 1$ ist die Folge konstant ($\sqrt[n]{1} = 1$) und daher die Aussage richtig.

Jetzt sei $c > 1$. Man setzt $a_n := \sqrt[n]{c} - 1$. Für alle $n \in \mathbb{N}$ gilt dann $a_n > 0$ und $c = (1 + a_n)^n$. Nach dem binomischen Lehrsatz gilt

$$\begin{aligned} c = (1+a_n)^n &= \binom{n}{0} + \binom{n}{1} a_n + \binom{n}{2} a_n^2 + \cdots + \binom{n}{n} a_n^n \\ &= 1 + n\,a_n + \underbrace{\binom{n}{2} a_n^2 + \cdots + \binom{n}{n} a_n^n}_{>0} \end{aligned}$$

$$\text{also} \qquad c > n\,a_n \;>\; 0\,.$$

Daraus folgt

$$\frac{c}{n} > a_n > 0\,.$$

Wegen $\lim\limits_{n\to\infty} \frac{c}{n} = 0$ und nach dem Sandwichsatz 1.5.6 gilt

$$\lim_{n\to\infty} a_n = 0\,.$$

Damit ergibt sich

$$\lim_{n\to\infty} \sqrt[n]{c} = \lim_{n\to\infty}\left(\sqrt[n]{c} - 1\right) + 1 = \lim_{n\to\infty} a_n + 1 = 1\,.$$

Im Fall $0 < c < 1$ gilt $\frac{1}{c} > 1$. Nach dem eben Bewiesenen und den Grenzwertsätzen ergibt sich

$$\lim_{n\to\infty} \sqrt[n]{c} = \lim_{n\to\infty} \frac{1}{\sqrt[n]{\frac{1}{c}}} = \frac{1}{\lim\limits_{n\to\infty} \sqrt[n]{\frac{1}{c}}} = 1\,.$$

1.5.8 Beispiel. Es sei $q \in \mathbb{R}$. Wir betrachten die Folge $(q^n)_{n\in\mathbb{N}}$.

1. Für $|q| < 1$ gilt $\lim\limits_{n\to\infty} q^n = 0$.
2. Für $q = 1$ gilt $\lim\limits_{n\to\infty} q^n = 1$.
3. Für $q = -1$ ist die Folge divergent.
   [Sie häuft sich bei 1 und −1, es gilt $\overline{\lim\limits_{n\to\infty}}\,(-1)^n = 1$ und $\underline{\lim\limits_{n\to\infty}}\,(-1)^n = -1$.]
4. Für $q > 1$ ist die Folge bestimmt divergent: Es gilt $\lim\limits_{n\to\infty} q^n = +\infty$.
5. Für $q < -1$ ist die Folge divergent.
   [Es gibt bestimmt divergente Teilfolgen, so gilt etwa:
   $$\lim_{k\to\infty} q^{2k} = +\infty, \qquad \lim_{k\to\infty} q^{2k+1} = -\infty.$$
   ]

1.5.9 Beispiel. Für jede reelle Zahl c gilt $\lim\limits_{n\to\infty} \frac{c^n}{n!} = 0$.

Beweis. Zuerst wählen wir $n_c \in \mathbb{N}$ so, dass $|c| < n_c$. Nach Division durch $2\,n_c$ erhalten wir

$$\left|\frac{c}{2\,n_c}\right| < \frac{n_c}{2\,n_c} = \frac{1}{2}\,.$$

Für jede natürliche Zahl $k > 2\,n_c$ gilt damit

$$\begin{aligned} 0 \ \leqq \ \left|\frac{c^k}{k!}\right| &= \left|\frac{c^{2n_c}}{(2\,n_c)!}\cdot\frac{c}{2\,n_c+1}\cdots\frac{c}{k}\right| \\ &< \left|\frac{c^{2n_c}}{(2\,n_c)!}\cdot\ \frac{1}{2}\ \cdots\frac{1}{2}\right| \\ &= \left|\frac{c^{2n_c}}{(2\,n_c)!}\cdot\frac{1}{2^{k-2\,n_c}}\right| \ = \ \left|\frac{c^{2n_c}}{(2\,n_c)!}\right|\cdot 2^{2\,n_c}\cdot\frac{1}{2^k}\,. \end{aligned}$$

Für $k \to \infty$ konvergiert die rechte Seite gegen 0, nach dem Sandwichsatz 1.5.6 erhalten wir

$$\lim_{k\to\infty}\left|\frac{c^k}{k!}\right| = 0 = -0 = \lim_{k\to\infty} -\left|\frac{c^k}{k!}\right|\,.$$

Wegen $-|x| \leqq x \leqq |x|$ liefert eine weitere Anwendung des Sandwichsatzes die Behauptung: $\lim\limits_{k\to\infty}\frac{c^k}{k!} = 0$. □

1.5.10 Beispiel. Es gilt $\lim\limits_{n\to\infty}\sqrt[n]{n} = 1$.

Beweis. Wir setzen $a_n := \sqrt[n]{n} - 1$. Dann gilt

$$n = (1+a_n)^n = 1 + n\,a_n + \binom{n}{2}a_n^2 + \cdots + a_n^n > \binom{n}{2}a_n^2 = \frac{n(n-1)}{2}\,a_n^2$$

und damit für $n \geqq 2$:

$$\frac{2}{n-1} > a_n^2 \geqq 0\,.$$

Nach dem Sandwichsatz 1.5.6 folgt $\lim\limits_{n\geqq 2} a_n^2 = 0$.

Wenn man nun weiß, dass die Folge $\left(\sqrt[n]{n}\right)_{n\in\mathbb{N}}$ konvergiert, dann konvergiert auch die Folge $\left(\sqrt[n]{n}-1\right)_{n\in\mathbb{N}}$, und für $a := \lim\limits_{n\to\infty}\sqrt[n]{n} - 1$ gilt nach den Grenzwertsätzen (vgl. 1.5.3):

$$0 = \lim_{n\to\infty} a_n^2 = \left(\lim_{n\to\infty}\sqrt[n]{n} - 1\right)\left(\lim_{n\to\infty}\sqrt[n]{n} - 1\right) = a^2\,.$$

Dies liefert $a = 0$, und $\lim_{n\to\infty} \sqrt[n]{n} = \lim_{n\to\infty}(a_n + 1) = a + 1 = 1$, wie behauptet. □

Um den eben geführten Beweisgang zu vervollständigen, brauchen wir ein Kriterium für die Konvergenz einer Folge, das noch keine Kenntnis des Grenzwerts verlangt. Ein solches liefert der Satz von Bolzano und Weierstraß 1.6.5, ein anderes ist nach Cauchy benannt (siehe 1.7.1).

1.6 Vollständigkeit, der Satz von Bolzano–Weierstraß

Bisher kennen wir nur wenige konkrete Beispiele konvergenter Folgen. Die hervorragende Eignung des Körpers $\mathbb{R}$ für die Analysis beruht darauf, dass sehr viele reelle Folgen konvergieren. Das liegt an der folgenden Grundeigenschaft von $\mathbb{R}$:

1.6.1 Vollständigkeit der reellen Zahlen. *Jede nicht leere, nach oben beschränkte Teilmenge $M \subsetneqq \mathbb{R}$ besitzt in $\mathbb{R}$ eine kleinste obere Schranke. Diese nennt man das Supremum von M, und bezeichnet sie mit* $\sup M$.

Jede nicht leere, nach unten beschränkte Teilmenge $M \subsetneqq \mathbb{R}$ besitzt in $\mathbb{R}$ eine größte untere Schranke. Diese nennt man das Infimum von M, und bezeichnet sie mit $\inf M$.

1.6.2 Definitionen. Gehört $\sup M$ zur Menge M dazu, so nennt man $\sup M$ auch das *Maximum* von M, und schreibt $\max M$.

Gehört $\inf M$ zur Menge M dazu, so nennt man $\inf M$ auch das *Minimum* von M, und schreibt $\min M$.

1.6.3 Beispiel. Die Teilmenge $M := \{x \in \mathbb{Q} \mid x^2 < 5\}$ von $\mathbb{R}$ ist beschränkt [etwa durch 3 nach oben und -3 nach unten].

Die kleinste obere Schranke für M ist $\sup M = \sqrt{5}$. Dieses Supremum ist eine reelle, aber keine rationale Zahl! Die Erweiterung der Menge der rationalen Zahlen zu $\mathbb{R}$ dient genau dazu, die Vollständigkeit zu sichern.

1.6.4 Definitionen. Es sei $(a_n)_{n\in\mathbb{N}}$ eine Folge reeller Zahlen.

1. Ist die Folge nach oben beschränkt, so schreibt man

$$\sup_{n\in\mathbb{N}} a_n := \sup\{a_n \mid n \in \mathbb{N}\}\ .$$

2. Ist die Folge nach unten beschränkt, so schreibt man

$$\inf_{n\in\mathbb{N}} a_n := \inf\{a_n \mid n \in \mathbb{N}\}\ .$$

Warnung: Im Allgemeinen gilt $\sup_{n\in\mathbb{N}} a_n \neq \overline{\lim_{n\to\infty}}\, a_n$ und $\inf_{n\in\mathbb{N}} a_n \neq \underline{\lim_{n\to\infty}}\, a_n$.

[Bei sup und inf wird stets die gesamte Folge betrachtet, für $\overline{\lim}$ und $\underline{\lim}$ sind nur Endstücke wirklich relevant.]

1.6.5 Satz von Bolzano und Weierstraß.
Jede monotone und beschränkte Folge in $\mathbb{R}$ ist konvergent.
Jede beschränkte Folge in $\mathbb{R}$ besitzt mindestens einen Häufungspunkt in $\mathbb{R}$.

Beweis. Wir beweisen die erste Aussage (die zweite kann man durch Auswahl einer geeigneten Teilfolge auf die erste zurückführen).

Wir können uns auf den Fall beschränken, dass eine monoton *wachsende* Folge $(a_n)_{n\in\mathbb{N}}$ vorliegt (bei einer fallenden Folge $(b_n)_{n\in\mathbb{N}}$ können wir die steigende Folge $(-b_n)_{n\in\mathbb{N}}$ betrachten — nach den Grenzwertsätzen 1.5.3 konvergiert ja $(b_n)_{n\in\mathbb{N}}$ genau dann, wenn $(-b_n)_{n\in\mathbb{N}}$ konvergiert).

Da die Folge nach oben beschränkt ist, existiert $a := \sup_{n\in\mathbb{N}} a_n$ (vgl. 1.6.1). Wir werden zeigen, dass $(a_n)_{n\in\mathbb{N}}$ gegen a konvergiert.

Sei $\varepsilon > 0$. Da a die *kleinste* obere Schranke für die Menge $\{a_n \mid n \in \mathbb{N}\}$ ist, gibt es (wenigstens) eine natürliche Zahl j so, dass $a - \varepsilon < a_j$ gilt [sonst wäre $a - \varepsilon$ eine kleinere obere Schranke als a]. Das bedeutet $a - a_j < \varepsilon$.

Wegen der Monotonie der Folge gilt nun

$$\forall\, k > j\colon a - a_k \leqq a - a_j < \varepsilon\ .$$

Weil a eine obere Schranke für die Folge ist, gilt $a - a_k \geqq 0$. Wir können also ohne Schaden für die Ungleichung zum Betrag übergehen.

Mit anderen Worten: $\forall\, k > j\colon |a - a_k| = a - a_k < \varepsilon$. Damit ist gezeigt, dass die Folge $(a_n)_{n\in\mathbb{N}}$ gegen a konvergiert.

1.6.6 Beispiel. Die divergente Folge $(n)_{n\in\mathbb{N}}$ ist zwar monoton, aber nicht beschränkt: Eine der Voraussetzungen des Satzes von Bolzano und Weierstraß ist also nicht erfüllt. Weder $\overline{\lim\limits_{n\to\infty}}\, n = +\infty$ noch $\underline{\lim\limits_{n\to\infty}}\, n = +\infty$ liegen in $\mathbb{R}$.

1.6.7 Beispiel. Die divergente Folge $((-1)^n)_{n\in\mathbb{N}}$ ist beschränkt, aber nicht monoton: Die Monotonie-Voraussetzung des Satzes von Bolzano und Weierstraß ist nicht erfüllt, aber es existieren (reelle) Häufungspunkte: Es gilt $\overline{\lim\limits_{n\to\infty}}\,(-1)^n = 1$ und $\underline{\lim\limits_{n\to\infty}}\,(-1)^n = -1$.

Jede konvergente Folge ist beschränkt, braucht aber nicht monoton zu sein:

1.6.8 Beispiel. Die Folge $\left((-1)^n \frac{1}{n}\right)_{n\in\mathbb{N}}$ ist konvergent, aber nicht monoton.

1.6.9 Bemerkung. Auch für $\overline{\lim\limits_{n\to\infty}}\, x_n$ und $\underline{\lim\limits_{n\to\infty}}\, x_n$ betrachtet man uneigentliche Werte (also $\pm\infty$): Wir haben in 1.4.11 gesehen, dass etwa $\overline{\lim\limits_{n\to\infty}}\, x_n = +\infty$ bedeutet, dass eine bestimmt divergente Teilfolge existiert, die über alle Grenzen hinaus wächst. Dies wird bei einer *beschränkten* Folge nie passieren:
Die in 1.6.5 garantierten Häufungspunkte sind eigentliche (also reelle) Häufungspunkte!

1.7 Das Konvergenzkriterium von Cauchy

Wir geben ein weiteres Kriterium für die Konvergenz einer Folge, für das man ebenfalls den Grenzwert nicht vorher kennen muss:

1.7.1 Cauchy-Kriterium.
Eine Folge $(a_n)_{n\in\mathbb{N}}$ reeller Zahlen ist genau dann konvergent, wenn es zu jedem $\varepsilon > 0$ eine natürliche Zahl n_ε so gibt, dass für alle $k, \ell > n_\varepsilon$ gilt: $|a_k - a_\ell| < \varepsilon$.
Mit Hilfe von Quantoren ausgedrückt:

$$\forall \varepsilon > 0 \quad \exists n_\varepsilon \in \mathbb{N} \quad \forall k, \ell \in \mathbb{N}: \quad (k, \ell > n_\varepsilon \implies |a_k - a_\ell| < \varepsilon)\,.$$

Anschaulich gesprochen: Eine reelle Folge konvergiert genau dann, wenn es für jede vorgegebene Fehlerschranke $\varepsilon > 0$ ein Endstück der Folge gibt, in dem sich *je zwei* Folgenglieder um weniger als ε unterscheiden.

Das Cauchy-Kriterium spielt (zusammen mit der geometrischen Reihe zu $q = \frac{1}{10}$) eine ganz fundamentale Rolle bei der Beschreibung reeller Zahlen:

1.7.2 Beispiel. Wir betrachten die Kreiszahl

$$\begin{aligned}\pi = 3{,}14159\,26535\,89793\,23846\,26433\,83279\,50288\,41971\,69399\,37510\\ 58209\,74944\,59230\,78164\,06286\,20899\,86280\,34825\,34211\,70679\\ 82148\,08651\,32823\,06647\,09384\,46095\,50582\,23172\,53594\,08128\\ 48111\,74502\,84102\,70193\,85211\,05559\,64462\,29489\,54930\,38196\\ 44288\,10975\,66593\,34461\,28475\,64823\,37867\,83165\,27120\,19091\ \ldots\end{aligned}$$

Diese Zahl ist hier gegeben als nicht abbrechende Dezimalentwicklung, wir haben aber nach der 250. Nachkommastelle abgebrochen, weil uns der Platz (oder die Geduld, oder die Kenntnis der Stellen) ausging.

Mit jeder neuen Stelle erhöhen wir die Genauigkeit: Die Angabe der Zahl auf n Nachkommastellen genau weicht vom wirklichen Wert nur noch um weniger als 10^{-n} ab.

Mit anderen Worten: Wir betrachten die Folge

$$\begin{aligned} p_1 &:= 3,1\\ p_2 &:= 3,14\\ p_3 &:= 3,141\\ p_4 &:= 3,1415\\ p_5 &:= 3,14159\\ p_6 &:= 3,141592\\ p_7 &:= 3,1415926\\ p_8 &:= 3,14159265\\ p_9 &:= 3,141592653\\ p_{10} &:= 3,1415926535\\ p_{11} &:= 3,14159265358\\ &\vdots \end{aligned}$$

und hoffen, dass diese Folge konvergiert, mit $\pi = \lim\limits_{n\to\infty} p_n$.

In der Tat ist die aus der Dezimalentwicklung gewonnene Folge $(p_n)_{n\in\mathbb{N}}$ konvergent:

Zu gegebener Fehlerschranke $\varepsilon > 0$ suchen wir eine natürliche Zahl n_ε so, dass $10^{-n_\varepsilon} = \frac{1}{10^{n_\varepsilon}} < \varepsilon$ [das ist möglich nach 1.5.8] und stellen dann fest, dass sich spätere Folgenglieder p_k, p_ℓ (die mit $k, \ell > n_\varepsilon$) um weniger als 10^{-n_ε}, also um weniger als ε unterscheiden. Nach dem Cauchyschen Konvergenzkriterium 1.7.1 ist die Folge konvergent.

1.7.3 Beispiel. Um zu zeigen, dass der periodische Dezimalbruch $0,\overline{9}$ *exakt* die Zahl 1 darstellt, fassen wir diesen auf als Grenzwert der Folge

$$x_1 := 0,9\,, \quad x_2 := 0,99\,, \quad x_3 := 0,999\,, \quad x_4 := 0,9999\,, \quad \ldots$$

Präzise definieren wir $x_n := 1 - \frac{1}{10^n} = \frac{10^n - 1}{10^n}$ und erhalten

$$0,\overline{9} = \lim_{n\to\infty}\left(1 - \frac{1}{10^n}\right) = 1 - \lim_{n\to\infty}\left(\frac{1}{10}\right)^n = 1 - 0 = 1$$

[mit Hilfe von 1.5.8].

Viele wichtige Anwendungen des Cauchyschen Konvergenzkriteriums findet man in der Theorie der Reihen.

1.8 Reihen

1.8.1 Definition. Es sei $(a_n)_{n\in\mathbb{N}}$ eine Folge reeller Zahlen. Wir schreiben

$$S_n := \sum_{j=1}^{n} a_j$$

für die Summe der ersten n Folgenglieder. Die damit definierte Folge $(S_n)_{n\in\mathbb{N}}$ nennt man eine (*unendliche*[1]) *Reihe*, oft schreibt man

$$\sum_{j=1}^{\infty} a_j\,,$$

und meint damit zunächst die Folge $(S_n)_{n\in\mathbb{N}}$. Man nennt S_n die *n-te Partialsumme* der Reihe $\sum_{j=1}^{\infty} a_j$.

[1] Unendlich ist die Zahl der Summanden, aber nicht unbedingt die Summe der Reihe.

Falls die Folge $(S_n)_{n\in\mathbb{N}}$ konvergiert, nennt man die Reihe *konvergent*, und bezeichnet den Grenzwert als den *Wert* oder die *Summe der Reihe*. Man schreibt dann

$$\sum_{j=1}^{\infty} a_j := \lim_{n\to\infty} S_n$$

(obwohl wir diese Bezeichnung eigentlich schon vergeben haben).
Wenn die Folge $(S_n)_{n\in\mathbb{N}}$ nicht konvergiert, nennt man die Reihe *divergent*.

1.8.2 Beispiel. Die Reihe $\sum_{j=1}^{\infty} \frac{1}{j^2}$ ist konvergent.

Beweis. Wir müssen zeigen, dass die Folge $(S_n)_{n\in\mathbb{N}}$ der Partialsummen $S_n := \sum_{j=1}^{n} \frac{1}{j^2}$ konvergent ist. Dazu verwenden wir das Cauchysche Konvergenzkriterium: Wegen

$$\frac{1}{j^2} < \frac{1}{j^2 - j} = \frac{1}{j(j-1)} = \frac{j-(j-1)}{j(j-1)} = \frac{1}{j-1} - \frac{1}{j}$$

ergibt sich für $k > \ell$:

$$\begin{aligned} |S_k - S_\ell| &= \sum_{j=\ell+1}^{k} \frac{1}{j^2} < \sum_{j=\ell+1}^{k} \left(\frac{1}{j-1} - \frac{1}{j}\right) \\ &= \frac{1}{\ell} - \frac{1}{\ell+1} + \frac{1}{\ell+1} - \frac{1}{\ell+2} + \cdots + \frac{1}{k-1} - \frac{1}{k} \\ &= \frac{1}{\ell} - \frac{1}{k}. \end{aligned}$$

Man wählt $n_\varepsilon \in \mathbb{N}$ so, dass $\frac{1}{n_\varepsilon} < \varepsilon$ gilt, und erhält für $k > \ell > n_\varepsilon$ die Abschätzung

$$|S_k - S_\ell| < \frac{1}{\ell} - \frac{1}{k} < \frac{1}{\ell} < \frac{1}{n_\varepsilon} < \varepsilon,$$

wie verlangt. □

1.8.3 Bemerkung. Die Summe der Reihe $\sum_{j=1}^{\infty} \frac{1}{j^2}$ (also der Grenzwert der Folge $\left(\sum_{j=1}^{n} \frac{1}{j^2}\right)_{n\in\mathbb{N}}$ der Partialsummen) ist $\sum_{j=1}^{\infty} \frac{1}{j^2} = \frac{\pi^2}{6}$.
Dies zu beweisen, übersteigt unsere derzeitigen Möglichkeiten.

1.8.4 Beispiel. Die *geometrische Reihe* ist gegeben durch

$$\sum_{j=0}^{\infty} q^j \,.$$

Die Summation beginnt bei $j = 0$, nicht bei $j = 1$: Das ergibt eine hübschere Formel für die Summe der Reihe.

Für $|q| < 1$ *gilt* $\displaystyle\sum_{j=0}^{\infty} q^j = \frac{1}{1-q}$.

Beweis. Wir berechnen

$$\begin{aligned}
(1-q)\sum_{j=0}^{n} q^j &= \sum_{j=0}^{n} q^j - \sum_{j=0}^{n} q^{j+1} \\
&= \sum_{j=0}^{n} q^j - \sum_{\ell=1}^{n+1} q^{\ell} \\
&= 1 + q^1 + q^2 + \cdots + q^n \\
&\quad\; - q^1 - q^2 - \cdots - q^n - q^{n+1} \\
&= 1 - q^{n+1} \,.
\end{aligned}$$

Daraus folgt

$$\sum_{j=0}^{n} q^j = \frac{1-q^{n+1}}{1-q} = \frac{1}{1-q} - \frac{q^{n+1}}{1-q} \,.$$

Für $|q| < 1$ gilt $\lim\limits_{n\to\infty} q^n = 0$ nach 1.5.8, und die Behauptung folgt. □

1.8.5 Beispiel. Wir betrachten die Folge der Partialsummen

$$\begin{aligned}
h_1 &:= \frac{1}{1}, \quad h_2 := \frac{1}{1} + \frac{1}{2}, \quad h_3 := \frac{1}{1} + \frac{1}{2} + \frac{1}{3}, \\
h_n &:= \frac{1}{1} + \frac{1}{2} + \frac{1}{3} + \cdots + \frac{1}{n} \,.
\end{aligned}$$

Diese bilden die *harmonische Reihe*.

Die harmonische Reihe ist nicht konvergent, die Partialsummen wachsen über jede vorgegebene Grenze hinaus.

Um das einzusehen, schätzen wir geeignete Partialsummen nach unten ab (um recht widerwärtige Hauptnenner zu vermeiden):

Für die 2^n-te Partialsumme h_{2^n} ergibt sich

$$\begin{aligned} h_{2^n} &= 1 + \frac{1}{2} + \left(\frac{1}{3}+\frac{1}{4}\right) + \left(\frac{1}{5}+\frac{1}{6}+\frac{1}{7}+\frac{1}{8}\right) \\ &\quad + \quad \cdots \quad + \left(\frac{1}{2^{n-1}+1} + \frac{1}{2^{n-1}+2} + \cdots + \frac{1}{2^n}\right) \\ &> 1 + \frac{1}{2} + \frac{1}{2} + \frac{1}{2} + \cdots + \frac{1}{2} \\ &= 1 + \frac{n}{2} \qquad \text{— und das wird offenbar beliebig groß!} \end{aligned}$$

Man benutzt die harmonische Reihe vor allem dazu, die Divergenz anderer Reihen nachzuweisen (vgl. 1.9.12).

1.8.6 Beispiel. Die *Exponentialreihe* ist gegeben als

$$\sum_{j=0}^{\infty} \frac{1}{j!} \qquad \text{(wir summieren ab } j = 0\text{)}.$$

Weil die Summanden $\frac{1}{j!}$ alle positiv sind, ist die Folge der Partialsummen[2] $S_n = \sum_{j=0}^{n} \frac{1}{j!}$ streng monoton wachsend. Die Abschätzung (**) im Beweis von 1.2.8 besagt $\sum_{j=0}^{n} \frac{1}{j!} < 3$, also gerade $S_n < 3$. Damit ist gezeigt, dass diese Folge beschränkt ist.

Nach dem Satz von Bolzano und Weierstraß 1.6.5 ist die Folge $(S_n)_{n\in\mathbb{N}}$ der Partialsummen (und damit die Reihe $\sum_{j=0}^{\infty} \frac{1}{j!}$) konvergent.

1.8.7 Bemerkung. In 1.2.8 haben wir die Monotonie und Beschränktheit (und damit die Konvergenz) der Folge $\left(\left(1+\frac{1}{n}\right)^n\right)_{n\in\mathbb{N}}$ nachgewiesen. Dem Grenzwert dieser Folge haben wir den Namen Eulersche Zahl e gegeben.

Man kann beweisen, dass auch $\mathrm{e} = \sum_{j=0}^{\infty} \frac{1}{j!}$ gilt. Unsere Abschätzungen im Beweisgang in 1.2.8 haben also mehrmals vergröbert, im Endeffekt aber nichts an Genauigkeit verschenkt!

[2] Auch bei der Bildung der Partialsummen beginnen wir mit $j = 0$.

1.9 Konvergenzkriterien für Reihen

1.9.1 Lemma. *Wenn die Reihe* $\sum_{j=1}^{\infty} a_j$ *konvergiert, dann ist* $(a_n)_{n\in\mathbb{N}}$ *eine Nullfolge (d. h.* $\lim\limits_{n\to\infty} a_n = 0$*).*

Beweis. Wir schreiben $S_n := \sum_{j=1}^{n} a_j$. Mit dem Cauchy-Kriterium 1.7.1 erhält man

$$\forall\, \varepsilon > 0 \quad \exists\, n_0 \in \mathbb{N}\colon\ (m, n > n_0 \implies |S_m - S_n| < \varepsilon)\,.$$

Setzt man hier $m := n + 1$, so ergibt sich

$$\forall\, \varepsilon > 0 \quad \exists\, n_0 \in \mathbb{N}\colon\ (n > n_0 \implies |a_{n+1}| = |S_{n+1} - S_n| < \varepsilon)\,.$$

Damit ist die Folge $(a_n)_{n\in\mathbb{N}}$ als Nullfolge erkannt. □

1.9.2 Bemerkungen. Das Kriterium 1.9.1 ist ein *notwendiges*, aber *nicht hinreichendes* Kriterium für die Konvergenz der Reihe:

1. Die Folge $\left(\frac{1}{n}\right)_{n\in\mathbb{N}}$ ist zwar eine Nullfolge, aber die harmonische Reihe $\sum_{j=1}^{\infty} \frac{1}{j}$ konvergiert nicht!
2. Für $|q| \geqq 1$ ist die Folge $\left(q^n\right)_{n\in\mathbb{N}}$ keine Nullfolge, und die geometrische Reihe $\sum_{j=1}^{\infty} q^j$ divergiert.

Konvergente Reihen sind speziell gebaute konvergente Folgen. Aus den Grenzwertsätzen für Folgen 1.5.3 ergibt sich damit:

1.9.3 Grenzwertsätze für Reihen. *Es seien* $\sum_{j=1}^{\infty} a_j$ *und* $\sum_{j=1}^{\infty} b_j$ *konvergente Reihen, und es sei* $c \in \mathbb{R}$ *eine beliebige reelle Zahl. Dann sind auch die Reihen* $\sum_{j=1}^{\infty} c \cdot a_j$ *und* $\sum_{j=1}^{\infty} (a_j + b_j)$ *konvergent, es gilt*

$$\sum_{j=1}^{\infty} c \cdot a_j = c \cdot \sum_{j=1}^{\infty} a_j \quad \textit{und} \quad \sum_{j=1}^{\infty} (a_j + b_j) = \sum_{j=1}^{\infty} a_j + \sum_{j=1}^{\infty} b_j\,. \qquad \square$$

1.9.4 Definition. Eine Reihe $\sum_{j=1}^{\infty} a_j$ heißt *alternierend*, wenn die Folge $(a_n)_{n\in\mathbb{N}}$ alternierend ist.

1.9.5 Leibniz-Kriterium. *Es sei* $\sum_{j=1}^{\infty} a_j$ *eine alternierende Reihe, und es sei dabei* $\left(|a_j|\right)_{j\in\mathbb{N}}$ *eine monotone Nullfolge. Dann konvergiert die Reihe* $\sum_{j=1}^{\infty} a_j$*, und es gilt*

$$\left|S_n - \sum_{j=1}^{\infty} a_j\right| \leqq \left|a_{n+1}\right|.$$

Den Beweis überlassen wir den Mathematikern.

1.9.6 Beispiel. Nach dem Leibniz-Kriterium konvergiert die alternierende harmonische Reihe

$$\sum_{j=1}^{\infty} \frac{(-1)^{j+1}}{j} = 1 - \frac{1}{2} + \frac{1}{3} - \frac{1}{4} + \frac{1}{5} - \cdots$$

Wir werden später (in 2.6.14) sehen, dass $\sum\limits_{j=1}^{\infty} \frac{(-1)^{j+1}}{j} = \ln 2$ gilt.

Dadurch, dass wir das Vorzeichen wechseln lassen, haben wir aus der divergenten harmonischen Reihe eine (sehr langsam) konvergierende Reihe gemacht.

Wir brauchen einen Begriff, der diejenigen Reihen ausschließt, die nur durch den Vorzeichenwechsel konvergieren:

1.9.7 Definition. Eine Reihe $\sum_{j=1}^{\infty} a_j$ heißt *absolut konvergent*, wenn die zugehörige Reihe $\sum_{j=1}^{\infty} |a_j|$ der Absolutbeträge konvergiert.

Einer der wichtigsten Gründe für das Interesse an absoluter Konvergenz ist der

1.9.8 Umordnungssatz.

Die Summe einer absolut konvergenten Reihe $\sum\limits_{n=1}^{\infty} a_n$ *ändert sich nicht, wenn man die Reihenfolge der Folgenglieder* a_n *ändert.*

(Anders bei nicht absolut konvergenten Reihen, etwa der alternierenden harmonischen Reihe — siehe 1.9.9.)

Man erhält daraus zum Beispiel für jede *absolut* konvergente Reihe $\sum_{n=1}^{\infty} a_n$:

$$\sum_{n=1}^{\infty} a_n = \sum_{k=1}^{\infty} a_{2k} + \sum_{k=0}^{\infty} a_{2k+1}\,.$$

Das ist etwa nützlich, um Beziehungen zwischen der Exponentialfunktion und den Winkelfunktionen herzuleiten, vgl. 1.14.19.

1.9.9 Beispiele.

1. Die harmonische Reihe ist weder konvergent noch absolut konvergent.
2. Die in 1.9.6 betrachtete alternierende harmonische Reihe ist konvergent, aber nicht absolut konvergent.

Die Probleme, die sich beim Umordnen von nicht absolut konvergenten Reihen ergeben, kann man an Hand der alternierenden harmonischen Reihe (vgl. 1.9.6) sehen:

Statt $\displaystyle\sum_{j=1}^{\infty} \frac{(-1)^{j+1}}{j} = 1 - \frac{1}{2} + \frac{1}{3} - \frac{1}{4} + \frac{1}{5} - \frac{1}{6} + \frac{1}{7} - \cdots$ betrachten wir die umgeordnete Reihe

$$\underbrace{1 - \frac{1}{2}}_{\geqq \frac{1}{2}} + \underbrace{\left(\frac{1}{3} + \frac{1}{5} + \frac{1}{7} + \frac{1}{9}\right) - \frac{1}{4}}_{\geqq \frac{1}{2}} + \underbrace{\left(\frac{1}{11} + \cdots + \frac{1}{37}\right) - \frac{1}{6}}_{\geqq \frac{1}{2}}$$
$$+ \underbrace{\left(\frac{1}{39} + \cdots + \frac{1}{133}\right) - \frac{1}{8}}_{\geqq \frac{1}{2}} + \cdots$$

wobei wir immer wieder so lange neue Folgenglieder mit ungerader Nummer vor $-\frac{1}{2j}$ aufaddieren, bis wir mindestens $\frac{1}{2} + \frac{1}{2j}$ erreicht haben (das ist möglich, weil die harmonische Reihe divergiert). Offensichtlich divergiert die umgeordnete Reihe.

Jede absolut konvergente Reihe ist auch konvergent, das ergibt sich als Spezialfall aus dem Majoranten-Kriterium 1.9.10: Man setzt dort $b_j := |a_j|$.

1.9.10 Majoranten-Kriterium. *Gibt es für die Reihe $\sum_{j=1}^{\infty} a_j$ eine konvergente Reihe $\sum_{j=1}^{\infty} b_j$ derart, dass für alle $j \in \mathbb{N}$ die Abschätzung $|a_j| \leqq b_j$ gilt, so ist die Reihe $\sum_{j=1}^{\infty} a_j$ konvergent und absolut konvergent.*

Beweis. Wir schreiben $S_n := \sum_{j=1}^{n} a_j$, $T_n := \sum_{j=1}^{n} |a_j|$ und $U_n := \sum_{j=1}^{n} b_j$. Dann gilt für alle $m < n$:

$$|S_n - S_m| = \left|\sum_{j=m+1}^{n} a_j\right| \leqq \sum_{j=m+1}^{n} |a_j| \leqq \sum_{j=m+1}^{n} b_j = |U_n - U_m|$$

$$\text{und } |T_n - T_m| = \left|\sum_{j=m+1}^{n} |a_j|\right| = \sum_{j=m+1}^{n} |a_j| \leqq \sum_{j=m+1}^{n} b_j = |U_n - U_m|.$$

Nach Voraussetzung ist die Reihe $\sum_{j=1}^{\infty} b_j$ konvergent, nach dem Cauchy-Kriterium 1.7.1 gibt es also zu jedem $\varepsilon > 0$ ein n_ε so, dass für $n > m > n_\varepsilon$ stets $|U_n - U_m| < \varepsilon$ gilt. Nun können wir das Cauchy-Kriterium umgekehrt anwenden auf die Folgen $(S_n)_{n\in\mathbb{N}}$ und $(T_n)_{n\in\mathbb{N}}$: Wir erhalten die Konvergenz dieser beiden Folgen, d. h. die Konvergenz und die absolute Konvergenz der Reihe $\sum_{j=1}^{\infty} a_j$, wie behauptet. □

1.9.11 Beispiel. Für $k > 2$ und für alle $j \in \mathbb{N}$ gilt $\frac{1}{j^k} \leqq \frac{1}{j^2}$. Die Majorante $\sum_{j=1}^{\infty} \frac{1}{j^2}$ ist konvergent nach 1.8.2. Nach dem Majoranten-Kriterium ist auch die Reihe $\sum_{j=1}^{\infty} \frac{1}{j^k}$ konvergent.

Manchmal weist man auch *Divergenz* durch eine *divergente Minorante* nach:

1.9.12 Beispiel. Für alle $j \in \mathbb{N}$ gilt $\frac{1}{j} \leqq \frac{1}{\sqrt{j}}$. Da die harmonische Reihe divergiert, muss die Reihe $\sum_{j=1}^{\infty} \frac{1}{\sqrt{j}}$ divergieren.

[Sonst würde nach dem Majoranten-Kriterium ja auch die harmonische Reihe konvergieren.]

1.9.13 Quotienten-Kriterium von d'Alembert.
Es sei $\sum_{j=1}^{\infty} a_j$ eine Reihe. Es gebe $N \in \mathbb{N}$ so, dass für $n \geqq N$ stets $a_n \neq 0$ gilt. Gibt es ein $t \in \mathbb{R}$ mit $t < 1$ und ein $n_0 \geqq N$ derart, dass gilt

$$\forall n > n_0 : \left|\frac{a_{n+1}}{a_n}\right| \leqq t,$$

so ist die Reihe absolut konvergent.

1.9.14 Bemerkung. Das im Quotienten-Kriterium auftretende t muss *unabhängig* von n gewählt werden können.

Bei der harmonischen Reihe gilt zwar stets $\left|\frac{a_{n+1}}{a_n}\right| = \frac{n}{n+1} < 1$, aber wegen $\lim\limits_{n\to\infty} \frac{n}{n+1} = 1$ kann man kein $t < 1$ finden, das oberhalb *all* dieser Quotienten liegt: Das Quotienten-Kriterium ist daher nicht anwendbar!

1.9.15 Bemerkung. Wir betrachten zur Reihe $\sum\limits_{j=0}^{\infty} a_j$ die Hilfs-Folge $\left(\left|\frac{a_{n+1}}{a_n}\right|\right)_{n\in\mathbb{N}}$ und deren größten und kleinsten Häufungspunkt $\overline{\lim\limits_{n\to\infty}} \left|\frac{a_{n+1}}{a_n}\right|$ bzw. $\underline{\lim\limits_{n\to\infty}} \left|\frac{a_{n+1}}{a_n}\right|$.

1. Aus dem Quotienten-Kriterium folgt:
   Gilt $\overline{\lim\limits_{n\to\infty}} \left|\frac{a_{n+1}}{a_n}\right| < 1$, so ist die Reihe absolut konvergent.
2. Gilt $\underline{\lim\limits_{n\to\infty}} \left|\frac{a_{n+1}}{a_n}\right| > 1$, so ist die Reihe divergent.
   [Es gilt dann $|a_{n+1}| > |a_n|$ in einem Endstück der Folge $(a_n)_{n\in\mathbb{N}}$.]
3. Gilt $\underline{\lim\limits_{n\to\infty}} \left|\frac{a_{n+1}}{a_n}\right| \leqq 1 \leqq \overline{\lim\limits_{n\to\infty}} \left|\frac{a_{n+1}}{a_n}\right|$, so liefert das Quotientenkriterium *keine Aussage*; es sind dann feinere Untersuchungen nötig, um die Frage der Konvergenz zu klären.
   [Zum Beispiel ist $\sum\limits_{n=0}^{\infty} 2^{-n-(-1)^n}$ konvergent (gegen $\sum\limits_{k=0}^{\infty} 2^{-k} = 2$), aber $\frac{a_{2k+1}}{a_{2k}} = 2$ und $\frac{a_{2k+2}}{a_{2k+1}} = 2^{-3}$ liefern $\frac{1}{8} = \underline{\lim\limits_{n\to\infty}} \left|\frac{a_{n+1}}{a_n}\right| < 1 < \overline{\lim\limits_{n\to\infty}} \left|\frac{a_{n+1}}{a_n}\right| = 2$.]

1.9.16 Wurzel-Kriterium von Cauchy. *Wir betrachten eine Reihe $\sum_{j=1}^{\infty} a_j$. Die Reihe konvergiert absolut, wenn es $t < 1$ und $n_0 \in \mathbb{N}$ so gibt, dass für alle $n > n_0$ gilt:* $\sqrt[n]{|a_n|} \leqq t$.

Auch hier kann man wieder Häufungspunkte verwenden:
Wenn $\overline{\lim\limits_{n\to\infty}} \sqrt[n]{|a_n|} < 1$ gilt, konvergiert die Reihe absolut, im Fall $\overline{\lim\limits_{n\to\infty}} \sqrt[n]{|a_n|} > 1$ divergiert sie.

1.9.17 Beispiel. Auf $\sum\limits_{j=1}^{\infty} \frac{1}{j!}$ wenden wir das Quotienten-Kriterium an:

Wegen

$$\lim_{n\to\infty} \left|\frac{a_{n+1}}{a_n}\right| = \lim_{n\to\infty} \frac{1}{(n+1)!} \cdot \frac{n!}{1} = \lim_{n\to\infty} \frac{1}{n+1} = 0 < 1$$

folgt, dass die Reihe konvergiert.

1.9.18 Beispiel. Bei der Reihe $\sum_{j=1}^{\infty} \frac{1}{j^2}$ versuchen wir zuerst das Quotienten-Kriterium: Wegen

$$\lim_{n\to\infty} \left|\frac{a_{n+1}}{a_n}\right| = \lim_{n\to\infty} \frac{1}{(n+1)^2} \cdot \frac{n^2}{1} = \lim_{n\to\infty} \frac{n^2}{n^2+2n+1} = 1$$

ist leider keine Anwendung möglich (vgl. 1.9.14). Das Wurzel-Kriterium hilft auch nicht:

$$\lim_{n\to\infty} \sqrt[n]{|a_n|} = \lim_{n\to\infty} \sqrt[n]{\frac{1}{n^2}} = \lim_{n\to\infty} \frac{1}{(\sqrt[n]{n})^2} = 1\,.$$

Zum Glück haben wir in 1.8.2 bewiesen, dass die Reihe konvergiert.

1.9.19 Beispiel. Es sei $z \in \mathbb{R}$. Bei der Reihe $\sum_{j=1}^{\infty} \frac{z^j}{j!}$ hilft das Quotienten-Kriterium (falls $z \neq 0$):

$$\lim_{n\to\infty} \left|\frac{a_{n+1}}{a_n}\right| = \lim_{n\to\infty} \frac{|z^{n+1}|}{(n+1)!} \cdot \frac{n!}{|z^n|} = \lim_{n\to\infty} \frac{|z|}{n+1} = |z| \cdot \lim_{n\to\infty} \frac{1}{n+1} = 0\,.$$

Diese Reihe konvergiert demnach absolut, und zwar für jede reelle Zahl z [der Fall $z = 0$ ist langweilig].

1.9.20 Beispiel. Bei der Reihe $\sum_{j=1}^{\infty} \frac{x^j}{j}$ hilft das Wurzel-Kriterium:

$$\lim_{n\to\infty} \sqrt[n]{|a_n|} = \lim_{n\to\infty} \sqrt[n]{\left|\frac{x^n}{n}\right|} = \lim_{n\to\infty} \frac{|x|}{\sqrt[n]{n}} = |x| \cdot \lim_{n\to\infty} \frac{1}{\sqrt[n]{n}} = |x|\,.$$

Für $|x| < 1$ konvergiert demnach die Reihe absolut, für $|x| > 1$ divergiert sie. Im Fall $|x| = 1$ ist mit dem Wurzelkriterium keine Aussage möglich. (Wir wissen aber: Für $x = 1$ haben wir die divergente harmonische Reihe, für $x = -1$ die konvergente alternierende harmonische Reihe.)

1.9.21 Beispiel. Wir wählen reelle Zahlen q_1, q_2 mit $0 < q_1 < q_2 < 1$, und betrachten

$$\sum_{j=1}^{\infty} a_j \quad \text{mit} \quad a_n := \begin{cases} q_1^n & \text{falls } n \text{ gerade,} \\ q_2^n & \text{sonst.} \end{cases}$$

Für das Wurzel-Kriterium berechnen wir

$$\sqrt[n]{|a_n|} = \begin{cases} q_1 & \text{falls } n \text{ gerade,} \\ q_2 & \text{sonst.} \end{cases}$$

Wegen $q_1, q_2 < 1$ liefert das Wurzel-Kriterium die absolute Konvergenz der Reihe. Man beachte: Die Folge $\left(\sqrt[n]{|a_n|}\right)_{n\in\mathbb{N}}$ hat keinen Grenzwert! Es gilt aber $\overline{\lim\limits_{n\to\infty}} \sqrt[n]{|a_n|} = q_2$ und $\underline{\lim\limits_{n\to\infty}} \sqrt[n]{|a_n|} = q_1$; beide Werte sind kleiner als 1.

1.9.22 Bemerkung. Das Quotienten-Kriterium liefert bei der eben betrachteten Reihe keine Aussage: Wegen $\frac{a_{2k+1}}{a_{2k}} = q_2\left(\frac{q_2}{q_1}\right)^{2k}$ und $\frac{a_{2k+2}}{a_{2k+1}} = q_1\left(\frac{q_1}{q_2}\right)^{2k+1}$ ist $\underline{\lim\limits_{n\to\infty}} \left|\frac{a_{n+1}}{a_n}\right| = 0$ und $\overline{\lim\limits_{n\to\infty}} \left|\frac{a_{n+1}}{a_n}\right| = +\infty$ — und diese Erkenntnisse helfen nicht weiter (vgl. 1.9.15.3).

1.9.23 Veranschaulichung der geometrischen Reihe.

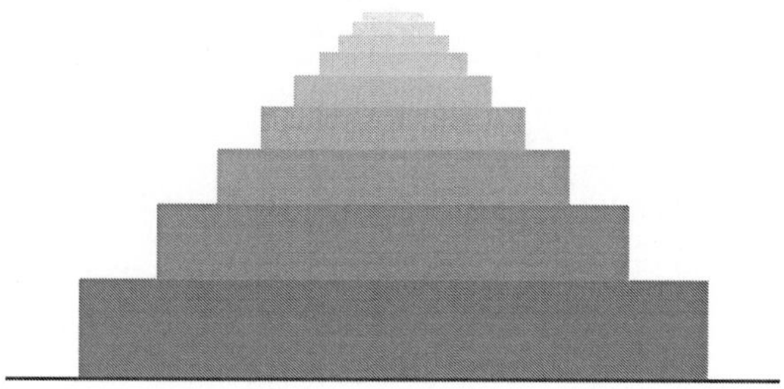

Wir schichten Quader aufeinander, bei denen jeder neue entsteht, indem man den vorhergehenden mit dem Faktor q skaliert.

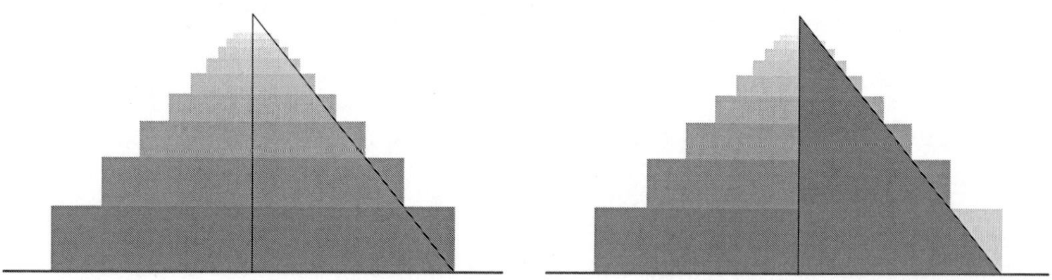

Durch eine elementargeometrische Überlegung (die in der rechten Skizze eingezeichneten Dreiecke sind einander ähnlich) kann man nicht nur die Beschränktheit der Höhe des entstehenden Turms ablesen (dies entspricht der Konvergenz der Reihe), sondern auch die Summe der Reihe ablesen.

Details findet man in M. Stroppel, *Begegnungen mit Mathematik*, Edition Delkhofen 2005.

1.10 Stetigkeit

Wir betrachten im Folgenden Funktionen, die reellen Zahlen wieder reelle Zahlen zuordnen: Also Abbildungen $f\colon M \to \mathbb{R}$ mit $M \subseteqq \mathbb{R}$.

Jede solche Funktion kann man durch ihren *Graph* veranschaulichen: Man trägt $y = f(x)$ über x auf.

1.10.1 Beispiele.

$f(x) = 4x^3 - 3x$

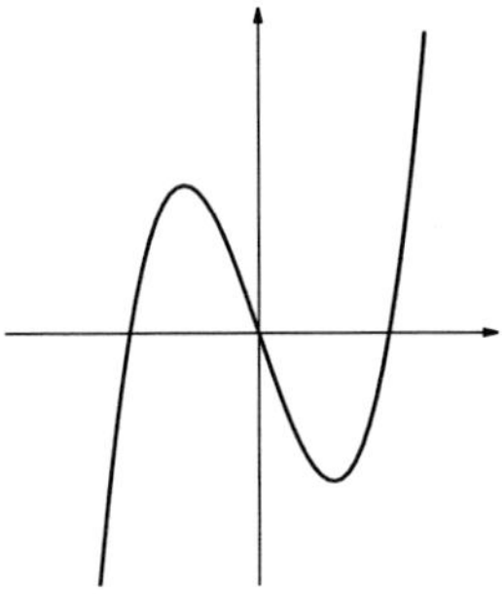

$M = \mathbb{R}$

$f(x) = \dfrac{x^3}{x}$

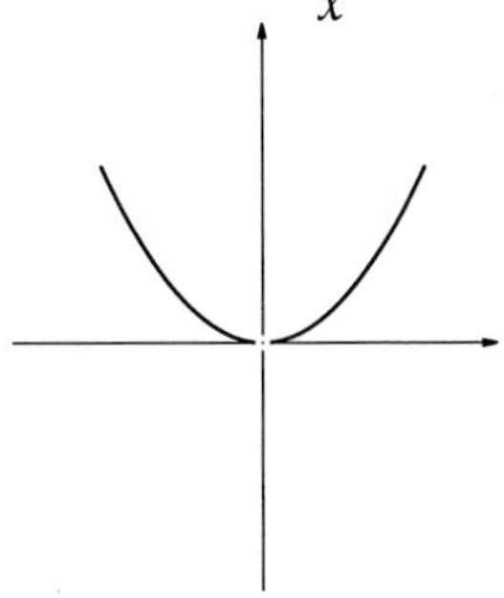

$M = \mathbb{R} \setminus \{0\}$

$f(x) = \dfrac{1}{x^2}$

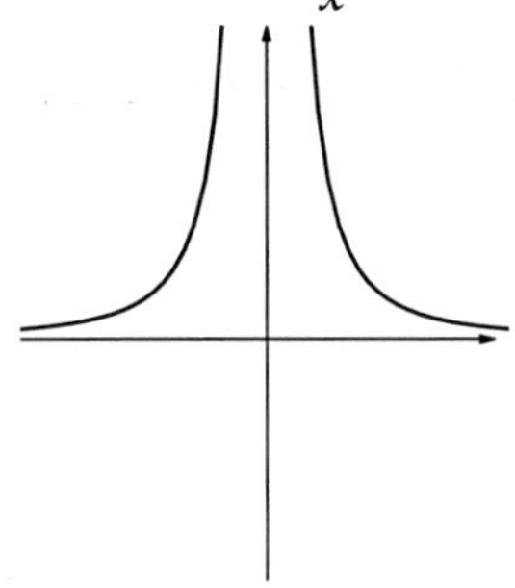

$M = \mathbb{R} \setminus \{0\}$

1.10.2 Beispiele.

$f(x) = \dfrac{|x|}{x}$

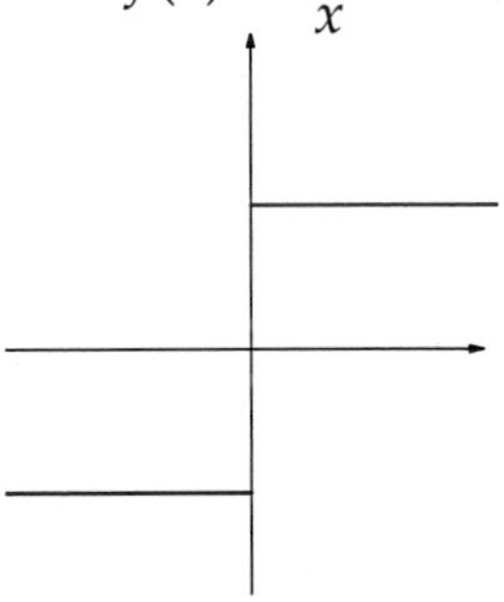

$M = \mathbb{R} \setminus \{0\}$

$f(x) = \dfrac{1}{x}$

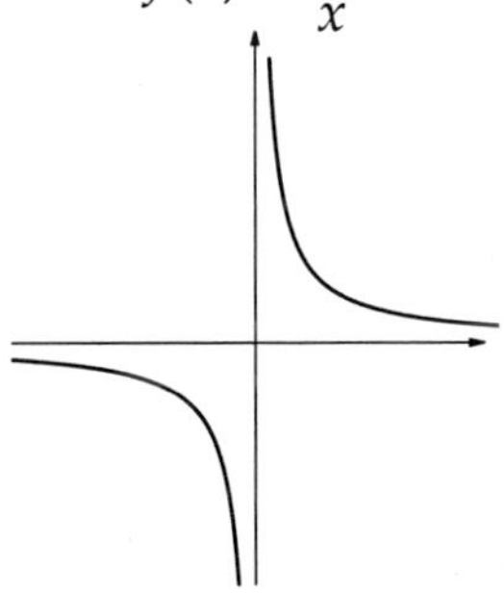

$M = \mathbb{R} \setminus \{0\}$

$f(x) = \cos \dfrac{1}{x}$

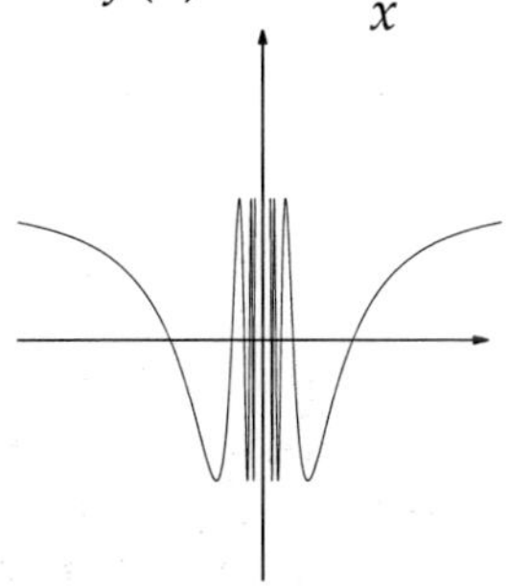

$M = \mathbb{R} \setminus \{0\}$

Bei manchen dieser Beispiele weisen die Graphen „Lücken“ oder „Sprünge“ auf. Manche dieser Lücken kann man „sinnvoll“ durch Ergänzung schließen.

Bei den Beispielen in 1.10.2 ist das aber nicht möglich.

Wir wollen unser Gefühl präzisieren, das uns sagt, welche Ergänzung des Graphen „sinnvoll“ ist.

1.10.3 Definition. Es sei $M \subseteqq \mathbb{R}$, und es sei $x_0 \in M$. Eine Funktion $f : M \to \mathbb{R}$ heißt *stetig* in x_0, wenn gilt: Für *jede* Folge $(x_j)_{j\in\mathbb{N}}$ mit $x_j \in M$ und $\lim_{j\to\infty} x_j = x_0$ konvergiert die Folge $\big(f(x_j)\big)_{j\in\mathbb{N}}$ gegen $f(x_0)$.
Wir schreiben abkürzend $x_j \underset{j}{\longrightarrow} x_0$ oder $x_j \longrightarrow x_0$, um $\lim_{j\to\infty} x_j = x_0$ auszudrücken.
Die Funktion f heißt *stetig auf* M, wenn sie in jedem Punkt von M stetig ist.

Wichtig ist, dass man wirklich *jede* Folge $x_j \longrightarrow x_0$ in M betrachtet!

1.10.4 Beispiel. Die Funktion $f : \mathbb{R} \to \mathbb{R}$ sei definiert durch

$$f(x) := \begin{cases} x & \text{falls } x \in \left\{ \frac{1}{n} \;\middle|\; n \in \mathbb{N} \right\}, \\ 1 & \text{sonst.} \end{cases}$$

Diese Funktion ist nicht stetig in 0, denn für die durch $x_j := \frac{1}{j}$ definierte Folge gilt $x_j \longrightarrow 0$ und $f(x_j) \longrightarrow 0$, aber $0 \neq 1 = f(0)$.

Es gibt aber viele andere gegen 0 konvergente Folgen (z. B. $\left(\frac{\pi}{j}\right)_{j\in\mathbb{N}}$), für die die Folge der Funktionswerte gegen $f(0)$ konvergiert!

Wann ist eine Funktion *unstetig*?
Die Negation der Definition 1.10.3 liefert: Es gibt eine Folge $(x_j)_{j\in\mathbb{N}}$ im Definitionsbereich der Funktion mit $x_j \underset{j}{\longrightarrow} x_0$ so, dass $f(x_j) \not\longrightarrow f(x_0)$.
Die Konvergenz $x_j \longrightarrow x_0$ bedeutet

$$\forall\, \delta > 0 \quad \exists\, j_0 \in \mathbb{N} \quad \forall\, j > j_0 : \quad |x_j - x_0| < \delta\,,$$

und $f(x_j) \not\longrightarrow f(x_0)$ bedeutet

$$\exists\, \varepsilon > 0 \quad \forall\, j_0 \in \mathbb{N} \quad \exists\, j > j_0 : \quad |f(x_j) - f(x_0)| \geqq \varepsilon\,.$$

Damit drückt sich die Unstetigkeit von f aus als

$$\exists\, \varepsilon > 0 \quad \forall\, \delta > 0 \quad \exists\, x \in M : \quad \big(|x - x_0| < \delta \wedge |f(x) - f(x_0)| \geqq \varepsilon \big)\,.$$

Wenn wir diese Aussage wieder negieren, erhalten wir eine alternative Beschreibung der Stetigkeit, die (manchmal) leichter zu handhaben ist als die Definition 1.10.3:

1.10.5 Die ε-δ-Beschreibung der Stetigkeit.
Die Funktion $f\colon M \to \mathbb{R}$ ist genau dann stetig im Punkt $x_0 \in M$, wenn gilt:

$$\forall\, \varepsilon > 0 \quad \exists\, \delta > 0 \quad \forall\, x \in M\colon \quad \Big(|x - x_0| < \delta \implies |f(x) - f(x_0)| < \varepsilon \Big).$$

Dabei wird *zuerst* die Fehlertoleranz ε vorgegeben: Die Schranke $\delta = \delta_\varepsilon$ hängt von der Wahl von ε ab.
Man kann das auch so ausdrücken:

1.10.6 Beschreibung der Stetigkeit durch Umgebungen.
Die Funktion $f\colon M \to \mathbb{R}$ ist genau dann stetig im Punkt $x_0 \in M$, wenn es zu jeder Umgebung $U = U_\varepsilon(f(x_0))$ eine Umgebung $V = U_\delta(x_0)$ derart gibt, dass $f(V \cap M) \subseteqq U$.

Die Beschreibung durch Umgebungen ist recht anschaulich:

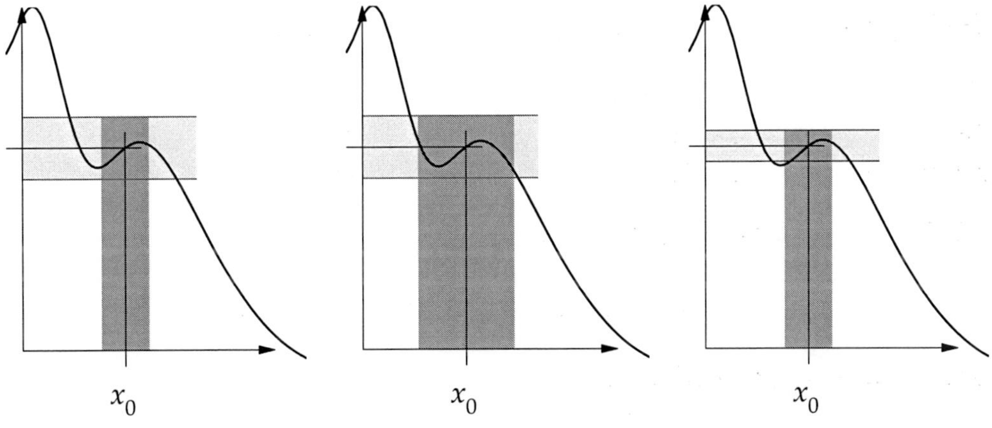

Es gilt hier

$$f\big(U_\delta(x_0)\big) \subseteqq U_\varepsilon(f(x_0)); \quad f\big(U_{2\delta}(x_0)\big) \subseteqq U_\varepsilon(f(x_0));$$
$$\text{aber } f\big(U_\delta(x_0)\big) \nsubseteqq U_{\frac{1}{2}\varepsilon}(f(x_0)).$$

1.11 Grenzwerte von Funktionen

Wir wollen eine Funktion $f\colon D \to \mathbb{R}$ an Löchern im Definitionsbereich D oder am Rand von D stetig ergänzen — so weit das möglich ist.

Wir betrachten dazu Punkte im *Abschluss* des Definitionsbereichs D (d. h.: Punkte x_0, für die jede Umgebung von x_0 wenigstens einen Punkt von D enthält) — bei Punkten, die vom Definitionsbereich isoliert liegen, können wir nicht erwarten, dass die Funktion sich *eindeutig* (stetig) fortsetzen lässt!

Unter dem *Rand* des Definitionsbereichs D verstehen wir die Menge aller Punkte x_0, für die jede Umgebung von x_0 sowohl einen Punkt von D als auch einen Punkt von $\mathbb{R} \setminus D$ enthält. Die Randpunkte gehören auf jeden Fall zum Abschluss von D dazu; in der Tat erhält man den Abschluss von D, indem man zu D alle Randpunkte hinzunimmt.

Wir führen die folgenden Begriffe ein:

1.11.1 Definition. Gegeben seien eine Funktion $f\colon M \to \mathbb{R}$ und ein Punkt x_0 im Abschluss von M.

1. f besitzt in x_0 den (*beidseitigen*) *Grenzwert* g, wenn gilt:

$$\forall\, \varepsilon > 0 \quad \exists\, \delta > 0 \quad \forall\, x \in U_\delta(x_0) \cap M\colon \quad f(x) \in U_\varepsilon(g)\,.$$

Wir schreiben in diesem Fall $\lim\limits_{x \to x_0} f(x) = g$ oder $f(x) \underset{x \to x_0}{\longrightarrow} g$.

2. f besitzt in x_0 den *rechtsseitigen Grenzwert* g, wenn gilt:

$$\forall\, \varepsilon > 0 \quad \exists\, \delta > 0 \quad \forall\, x \in U_\delta(x_0) \cap M\colon \Big(x_0 < x \implies f(x) \in U_\varepsilon(g) \Big).$$

Wir schreiben in diesem Fall $\lim\limits_{x \to x_0+0} f(x) = g$ oder $\lim\limits_{x \searrow x_0} f(x) = g$ oder $f(x) \underset{x \searrow x_0}{\longrightarrow} g$.

3. f besitzt in x_0 den *linksseitigen Grenzwert* g, wenn gilt:

$$\forall\, \varepsilon > 0 \quad \exists\, \delta > 0 \quad \forall\, x \in U_\delta(x_0) \cap M\colon \Big(x < x_0 \implies f(x) \in U_\varepsilon(g) \Big).$$

Wir schreiben in diesem Fall $\lim\limits_{x \to x_0-0} f(x) = g$ oder $\lim\limits_{x \nearrow x_0} f(x) = g$ oder $f(x) \underset{x \nearrow x_0}{\longrightarrow} g$.

Manchmal werden auch die Kurzschreibweisen $f(x_0+0) := \lim_{x\to x_0+0} f(x)$ bzw. $f(x_0-0) := \lim_{x\to x_0-0} f(x)$ benutzt.

Anschaulich ausgedrückt: Beim rechtsseitigen Grenzwert suchen wir die Grenzlage von $f(x)$, wenn x *von rechts* gegen x_0 strebt.
Man kann das auch mit Folgen $x_j \longrightarrow x_0$ ausdrücken, aber dann muss man wieder *alle* solchen Folgen betrachten (vgl. 1.10.4).
Selbst wenn sowohl ein rechts- als auch ein linksseitiger Grenzwert existiert, braucht es keinen beidseitigen Grenzwert zu geben:

1.11.2 Beispiel.

Die Funktion

$$f\colon \mathbb{R}\setminus\{0\} \to \mathbb{R}\colon x \mapsto \frac{|x|}{x} = \begin{cases} -1 & \text{falls } x<0, \\ 1 & \text{falls } x>0 \end{cases}$$

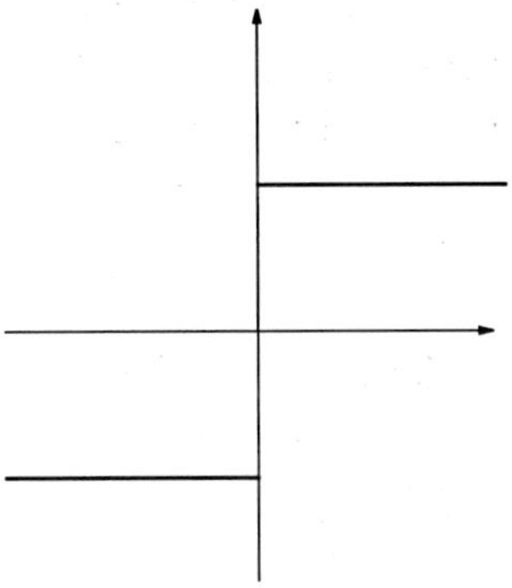

hat in $x_0 = 0$ die einseitigen Grenzwerte

$$\lim_{x\to 0-0} f(x) = \lim_{x\to 0-0} -1 = -1 \quad \text{und} \quad \lim_{x\to 0+0} f(x) = \lim_{x\to 0+0} 1 = 1\,.$$

Wenn *beide* einseitigen Funktionsgrenzwerte existieren und *übereinstimmen* (gegebenenfalls auch mit dem Funktionswert), dann existiert der Funktionsgrenzwert.
Analog zur bestimmten Divergenz von Folgen 1.4.10 betrachtet man auch bestimmte Divergenz von Funktionen gegen $+\infty$ oder gegen $-\infty$:

1.11.3 Definition. Es sei $f\colon M \to \mathbb{R}$ eine Funktion, und es sei x_0 im Abschluss von M.

1. Wir schreiben $\lim_{x\to x_0+0} f(x) = +\infty$ (oder $f(x) \underset{x\searrow x_0}{\longrightarrow} +\infty$), wenn gilt:

$$\forall s\in\mathbb{R} \quad \exists\delta>0 \quad \forall x\in U_\delta(x_0)\cap M\colon \quad \big(x_0<x \implies f(x)>s\big).$$

2. Wir schreiben $\lim_{x\to x_0+0} f(x) = -\infty$ (oder $f(x) \underset{x\searrow x_0}{\longrightarrow} -\infty$), wenn gilt:

$$\forall S\in\mathbb{R} \quad \exists\delta>0 \quad \forall x\in U_\delta(x_0)\cap M\colon \quad \big(x_0<x \implies f(x)<S\big).$$

3. Wir schreiben $\lim\limits_{x\to x_0-0} f(x) = +\infty$ (oder $f(x) \underset{x\nearrow x_0}{\longrightarrow} +\infty$), wenn gilt:

$$\forall s \in \mathbb{R} \quad \exists \delta > 0 \quad \forall x \in U_\delta(x_0) \cap M\colon \quad \big(x < x_0 \implies f(x) > s\big).$$

4. Wir schreiben $\lim\limits_{x\to x_0-0} f(x) = -\infty$ (oder $f(x) \underset{x\nearrow x_0}{\longrightarrow} -\infty$), wenn gilt:

$$\forall S \in \mathbb{R} \quad \exists \delta > 0 \quad \forall x \in U_\delta(x_0) \cap M\colon \quad \big(x < x_0 \implies f(x) < S\big).$$

Man schreibt $\lim\limits_{x\to x_0} f(x) = +\infty$, falls $\lim\limits_{x\to x_0-0} f(x) = +\infty = \lim\limits_{x\to x_0+0} f(x)$, und $\lim\limits_{x\to x_0} f(x) = -\infty$, falls $\lim\limits_{x\to x_0-0} f(x) = -\infty = \lim\limits_{x\to x_0+0} f(x)$.

Wir erweitern die Begriffsbildung, um das Verhalten einer Funktion an den Rändern „im Unendlichen" zu beschreiben. Wir müssen dabei sicherstellen, dass „$\pm\infty$ im Abschluss von M liegt".

1.11.4 Definition. Es sei $f\colon M \to \mathbb{R}$ eine Funktion.

1. Ist M nicht nach oben beschränkt, so besitzt f in $+\infty$ den Grenzwert g, wenn gilt

$$\forall \varepsilon > 0 \quad \exists s \in \mathbb{R} \quad \forall x \in M\colon \quad \big(s < x \implies f(x) \in U_\varepsilon(g)\big).$$

Wir schreiben dann $\lim\limits_{x\to+\infty} f(x) = g$.

2. Ist M nicht nach unten beschränkt, so besitzt f in $-\infty$ den Grenzwert g, wenn gilt

$$\forall \varepsilon > 0 \quad \exists S \in \mathbb{R} \quad \forall x \in M\colon \quad \big(x < S \implies f(x) \in U_\varepsilon(g)\big).$$

Wir schreiben dann $\lim\limits_{x\to-\infty} f(x) = g$.

An den Rändern im Unendlichen kann man auch bestimmte Divergenz betrachten:

3. Ist M nicht nach oben beschränkt, so ist f in $+\infty$ *bestimmt divergent gegen* $+\infty$, wenn gilt

$$\forall t \in \mathbb{R} \quad \exists s \in \mathbb{R} \quad \forall x \in M\colon \quad \big(s < x \implies t < f(x)\big).$$

Wir schreiben dann $\lim\limits_{x\to+\infty} f(x) = +\infty$.

4. Analog definiert man $\lim\limits_{x\to+\infty} f(x) = -\infty$ bzw. $\lim\limits_{x\to-\infty} f(x) = +\infty$ sowie $\lim\limits_{x\to-\infty} f(x) = -\infty$.

1.11.5 Beispiel.
Die Funktion

$$f\colon \mathbb{R} \setminus \{0\} \to \mathbb{R}\colon x \mapsto \frac{1}{x}$$

hat in $+\infty$ und $-\infty$ jeweils den Grenzwert $\lim\limits_{x\to+\infty} f(x) = 0$ und $\lim\limits_{x\to-\infty} f(x) = 0$.

Das Verhalten bei $x_0 = 0$ wird beschrieben durch $\lim\limits_{x\to 0-0} f(x) = -\infty$ und $\lim\limits_{x\to 0+0} f(x) = +\infty$.

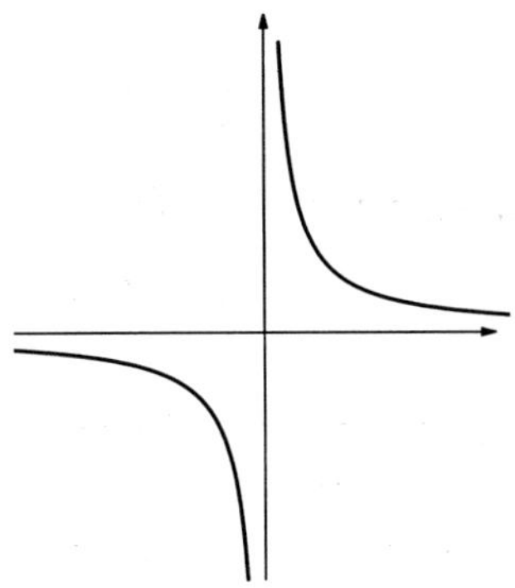

1.11.6 Beispiel.
Die Funktion

$$f\colon \mathbb{R} \setminus \{0\} \to \mathbb{R}\colon x \mapsto x + \frac{1}{x}$$

ist in $+\infty$ und $-\infty$ jeweils bestimmt divergent: $\lim\limits_{x\to+\infty} f(x) = +\infty$ und $\lim\limits_{x\to-\infty} f(x) = -\infty$.

Das Verhalten bei $x_0 = 0$ wird beschrieben durch $\lim\limits_{x\to 0-0} f(x) = -\infty$ und $\lim\limits_{x\to 0+0} f(x) = +\infty$.

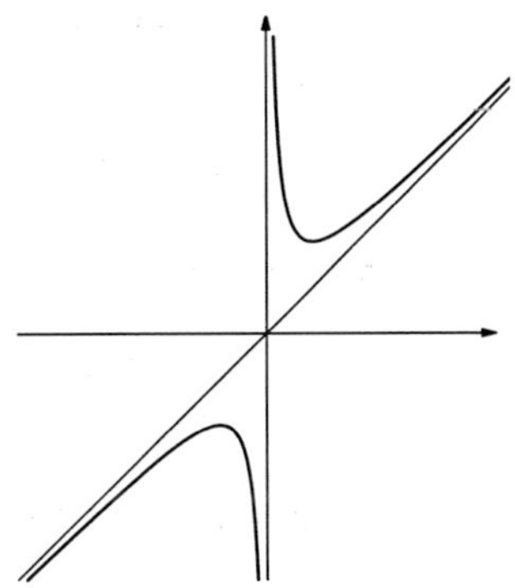

(Zur besseren Veranschaulichung ist auch die Winkelhalbierende $y = x$ mit eingezeichnet.)

1.11.7 Beispiel. Wir betrachten die Funktion $f\colon M \to \mathbb{R}\colon x \mapsto \dfrac{x^3 + 2x + 1}{3x^3 + 5}$.
Dabei ist $M := \mathbb{R} \setminus \{x \in \mathbb{R} \mid 3x^3 = -5\}$:

Explizit müssen wir den Punkt $x_0 := -\sqrt[3]{\frac{5}{3}}$ ausnehmen.

Eine erste Skizze des Graphen sieht so aus:

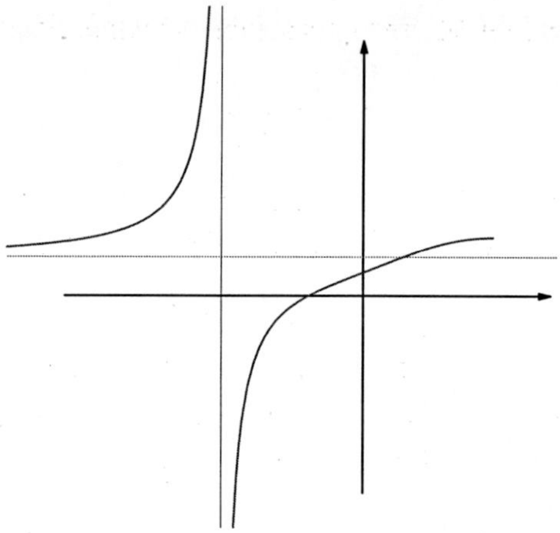

Offenbar gilt $\lim\limits_{x \to x_0 - 0} f(x) = +\infty$ und $\lim\limits_{x \to x_0 + 0} f(x) = -\infty$.
Was kann man über $\lim\limits_{x \to +\infty} f(x)$ oder $\lim\limits_{x \to -\infty} f(x)$ sagen?

Eine etwas bessere Skizze des Graphen führt auf die Vermutung

$$\lim_{x \to -\infty} f(x) = \frac{1}{3} = \lim_{x \to +\infty} f(x) \; :$$

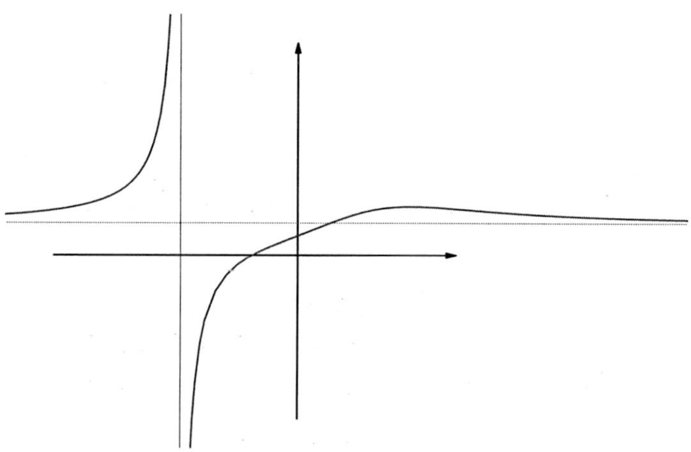

Diese Vermutung ist korrekt, dies ergibt sich aus einem allgemeinen Ergebnis:

1.11.8 Satz. *Es sei $f\colon M \to \mathbb{R}$ eine gebrochen rationale Funktion, also*

$$f(x) = \frac{a(x)}{b(x)},$$

mit Polynomen $a(x) = a_n x^n + \cdots + a_0$ und $b(x) = b_k x^k + \cdots + b_0$, und $M = \mathbb{R} \setminus \{x \in \mathbb{R} \mid b(x) = 0\}$. Sind n und k minimal gewählt (also $a_n \neq 0 \neq b_k$), so gilt:

$$\lim_{x \to +\infty} f(x) = \begin{cases} 0 & \textit{falls } n < k, \\ +\infty & \textit{falls } n > k \textit{ und } a_n b_k > 0, \\ -\infty & \textit{falls } n > k \textit{ und } a_n b_k < 0, \\ \frac{a_n}{b_n} & \textit{falls } n = k. \end{cases}$$

Für $\lim\limits_{x \to -\infty} f(x)$ gelten analoge Regeln, man muss aber noch berücksichtigen, ob n bzw. k gerade oder ungerade ist:

$$\lim_{x \to -\infty} f(x) = \begin{cases} 0 & \textit{falls } n < k, \\ +\infty & \textit{falls } n > k \textit{ und } (-1)^{n+k} a_n b_k > 0, \\ -\infty & \textit{falls } n > k \textit{ und } (-1)^{n+k} a_n b_k < 0, \\ \frac{a_n}{b_n} & \textit{falls } n = k. \end{cases}$$

Beweis. Man erweitert mit $\frac{1}{x^k}$:

$$\lim_{x \to +\infty} f(x) = \lim_{x \to +\infty} \frac{\frac{a(x)}{x^k}}{\frac{b(x)}{x^k}}.$$

Wegen

$$\lim_{x \to +\infty} \frac{b(x)}{x^k} = \lim_{x \to +\infty} \left(b_k + \frac{b_{k-1}}{x} + \cdots + \frac{b_0}{x^k} \right) = b_k$$

und

$$\lim_{x \to +\infty} \frac{a(x)}{x^k} = \begin{cases} 0 & \text{falls } n < k, \\ +\infty & \text{falls } n > k \text{ und } a_n > 0, \\ -\infty & \text{falls } n > k \text{ und } a_n < 0, \\ a_n & \text{falls } n = k \end{cases}$$

folgt die erste Behauptung.

Den Grenzwert für $x \longrightarrow -\infty$ erhält man durch Übergang von x zu $-x$; dabei entstehen die Vorzeichen $(-1)^n$ und $(-1)^k$ im Zähler bzw. im Nenner. □

1.11.9 Definition. Eine Funktion $f\colon M \to \mathbb{R}$ heißt *linksseitig* (bzw. *rechtsseitig*) *stetig* in x_0, wenn gilt: $x_0 \in M$ und

$$\lim_{x\to x_0-0} f(x) = f(x_0) \quad \text{bzw.} \quad \lim_{x\to x_0+0} f(x) = f(x_0)\,.$$

1.11.10 Lemma. *Eine Funktion $f\colon M \to \mathbb{R}$ ist genau dann stetig in $x_0 \in M$, wenn sie links- und rechtsseitig stetig in x_0 ist.*
In diesem Fall gilt

$$\lim_{x\to x_0-0} f(x) = \lim_{x\to x_0+0} f(x) \quad \left[= f(x_0) = \lim_{x\to x_0} f(x)\right].$$

1.12 Rechenregeln für Funktionsgrenzwerte

Wie bei Folgen und Reihen (vgl. 1.5.3 und 1.9.3) wollen wir auch das Verhalten von Funktionsgrenzwerten verstehen, wenn wir Funktionen addieren, multiplizieren, dividieren oder gegeneinander abschätzen.

1.12.1 Grenzwertsätze für Funktionen (von rechts).
Existieren $\lim\limits_{x\to x_0+0} f(x)$ und $\lim\limits_{x\to x_0+0} g(x)$ (als reelle Zahlen!), so gilt:

1. $\lim\limits_{x\to x_0+0}\big(f(x)+g(x)\big) = \lim\limits_{x\to x_0+0} f(x) + \lim\limits_{x\to x_0+0} g(x)$.
2. $\lim\limits_{x\to x_0+0}\big(c\cdot f(x)\big) = c\cdot \lim\limits_{x\to x_0+0} f(x)$ *für jede reelle Zahl c.*
3. $\lim\limits_{x\to x_0+0}\big(f(x)\cdot g(x)\big) = \lim\limits_{x\to x_0+0} f(x)\cdot \lim\limits_{x\to x_0+0} g(x)$.
4. $\lim\limits_{x\to x_0+0} \frac{f(x)}{g(x)} = \frac{\lim_{x\to x_0+0} f(x)}{\lim_{x\to x_0+0} g(x)}$, *falls* $\lim\limits_{x\to x_0+0} g(x) \neq 0$.
5. $\lim\limits_{x\to x_0+0} f(x) \leqq \lim\limits_{x\to x_0+0} g(x)$, *falls* $\forall\, x\in M\colon f(x) \leqq g(x)$.
6. $\lim\limits_{x\to x_0+0} \big|f(x)\big| = \big|\lim\limits_{x\to x_0+0} f(x)\big|$.
7. *Existiert außer $a := \lim\limits_{x\to x_0+0} f(x)$ auch der Grenzwert $\lim\limits_{x\to a} g(x)$, so gilt auch*

   $\lim\limits_{x\to x_0+0} g\big(f(x)\big) = \lim\limits_{t\to a} g(t)$.

1.12.2 Grenzwertsätze für Funktionen (allgemein).
Es gilt

1. $\lim\limits_{x \to x_0 - 0} f(x) = \lim\limits_{t \to x_0 + 0} f(2x_0 - t)$,
2. $\lim\limits_{x \to +\infty} f(x) = \lim\limits_{t \to 0+0} f\left(\frac{1}{t}\right)$,
3. $\lim\limits_{x \to -\infty} f(x) = \lim\limits_{t \to 0-0} f\left(\frac{1}{t}\right)$.

Damit lassen sich die Aussagen von 1.12.1 übertragen auf Grenzwerte von links, beidseitige Grenzwerte, und Grenzwerte im Unendlichen.

1.12.3 Stetigkeit von Polynomfunktionen.
Es sei $f(x) = \sum_{j=0}^{n} a_j x^j = a_0 + a_1 x + \cdots + a_n x^n$. *Dann gilt*

$$\begin{aligned}
\lim_{x \to x_0} f(x) &= \lim_{x \to x_0} \sum_{j=0}^{n} a_j x^j = \sum_{j=0}^{n} \lim_{x \to x_0} a_j x^j \\
&= \sum_{j=0}^{n} a_j \lim_{x \to x_0} x^j = \sum_{j=0}^{n} a_j \left(\lim_{x \to x_0} x\right)^j \\
&= \sum_{j=0}^{n} a_j x_0^j = f(x_0).
\end{aligned}$$

Daraus folgt, dass jedes Polynom an jeder Stelle stetig ist.

Man kann das eben benutzte Argument verallgemeinern, um aus als stetig bekannten Funktionen neue zu gewinnen:

1.12.4 Satz. *Es seien f und g reellwertige Funktionen, die auf dem gemeinsamen Definitionsbereich M stetig sind. Dann sind die folgenden Funktionen stetig auf M:*

1. $f + g \colon M \to \mathbb{R} \colon x \mapsto f(x) + g(x)$,
2. $f \cdot g \colon M \to \mathbb{R} \colon x \mapsto f(x) \cdot g(x)$.
3. *Gilt $g(x) \neq 0$ für alle $x \in M$, so ist auch $\frac{f}{g} \colon M \to \mathbb{R} \colon x \mapsto \frac{f(x)}{g(x)}$ stetig.*
4. *Ist $h \colon L \to \mathbb{R}$ stetig und gilt $f(M) \subseteq L$, so ist auch die durch Hintereinanderausführung entstehende Funktion $h \circ f \colon M \to \mathbb{R} \colon x \mapsto h(f(x))$ stetig.*

Weil alle konstanten Funktionen stetig sind, sind mit f auch alle Vielfachen $c \cdot f$ stetig. Damit haben wir insbesondere: Die Menge $C^0(M)$ aller stetigen Funktionen von M nach $\mathbb{R}$ bildet einen $\mathbb{R}$-Vektorraum.

Beweis. Zum Beweis der ersten drei Aussagen verwendet man die Grenzwertsätze, siehe 1.12.1 und 1.12.2. Die Stetigkeit der Komposition sehen wir mit dem ε-δ-Kriterium 1.10.5: Seien $x_0 \in M$ und $\varepsilon > 0$ vorgegeben. Wir setzen $y_0 := f(x_0)$. Gesucht ist $\delta > 0$ so, dass gilt:

$$(*) \qquad |x - x_0| < \delta \implies |h(f(x)) - h(f(x_0))| < \varepsilon .$$

Wegen der Stetigkeit von h gibt es $\gamma > 0$ so, dass

$$|y - y_0| < \gamma \implies |h(y) - h(y_0)| < \varepsilon .$$

Nun gibt es wegen der Stetigkeit von f auch $\delta > 0$ so, dass

$$|x - x_0| < \delta \implies |f(x) - f(x_0)| < \gamma .$$

Dieses δ erfüllt die Bedingung $(*)$. □

Die folgende Skizze veranschaulicht den Beweis der Stetigkeit von $h \circ f$:

Im x-y-Koordinatensystem sieht man den Graph von f und $U_\delta(x_0)$ sowie $U_\gamma(f(x_0))$, im y-z-System den Graph von h und die Umgebungen $U_\gamma(f(x_0))$ sowie $U_\varepsilon(h(f(x_0)))$.

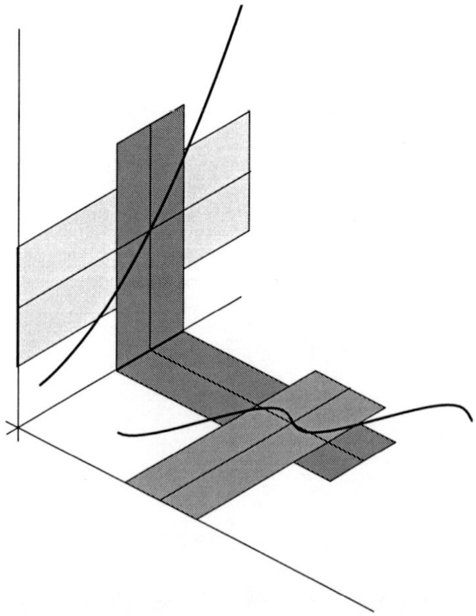

Wenn ε verkleinert wird, muss man natürlich γ und dann auch δ anpassen:

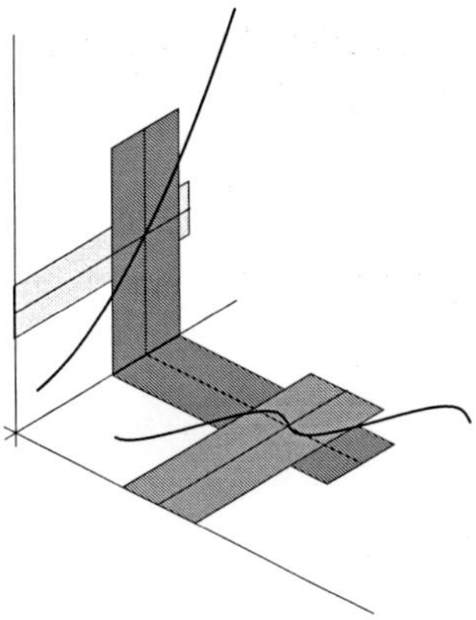

ε verkleinert,
γ zu groß.

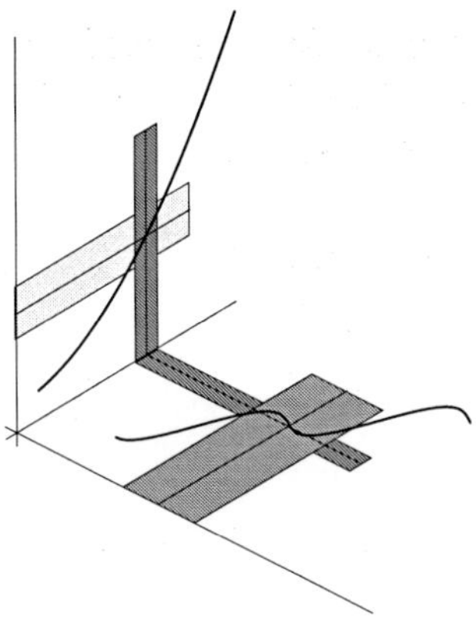

γ verkleinert,
δ zu groß.

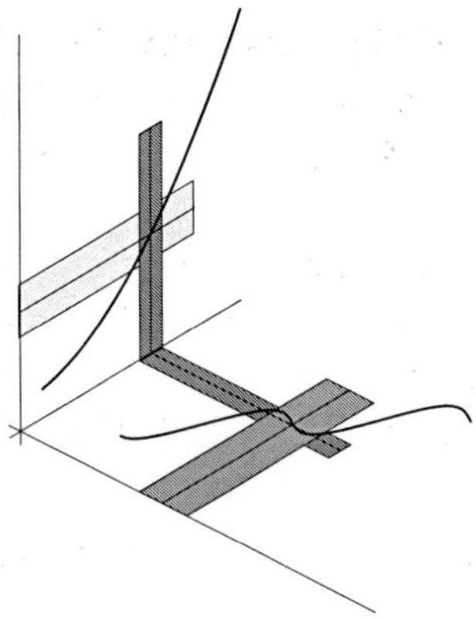

γ und δ passen wieder beide.

1.12.5 Beispiel. Wir wollen $\lim\limits_{x \to 0} \dfrac{\sin x}{x}$ und $\lim\limits_{x \to 0} \dfrac{\tan x}{x}$ verstehen.

Wegen $\lim\limits_{x\to 0} \sin x = 0 = \lim\limits_{x \to 0} \tan x = \lim\limits_{x \to 0} x$ haben beide Ausdrücke die Form „$\frac{0}{0}$" — man kann also die Grenzwertsätze nicht direkt anwenden.

Wir benutzen

$$0 < x < \frac{\pi}{2} \implies \sin x < x < \tan x \,.$$

Anschaulich wird diese Relation an folgender Skizze (hier ist x die Länge des gestrichelten Bogens):

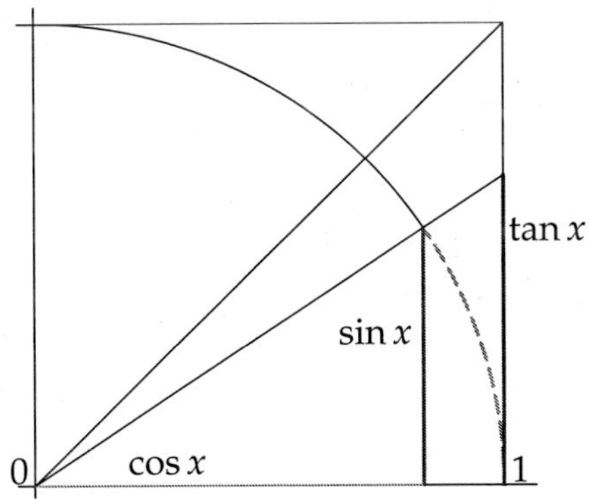

Einen strengen Beweis werden wir später in 2.6.5 geben.

Für $0 < x < \frac{\pi}{2}$ gilt

$$\frac{\sin x}{x} < 1 \quad \text{und} \quad 1 < \frac{\tan x}{x} = \frac{\sin x}{x \cdot \cos x} \quad , \quad \text{also} \quad \cos x < \frac{\sin x}{x}.$$

Damit erhalten wir ein „Sandwich" (vgl. 1.5.6)

$$\cos x < \frac{\sin x}{x} < 1.$$

Nun gilt $\lim\limits_{x \to 0+0} \cos x = 1 = \lim\limits_{x \to 0+0} 1$, wie im Sandwichsatz 1.5.6 konvergiert also auch der mittlere Term, und wir schließen $\lim\limits_{x \to 0+0} \frac{\sin x}{x} = 1$.

Als Grenzwert von links erhalten wir $\lim\limits_{x \to 0+0} \frac{\sin(-x)}{-x} = \lim\limits_{x \to 0+0} \frac{\sin x}{x}$, also gilt insgesamt $\lim\limits_{x \to 0} \frac{\sin x}{x} = 1$.

Den zweiten gesuchten Grenzwert erhalten wir nun aus

$$\lim_{x \to 0} \frac{\tan x}{x} = \lim_{x \to 0} \left(\frac{\sin x}{x} \cdot \frac{1}{\cos x} \right) = 1.$$

1.12.6 Beispiel. Der Ausdruck $\lim\limits_{x \to +\infty} \left(\sqrt{x+2} - \sqrt{x-8} \right)$ ist von der Form „$\infty - \infty$". Man findet den Grenzwert durch die folgende *Erweiterung*:

$$\begin{aligned}
\lim_{x \to +\infty} \left(\sqrt{x+2} - \sqrt{x-8} \right) &= \lim_{x \to +\infty} \frac{\left(\sqrt{x+2} - \sqrt{x-8} \right)\left(\sqrt{x+2} + \sqrt{x-8} \right)}{\left(\sqrt{x+2} + \sqrt{x-8} \right)} \\
&= \lim_{x \to +\infty} \frac{x+2-(x-8)}{\left(\sqrt{x+2} + \sqrt{x-8} \right)} \\
&= \lim_{x \to +\infty} \frac{10}{\left(\sqrt{x+2} + \sqrt{x-8} \right)} \\
&= 0.
\end{aligned}$$

Die Erweiterung entspricht dem (aus der Schule bekannten) „*Rational-Machen des Nenners*" — nur dass wir hier den Zähler rational machen.

1.12.7 Beispiel. Der Ausdruck $\lim\limits_{x\to 0} \frac{1-\cos x}{x}$ ist von der Form „$\frac{0}{0}$". Durch Erweiterung erhält man:

$$\begin{aligned}
\lim_{x\to 0} \frac{1-\cos x}{x} &= \lim_{x\to 0} \frac{(1-\cos x)(1+\cos x)}{x\,(1+\cos x)} = \lim_{x\to 0} \frac{1-(\cos x)^2}{x\,(1+\cos x)} \\
&= \lim_{x\to 0} \frac{\sin x}{x} \cdot \frac{\sin x}{1+\cos x} = \lim_{x\to 0} \frac{\sin x}{x} \cdot \frac{\lim\limits_{x\to 0}(\sin x)}{\lim\limits_{x\to 0}(1+\cos x)} \\
&= 1 \cdot \frac{0}{2} = 0\,.
\end{aligned}$$

Auch der Ausdruck $\lim\limits_{x\to 0} \frac{1-\cos x}{x^2}$ ist von der Form „$\frac{0}{0}$". Durch Erweiterung erhält man hier:

$$\begin{aligned}
\lim_{x\to 0} \frac{1-\cos x}{x^2} &= \lim_{x\to 0} \frac{(1-\cos x)(1+\cos x)}{x^2\,(1+\cos x)} = \lim_{x\to 0} \frac{1-(\cos x)^2}{x^2\,(1+\cos x)} \\
&= \lim_{x\to 0} \left(\frac{\sin x}{x}\right)^2 \cdot \frac{1}{1+\cos x} = 1^2 \cdot \frac{1}{2} = \frac{1}{2}\,.
\end{aligned}$$

1.12.8 Beispiel. Der Ausdruck $\lim\limits_{x\to +\infty} \frac{\sin(x^2)}{x}$ ist von der Form „$\frac{\textit{Gezappel}}{\infty}$": Der Nenner ist bestimmt divergent, der Zähler ist nicht konvergent (bleibt aber beschränkt).

Man kann ihn mit Hilfe der „Sandwich-Abschätzung"

$$0 \leqq \left|\sin(x^2)\right| \leqq 1$$

berechnen: Für $x > 0$ ergibt sich aus dieser Abschätzung nämlich

$$0 \leqq \left|\frac{\sin(x^2)}{x}\right| \leqq \frac{1}{x}\,.$$

Die linke und die rechte Seite konvergieren mit $x \to +\infty$ beide gegen 0, also auch der Ausdruck in der Mitte: $\lim\limits_{x\to +\infty} \frac{\sin(x^2)}{x} = 0$.

1.13 Eigenschaften stetiger Funktionen

Bevor wir uns genauer mit stetigen Funktionen befassen, führen wir einen wichtigen Begriff ein:

1.13.1 Definition. Es seien $a, b \in \mathbb{R}$ mit $a \leqq b$.

1. $[a, b] := \{x \in \mathbb{R} \mid a \leqq x \leqq b\}$ heißt *abgeschlossenes Intervall* (mit Grenzen a und b).
2. $(a, b) := \{x \in \mathbb{R} \mid a < x < b\}$ heißt *offenes Intervall* (die Grenzen a und b gehören nicht zur Menge).

Es gibt auch *halb offene Intervalle*:

3. $[a, b) := \{x \in \mathbb{R} \mid a \leqq x < b\}$,
4. $(a, b] := \{x \in \mathbb{R} \mid a < x \leqq b\}$.

Bei (halb) offenen Intervallen lässt man auch $\pm\infty$ als Grenze zu:

5. $(-\infty, b) := \{x \in \mathbb{R} \mid x < b\}$,
6. $(-\infty, b] := \{x \in \mathbb{R} \mid x \leqq b\}$,
7. $(a, +\infty) := \{x \in \mathbb{R} \mid a < x\}$,
8. $[a, +\infty) := \{x \in \mathbb{R} \mid a \leqq x\}$,
9. $(-\infty, +\infty) := \mathbb{R}$.

Die Grenzen sind *Randpunkte* (im Sinne der Einleitung von 1.11), die anderen Punkte nennt man *innere Punkte* des Intervalls. (Siehe auch 4.2.14.)

Gelegentlich findet man auch die Schreibweisen $]a, b] := (a, b]$, $[a, b[:= [a, b)$ bzw. $]a, b[:= (a, b)$ für (halb) offene Intervalle.

Es sei $f \colon M \to \mathbb{R}$ eine Funktion. Es stellen sich die folgenden grundsätzlichen Probleme:

1.13.2 Nullstellenproblem.
Gibt es $x \in M$ mit $f(x) = 0$?
Wenn ja: Wie berechnet/findet man diese Nullstellen?

1.13.3 Lösbarkeitsproblem.

Kann man zu gegebenem $a \in \mathbb{R}$ die Gleichung $f(x) = a$ lösen?

Das Nullstellenproblem ist ein Spezialfall ($a = 0$), umgekehrt kann man das allgemeine Lösbarkeitsproblem auf das Nullstellenproblem für die durch die Vorschrift $g(x) := f(x) - a$ gegebene Funktion $g\colon M \to \mathbb{R}$ reduzieren.

1.13.4 Gleichheitsproblem.

Gibt es für zwei Funktionen $f, g\colon M \to \mathbb{R}$ eine Stelle $x \in M$, an der die beiden denselben Wert annehmen?

Auch dieses Problem kann man reduzieren auf das Nullstellenproblem (für die durch $d(x) := f(x) - g(x)$ gegebene Funktion $d\colon M \to \mathbb{R}$).

Für beliebige Funktionen ist das Nullstellenproblem sehr schwierig.

Anders für stetige Funktionen: Hier gibt es allgemeine (abstrakte) *Existenzsätze* für Nullstellen, aus denen sich Algorithmen zur Approximation dieser Nullstellen entwickeln lassen.

Hat man Existenzsätze (oder Algorithmen) für Nullstellen, so kann man damit auch das allgemeine Lösbarkeitsproblem und das Gleichheitsproblem angehen. Einen solchen Existenzsatz stellen wir hier vor:

1.13.5 Nullstellensatz von Bolzano.

Es sei $f : [a,b] \to \mathbb{R}$ stetig, außerdem gelte $f(a) \geqq 0$ und $f(b) \leqq 0$. Dann gibt es $\xi \in [a,b]$ mit $f(\xi) = 0$.

Beweis des Nullstellensatzes. Wir dürfen $f(a) > 0$ und $f(b) < 0$ annehmen [sonst ist alles langweilig: man kann dann ja $\xi = a$ bzw. $\xi = b$ nehmen].
Es sei

$$U := \left\{x \in [a,b] \,\middle|\, \forall\, t \in [a,x] \colon f(t) > 0\right\} \cup (-\infty, a)$$

und $V := \mathbb{R} \setminus U$. Diese Mengen sind nicht leer [z. B. $a \in U$ und $b \in V$]. Außerdem ist U nach oben beschränkt [etwa durch b]. Wegen der Vollständigkeit von $\mathbb{R}$ (vgl. 1.6.1) existiert $\xi := \sup U$. Für $t \in U$ und $s < t$ gilt offenbar auch $s \in U$. Deswegen sind alle Elemente von V obere Schranken für U, und es gilt $\xi \leqq \inf V$.

Wegen $a \in U$ und $b \in V$ gilt $a \leqq \sup U = \xi \leqq \inf V \leqq b$, also $\xi \in [a,b]$.

Nach Definition von U gilt

$$\forall\, t \in [a, \xi): \quad f(t) > 0\,.$$

Die Stetigkeit von f liefert jedenfalls

$$f(\xi) = \lim_{t \to \xi - 0} f(t) \geqq 0\,.$$

Wir wollen $f(\xi) = 0$ zeigen.
Angenommen, das sei nicht der Fall: Dann ist $f(\xi) > 0$.
Wegen der Stetigkeit von f gibt es dann zu jedem $\varepsilon > 0$ ein $\delta > 0$ so, dass

$$|x - \xi| < \delta \implies |f(x) - f(\xi)| < \varepsilon\,,$$

d. h. für alle $x \in (\xi - \delta, \xi + \delta)$ gilt

$$f(\xi) - \varepsilon < f(x) < f(\xi) + \varepsilon\,.$$

Wir können speziell $\varepsilon := f(\xi)$ setzen, dann erhalten wir

$$0 < f(x) < 2\, f(\xi)\,.$$

Insbesondere gilt dann $\xi + \frac{\delta}{2} \in U$: Dies widerspricht $\xi = \sup U$. Somit ist die Annahme $f(\xi) > 0$ zu verwerfen, und es gilt $f(\xi) = 0$. □

Zur Anschauung:

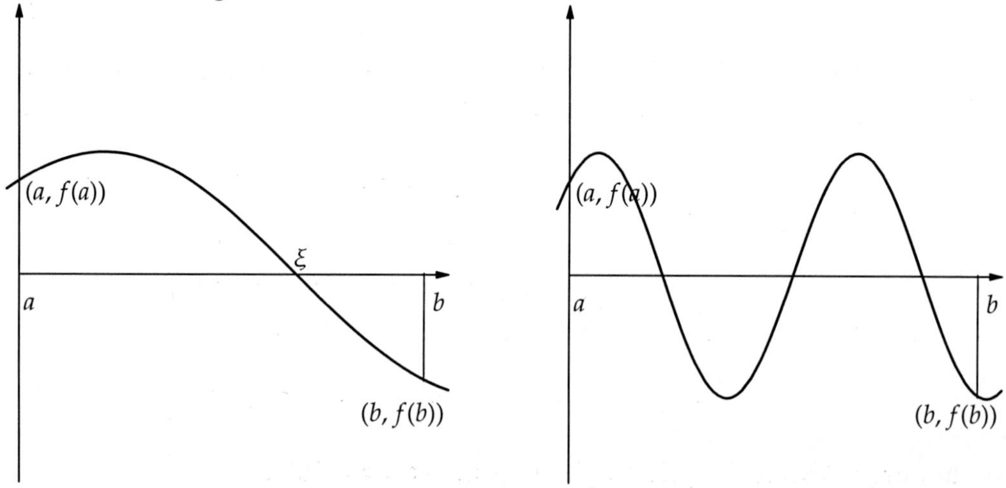

Beim Nullstellensatz von Bolzano ist die Stetigkeit der Funktion wichtig

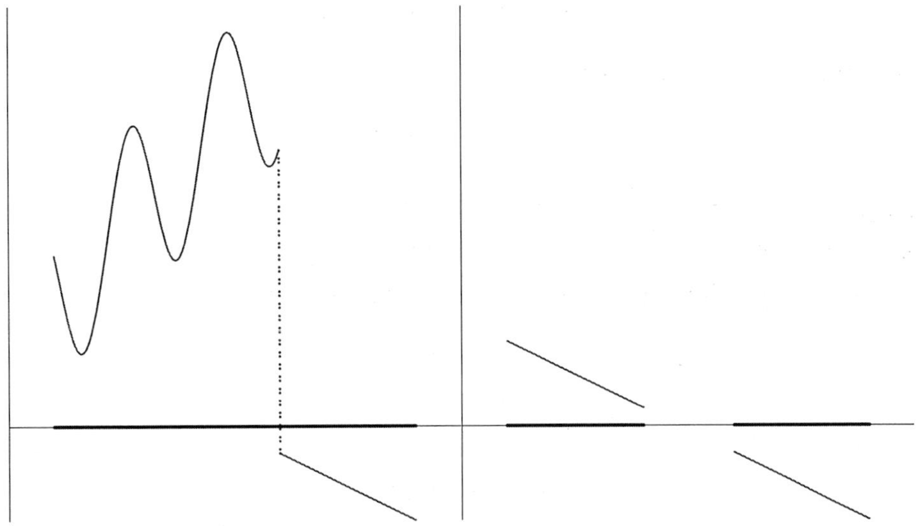

und genauso die Annahme, dass der Definitionsbereich ein *Intervall* ist!

Wir erhalten sofort eine Anwendung auf das Lösbarkeitsproblem:

1.13.6 Zwischenwertsatz. *Es sei* $f\colon [a,b] \to \mathbb{R}$ *stetig, und es gelte* $f(a) \geqq f(b)$. *Dann nimmt* f *jeden Wert zwischen* $f(a)$ *und* $f(b)$ *mindestens einmal an.*
Mit anderen Worten: Zu jedem $y_0 \in [f(b), f(a)]$ *gibt es* $x_0 \in [a,b]$ *mit* $f(x_0) = y_0$.

Beweis. Man wendet den Nullstellensatz von Bolzano auf die durch $g(x) := f(x) - y_0$ gegebene Funktion $g\colon [a,b] \to \mathbb{R}$ an. □

Die bequemste Methode, das Lösbarkeitsproblem zu bewältigen, wäre eine *Inverse* zur Abbildung f:

1.13.7 Definition. Es sei $f\colon X \to Y$ eine Funktion. Eine Funktion $g\colon Y \to X$ heißt *Umkehrfunktion* von f (bezeichnet mit $g = f^{-1}$), wenn gilt:

$$\forall\, x \in X\colon \quad g\big(f(x)\big) = x \qquad \wedge \qquad \forall\, y \in Y\colon \quad f\big(g(y)\big) = y\,.$$

Mit anderen Worten: Es gilt $g \circ f = \mathrm{id}|_X$ *und* $f \circ g = \mathrm{id}|_Y$.

Warnung: Man darf die Schreibweise f^{-1} nicht mit $\frac{1}{f}$ verwechseln, das sind völlig verschiedene Dinge!

Eine Umkehrfunktion f^{-1} gibt es genau dann, wenn f bijektiv (also surjektiv und injektiv) ist.

Man kann jede Funktion $f\colon X \to Y$ surjektiv machen, indem man sie als Funktion von X nach $f(X)$ betrachtet. Die Injektivität ist also meist der Knackpunkt bei der Frage nach der Existenz einer Umkehrfunktion.

1.13.8 Beispiel. Die Funktion $f\colon \mathbb{R} \to \mathbb{R}\colon x \mapsto x^2$ ist weder injektiv noch surjektiv, liefert aber eine surjektive Funktion von $\mathbb{R}$ nach $f(\mathbb{R}) = [0, +\infty)$. Durch geeignete Einschränkungen erhält man bijektive Funktionen:

Die Umkehrfunktion zu $g\colon \quad [0,+\infty) \to [0,+\infty)\colon x \mapsto x^2$
ist $g^{-1}\colon \quad [0,+\infty) \to [0,+\infty)\colon x \mapsto \sqrt{x}$.

Die Umkehrfunktion zu $h\colon \quad (-\infty,0] \to [0,+\infty)\colon x \mapsto x^2$
ist $h^{-1}\colon \quad [0,+\infty) \to (-\infty,0]\colon x \mapsto -\sqrt{x}$.

1.13.9 Beispiel. Die injektive Funktion $f\colon \mathbb{R} \to \mathbb{R}\colon x \mapsto e^x$ ist nicht surjektiv, wir erhalten aber eine bijektive Funktion $\exp\colon \mathbb{R} \to (0,+\infty)\colon x \mapsto e^x$ mit Umkehrfunktion $\ln\colon (0,+\infty) \to \mathbb{R}\colon x \mapsto \ln x$.

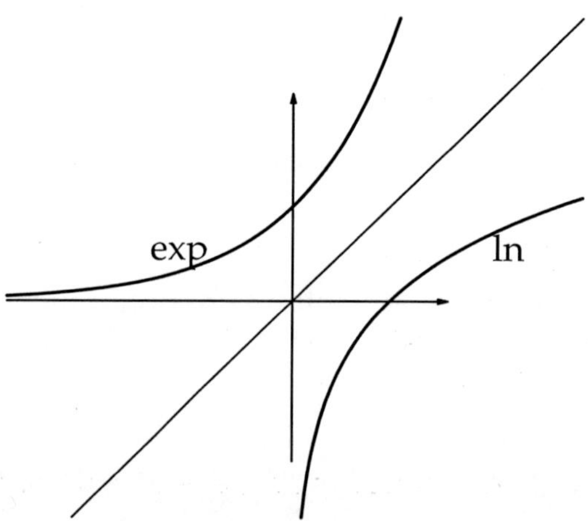

Generell gilt: Wenn die Umkehrfunktion f^{-1} existiert, erhält man deren Graph durch Spiegelung des Graphen von f an der ersten Winkelhalbierenden. (Dieses Verfahren ist auch anwendbar, wenn man nur den Graphen, aber keine Funktionsvorschrift kennt.)

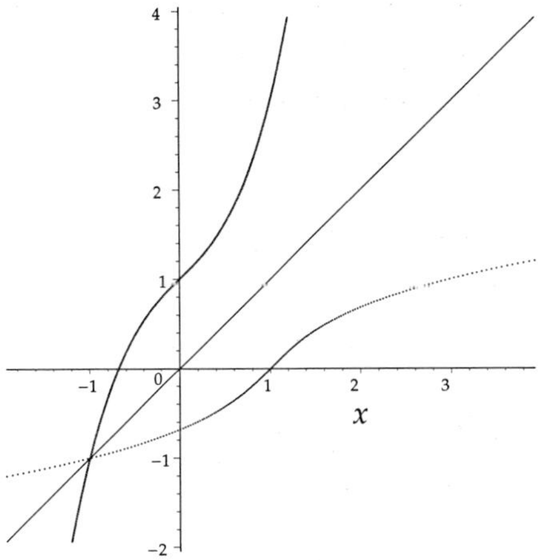

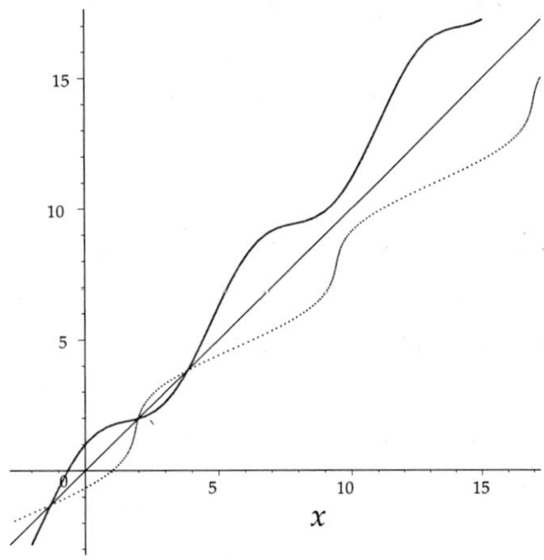

1.13.10 Beispiel.
Die Funktion $f\colon \mathbb{R} \to \mathbb{R}\colon x \mapsto x^3$ ist bijektiv.

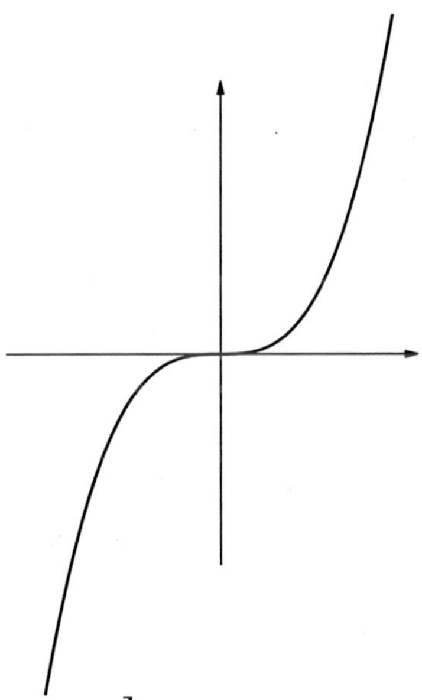

Um die Injektivität einzusehen, betrachten wir $x_1, x_2 \in \mathbb{R}$ mit $x_1 \neq x_2$: Wir können etwa $x_1 < x_2$ annehmen. Dann gilt auch

$$f(x_1) = x_1^3 < x_2^3 = f(x_2)\,,$$

insbesondere also $f(x_1) \neq f(x_2)$.

Die Surjektivität folgt aus dem Zwischenwertsatz:
Man muss sich nur klar machen, dass es zu *jeder* reellen Zahl y Zahlen $x_1, x_2 \in \mathbb{R}$ mit $x_1^3 \leqq y \leqq x_2^3$ gibt.
$\left[\text{Wegen } \lim\limits_{n\to\infty} n^3 = +\infty \text{ kann man sogar } x_1, x_2 \in \mathbb{Z} \text{ finden.}\right]$

Wir verallgemeinern zunächst den eben gemachten Schluss zur Injektivität:

1.13.11 Satz. *Es sei* $f\colon [a,b] \to \mathbb{R}$ *stetig. Dann ist* f *genau dann injektiv, wenn* f *streng monoton (steigend oder fallend) ist.*

In diesem Fall liefert f *eine Bijektion von* $[a,b]$ *auf* $f([a,b])$, *und es gilt* $f([a,b]) = [f(a), f(b)]$ *bzw.* $f([a,b]) = [f(b), f(a)]$ *— je nachdem, ob* f *steigt oder fällt.*

Wir überlassen den Beweis (im Wesentlichen eine etwas raffinierte Anwendung des Zwischenwertsatzes) den Mathematikern. □

1.13.12 Weierstraßscher Satz vom Minimum und Maximum.
Ist $f\colon [a,b] \to \mathbb{R}$ *stetig, so nimmt* f *auf dem Intervall ein Minimum und ein Maximum an: Es gibt* $\xi_1, \xi_2 \in [a,b]$ *so, dass*

$$\forall\, x \in [a,b]: \quad f(\xi_1) \leqq f(x) \leqq f(\xi_2)\,.$$

Auch hier überlassen wir den Beweis den Mathematikern.

Aus dem Nullstellensatz ergibt sich die folgende Methode zur Nullstellenbestimmung:

1.13.13 Intervallhalbierungsmethode.
Es sei $f\colon [a,b] \to \mathbb{R}$ *stetig, und es gelte* $f(a)\cdot f(b) < 0$. *Dann besitzt* f *im Intervall* (a,b) *mindestens eine Nullstelle (nach 1.13.5).*

Eine gegen eine Nullstelle konvergente Folge $(a_j)_{j\in\mathbb{N}}$ *erhält man rekursiv: Setze* $a_1 := a$ *und* $b_1 := b$. *Aus* a_j *und* b_j *bestimmt man* a_{j+1} *und* b_{j+1} *folgendermaßen:*

1. *Falls* $f(a_j)\cdot f\left(\frac{a_j+b_j}{2}\right) \leqq 0$: *Setze* $a_{j+1} := a_j$ *und* $b_{j+1} := \frac{a_j+b_j}{2}$.

2. *Falls* $f(a_j)\cdot f\left(\frac{a_j+b_j}{2}\right) > 0$: *Setze* $a_{j+1} := \frac{a_j+b_j}{2}$ *und* $b_{j+1} := b_j$.

1.13.14 Bemerkung. Wenn man mehr über die Funktion weiß (zum Beispiel Differenzierbarkeit), kann man erheblich schnellere Verfahren zur Nullstellenbestimmung finden.

Ein sehr prominentes Beispiel ist das *Newton-Verfahren* 2.9.1.

1.14 Potenzreihen

Zu den rechnerisch (im Prinzip, oder für eine Maschine) leicht beherrschbaren Funktionen gehören jedenfalls die Polynome.

Viele weitere Funktionen werden handhabbar, indem man sie durch Polynome *approximiert*: Dies führt auf Potenzreihen. Wie schon bei den Polynomen ist es sinnvoll, Potenzreihen über den komplexen Zahlen zu betrachten. Dazu müssen wir die nötigen Begriffe der Konvergenz vom Reellen ins Komplexe übertragen:

1.14.1 Konvergenz im Komplexen.

Mit Hilfe des komplexen Betrags $|a + \mathrm{i}\,b| = \sqrt{a^2 + b^2}$ lassen sich fast alle Grundbegriffe der reellen Analysis übertragen:

1. Grenzwerte definiert man über Umgebungen

$$U_\varepsilon(z) = \left\{ w \in \mathbb{C} \,\middle|\, |w - z| < \varepsilon \right\}$$

(das sind Kreisscheiben in $\mathbb{C}$, siehe 1.4.4).

2. Das Cauchy-Kriterium für Konvergenz 1.7.1 überträgt sich wörtlich.
3. Die Rechenregeln für Grenzwerte (etwa die Grenzwertsätze 1.5.3) bleiben unverändert.
4. Absolute Konvergenz von Reihen ist auch komplex sinnvoll.
5. Das Majoranten-, das Quotienten- und das Wurzel-Kriterium bleiben.
6. Die Definition der Stetigkeit von Funktionen mit Hilfe von Umgebungen oder Folgen bleibt gültig.

Was geht schief?

- Einseitige Grenzwerte, bestimmte Divergenz gegen $+\infty$ oder $-\infty$ (man kann aber Grenzwerte für $|z| \longrightarrow \infty$ betrachten)
- Monotonie
- Zwischenwertsatz.

1.14.2 Definition. Es sei $(a_j)_{j\in\mathbb{N}_0}$ eine Folge komplexer Zahlen, und es sei z_0 eine komplexe Zahl. Dann heißt

$$\sum_{j=0}^{\infty} a_j(z-z_0)^j$$

eine *komplexe Potenzreihe* um den *Entwicklungspunkt* z_0.

Es wird ab $j=0$ summiert — analog zu Polynomen.
[Wir wollen den *konstanten Term* $a_0 = a_0\,(z-z_0)^0$ mitnehmen.]

Wir werden für z komplexe Zahlen einsetzen, und damit aus der Potenzreihe eine gewöhnliche Reihe (im Komplexen) gewinnen. Deswegen nennt man z auch eine komplexe Variable.

Natürlich dürfen die *Koeffizienten* a_j und der Entwicklungspunkt z_0 auch reell sein (Spezialfall)!

1.14.3 Bemerkung. Diejenigen $z\in\mathbb{C}$, für die die Reihe $\sum_{j=0}^{\infty} a_j\,(z-z_0)^j$ konvergiert, bilden eine Teilmenge $M \subseteqq \mathbb{C}$, die jedenfalls den Entwicklungspunkt z_0 enthält. Die Potenzreihe definiert eine Funktion von M nach $\mathbb{C}$.

Um die Potenzreihe leichter zu verstehen, können wir den Entwicklungspunkt von z_0 nach 0 verschieben, also eine Potenzreihe der Form

$$\sum_{j=0}^{\infty} a_j\,z^j$$

betrachten. Die Partialsummen dieser Reihe sind offensichtlich Polynome. (Im Allgemeinen gilt das auch: Man muss nur wieder $z-z_0$ einsetzen und dann ausmultiplizieren.)

1.14.4 Satz vom Konvergenzkreis.

Es sei $\sum\limits_{j=0}^{\infty} a_j\,(z-z_0)^j$ *eine komplexe Potenzreihe.*

Dann tritt einer der folgenden Fälle ein:

1. *Es gibt* $\rho\in\mathbb{R}_0^+$ *so, dass die Reihe für alle* $z\in U_\rho(z_0)$ *absolut konvergiert und für alle* z *mit* $|z-z_0|>\rho$ *divergiert.*
2. *Die Reihe konvergiert absolut für alle* $z\in\mathbb{C}$.

1.14.5 Definition. Im ersten Fall nennt man ρ den *Konvergenzradius* der Potenzreihe. Im zweiten Fall sagt man, der Konvergenzradius sei $+\infty$.

Ist $\rho \in \mathbb{R}_0^+ \cup \{+\infty\}$ der Konvergenzradius, so heißt $U_\rho(z_0) = \left\{z \in \mathbb{C} \,\middle|\, |z - z_0| < \rho\right\}$ der *Konvergenzkreis* der Potenzreihe.

Auf dem Rand des Konvergenzkreises gibt es keine allgemeine Aussage über Konvergenz oder Divergenz.

Beweis des Satzes vom Konvergenzkreis. Nach Verschiebung können wir annehmen, dass der Entwicklungspunkt $z_0 = 0$ ist. Wir setzen

$$M := \left\{z \in \mathbb{C} \,\middle|\, \sum_{j=0}^{\infty} a_j z^j \text{ konvergiert}\right\} \text{ und } R := \left\{r \in \mathbb{R}_0^+ \,\middle|\, \exists z \in M\colon |z| = r\right\}.$$

Es gilt stets $0 \in M$ und $0 \in R$. Falls R beschränkt ist, existiert wegen der Vollständigkeit von $\mathbb{R}$ (vgl. 1.6.1) das Supremum $\rho := \sup R$.

Für $\rho = 0$ gilt der Satz offensichtlich. Im Fall $\rho > 0$ betrachten wir $z \in U_\rho(0)$, also $|z| < \rho$. Dann gibt es $\xi \in M$ mit $|z| < |\xi| \leqq \rho$. Weil die Reihe $\sum_{j=0}^{\infty} a_j \xi^j$ konvergiert, gilt $\lim_{n\to\infty} |a_n \xi^n| = 0$ (vgl. 1.9.1), es gibt insbesondere eine obere Schranke $c \in \mathbb{R}$ für die Folge $(|a_n \xi^n|)_{n\in\mathbb{N}}$. Wir erhalten

$$|a_n z^n| = \frac{|a_n z^n|}{|\xi^n|} |\xi^n| = |a_n \xi^n| \cdot \left|\frac{z}{\xi}\right|^n \leqq c \cdot \left|\frac{z}{\xi}\right|^n.$$

Wegen $\left|\frac{z}{\xi}\right| < 1$ ist die Reihe $\sum_{j=0}^{\infty} c \cdot \left|\frac{z}{\xi}\right|^j = c \cdot \sum_{j=0}^{\infty} \left|\frac{z}{\xi}\right|^j$ konvergent, bildet also eine konvergente Majorante für die fragliche Reihe $\sum_{j=0}^{\infty} a_j z^j$. Damit ist die absolute Konvergenz für alle $z \in U_\rho(0)$ nachgewiesen.

Ist $|z| > \rho$, so gilt $z \notin M$ nach Definition von ρ, und die Reihe divergiert.

Es bleibt der Fall zu diskutieren, dass R nicht beschränkt ist. Dann gibt es zu jedem $z \in \mathbb{C}$ ein $\xi \in M$ mit $|z| < |\xi|$. Wie im beschränkten Fall erhält man eine konvergente Majorante. Also konvergiert in diesem Fall die Reihe für jedes $z \in \mathbb{C}$ (und zwar absolut). □

1.14.6 Satz. *Es sei* $\sum_{j=0}^{\infty} a_j\,(z-z_0)^j$ *eine Potenzreihe mit Konvergenzradius* ρ. *Dann ist die Funktion*

$$f\colon\quad U_\rho(z_0) \to \mathbb{C}\colon\quad x \mapsto \sum_{j=0}^{\infty} a_j\,(x-z_0)^j$$

stetig.

Den Beweis dürfen die Mathematiker für uns führen.
In der Tat ist die durch die Potenzreihe definierte Funktion sogar differenzierbar auf $U_\rho(z_0)$ — wir werden das später diskutieren.

1.14.7 Bestimmung des Konvergenzradius.

Die Potenzreihe $\sum\limits_{j=0}^{\infty} a_j(z-z_0)^j$ *habe den Konvergenzradius* ρ, *und es gelte*

$$\lim_{n>0} \sqrt[n]{|a_n|} = a \qquad \text{oder} \qquad \lim_{n\to\infty} \left|\frac{a_{n+1}}{a_n}\right| = a\,.$$

1. *Ist* $a = 0$, *so gilt* $\rho = +\infty$.
2. *Ist* $a = +\infty$, *so gilt* $\rho = 0$.
3. *Ist* $0 < a \in \mathbb{R}$, *so gilt* $\rho = \dfrac{1}{a}$.

Es kommt durchaus vor, dass keine der Folgen $\left(\sqrt[n]{|a_n|}\right)_{n\in\mathbb{N}}$ bzw. $\left(\left|\frac{a_{n+1}}{a_n}\right|\right)_{n\in\mathbb{N}}$ konvergiert. Dann liefert 1.14.7 keine direkte Aussage, und man braucht feinere Hilfsmittel.
Eine Möglichkeit ist, $\lim\limits_{n>0} \sqrt[n]{|a_n|}$ durch $a := \overline{\lim\limits_{n>0}} \sqrt[n]{|a_n|}$ zu ersetzen:
Wenn der Limes superior positiv und endlich ist, gilt wieder $\rho = \frac{1}{a}$.
(Es gilt auch $\rho = 0 \iff \overline{\lim\limits_{n>0}} \sqrt[n]{|a_n|} = +\infty$ und sowieso $\rho = +\infty \iff \overline{\lim\limits_{n>0}} \sqrt[n]{|a_n|} = 0 \iff \lim\limits_{n>0} \sqrt[n]{|a_n|} = 0$).
Die Betrachtung von $\overline{\lim\limits_{n\to\infty}} \left|\frac{a_{n+1}}{a_n}\right|$ und $\underline{\lim\limits_{n\to\infty}} \left|\frac{a_{n+1}}{a_n}\right|$ hilft unter Umständen nicht, den Konvergenzradius zu bestimmen. Zum Beispiel hat die Potenzreihe $\sum\limits_{n=0}^{\infty} 2^{-n-(-1)^n} z^n$ den Konvergenzradius $\rho = 2$ $\left[\text{wegen } \overline{\lim\limits_{n>0}} \sqrt[n]{2^{-n-(-1)^n}} = \frac{1}{2}\right]$. Dagegen gilt $\underline{\lim\limits_{n\to\infty}} \left|\frac{a_{n+1}}{a_n}\right| = \frac{1}{8}$ und $\overline{\lim\limits_{n\to\infty}} \left|\frac{a_{n+1}}{a_n}\right| = 2$ (siehe 1.9.15.3) — die beiden Kehrwerte 8 und $\frac{1}{2}$ sind beide weit entfernt vom Konvergenzradius $\rho = 2$.

1.14.8 Beispiel. Die *geometrische Reihe*

$$\sum_{n=0}^{\infty} z^n$$

können wir als komplexe Potenzreihe (mit $a_n = 1$ für alle n) auffassen. Wegen $\lim\limits_{n\to\infty} \sqrt[n]{|a_n|} = 1$ liefert 1.14.7 den Konvergenzradius $\rho = 1$.

Die geometrische Reihe konvergiert also für $z \in \mathbb{C}$ mit $|z| < 1$ absolut, und divergiert für $|z| > 1$. Was passiert auf dem Rand des Konvergenzkreises? Dort gilt $|z| = 1$, in jedem dieser Randpunkte *divergiert* die geometrische Reihe [weil $(|z|^n)_{n\in\mathbb{N}}$ für $|z| = 1$ keine Nullfolge ist]. Die Summe der geometrischen Reihe (für $|z| < 1$) ergibt sich (wie in 1.8.4) wieder als

$$\sum_{n=0}^{\infty} z^n = \frac{1}{1-z}\,.$$

1.14.9 Beispiel. Die Reihe

$$\sum_{n=1}^{\infty} \frac{z^n}{n}$$

hat die Koeffizienten $a_n = \frac{1}{n}$ (und $a_0 = 0$). Wegen $\lim\limits_{n\to\infty} \left|\frac{a_{n+1}}{a_n}\right| = \lim\limits_{n\to\infty} \frac{n}{n+1} = 1$ liefert 1.14.7 wieder den Konvergenzradius $\rho = 1$.

Diese Reihe konvergiert also für $|z| < 1$ absolut, und divergiert für $|z| > 1$. Auf dem Rand des Konvergenzkreises kann man wenigstens das Verhalten in den reellen Punkten verstehen: Bei $z = 1$ ergibt sich die divergente harmonische Reihe, bei $z = -1$ die konvergente (aber nicht absolut konvergente) alternierende harmonische Reihe.

Die Summe der Reihe (für $|z| < 1$) können wir jetzt noch nicht bestimmen; man erhält sie durch „gliedweise Differentiation/Integration" (vgl. 3.8.4) oder durch Betrachtung einer Taylor-Entwicklung (vgl. 2.6.13) als

$$\sum_{n=1}^{\infty} \frac{z^n}{n} = -\ln(1-z)\,.$$

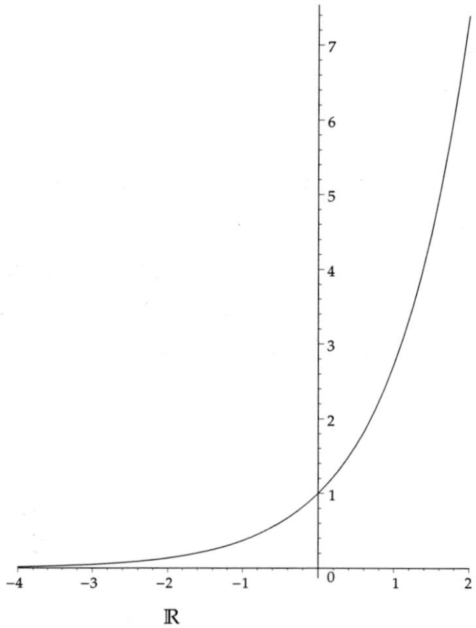

(a) Die Funktion $\exp\colon \mathbb{R} \to \mathbb{R}$

[Wir benutzen die Formel von Euler und de Moivre 1.14.18:

$$\exp(\mathrm{i}\, z) = \cos(z) + \mathrm{i}\, \sin(z).$$

]

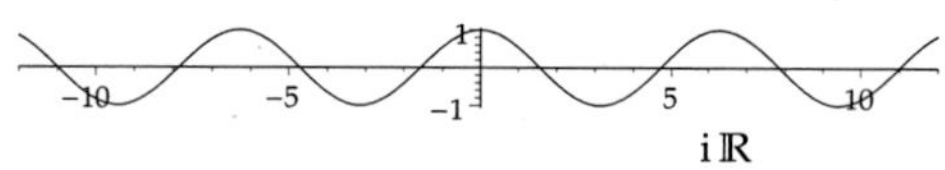

(b) Der Realteil der Funktion $\exp|_{\mathrm{i}\,\mathbb{R}}$:
$y \mapsto \mathrm{Re}\,(\exp(\mathrm{i}\, y)) = \cos(y)$

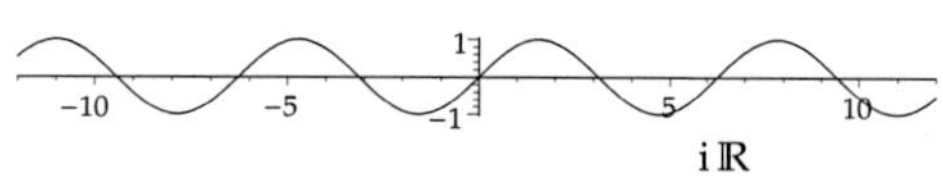

(c) Der Imaginärteil von $\exp|_{\mathrm{i}\,\mathbb{R}}$:
$y \mapsto \mathrm{Im}\,(\exp(\mathrm{i}\, y)) = \sin(y)$

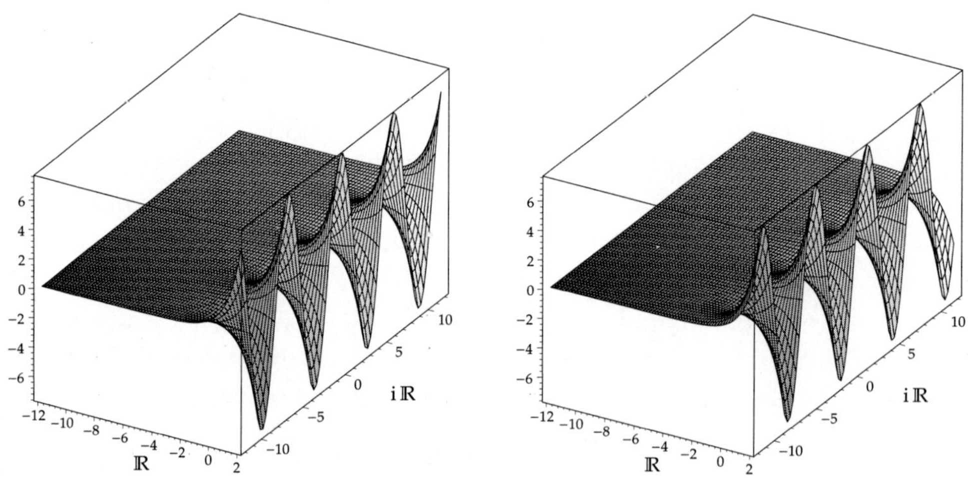

(d) Der Realteil (links) und der Imaginärteil der Funktion $\exp\colon \mathbb{C} \to \mathbb{C}$

Abbildung 1.1: Aspekte der Exponentialfunktion

1.14.10 Die komplexe Exponentialfunktion. Die Exponentialreihe definiert die Funktion

$$\exp\colon z \mapsto \sum_{n=0}^{\infty} \frac{z^n}{n!} =: \mathrm{e}^z$$

Wegen $\lim_{n\to\infty} \left|\frac{a_{n+1}}{a_n}\right| = \lim_{n\to\infty} \frac{1}{n+1} = 0$ liefert 1.14.7 den Konvergenzradius $\rho = +\infty$. Die komplexe Exponentialfunktion ist also auf ganz $\mathbb{C}$ definiert.

Den Graph einer Funktion von $\mathbb{C}$ nach $\mathbb{C}$ kann man sich schwer vorstellen [weil das ein Objekt im reell vierdimensionalen Raum ist]. Als Hilfe zur Anschauung zeigen wir in Abb. 1.1(a) den Graphen der reellen Exponentialfunktion

$$\exp|_{\mathbb{R}}\colon \mathbb{R} \to \mathbb{R}\colon x \mapsto \exp(x)\,,$$

sowie den Real- und Imaginärteil der Einschränkung $\exp|_{\mathrm{i}\,\mathbb{R}}$ auf rein imaginäre Argumente in Abb. 1.1(b) und 1.1(c): es ergibt sich die aus der Schule bekannte Exponentialfunktion und die Winkelfunktionen (vgl. 1.14.18).

Abb. 1.1(d) zeigt Real- und Imaginärteil der komplexen Exponentialfunktion — man beachte die sehr feinen Unterschiede (der Graph wird nur in Richtung der imaginären Achse $\mathrm{i}\,\mathbb{R}$ verschoben). Während die Exponentialfunktion in Richtung der imaginären Achse $\mathrm{i}\,\mathbb{R}$ periodisch erscheint, ist sie in Richtung der reellen Achse gedämpft (bzw. verstärkt) durch Multiplikation mit der reellen Exponentialfunktion: Das rührt her von der Formel

$$\exp(x + \mathrm{i}\,y) = \exp(x)\,\exp(\mathrm{i}\,y) = \mathrm{e}^x\,(\cos(y) + \mathrm{i}\,\sin(y))\,,$$

die sich aus der Funktionalgleichung der Exponentialfunktion 1.14.12 und der Formel von Euler und de Moivre 1.14.18 ergibt.

Insbesondere gilt: Für jedes $t \in \mathbb{R}$ liegt $\mathrm{e}^{\mathrm{i}\,t} = \exp(\mathrm{i}\,t)$ auf dem Einheitskreis.

[Wegen $t \in \mathbb{R}$ gilt $\overline{\mathrm{i}\,t} = -\mathrm{i}\,t$, und mit $\exp(\mathrm{i}\,t - \mathrm{i}\,t) = \exp(0) = 1$ folgt

$$\begin{aligned} |\exp(\mathrm{i}\,t)| &= \sqrt{\exp(\mathrm{i}\,t)\,\overline{\exp(\mathrm{i}\,t)}} = \sqrt{\exp(\mathrm{i}\,t)\,\exp\left(\overline{\mathrm{i}\,t}\right)} \\ &= \sqrt{\exp\left(\mathrm{i}\,t + \overline{\mathrm{i}\,t}\right)} = \sqrt{\exp(\mathrm{i}\,t - \mathrm{i}\,t)} \\ &= \sqrt{\exp(0)} = 1\,. \end{aligned}$$
]

Es gilt $\exp(\mathrm{i}\,t) = \cos(t) + \mathrm{i}\,\sin(t)$:
Wir erhalten also $\cos(t)$ und $\sin(t)$ als Real- und Imaginärteil von $\exp(\mathrm{i}\,t)$. Auf diese Weise ergibt sich die in den meisten Fällen am besten geeignete Parametrisierung des Einheitskreises.
Die Skizze rechts zeigt diesen Zusammenhang am Einheitskreis (für $t = 0{,}35\,\pi$ und $s = 1{,}8\,\pi$):

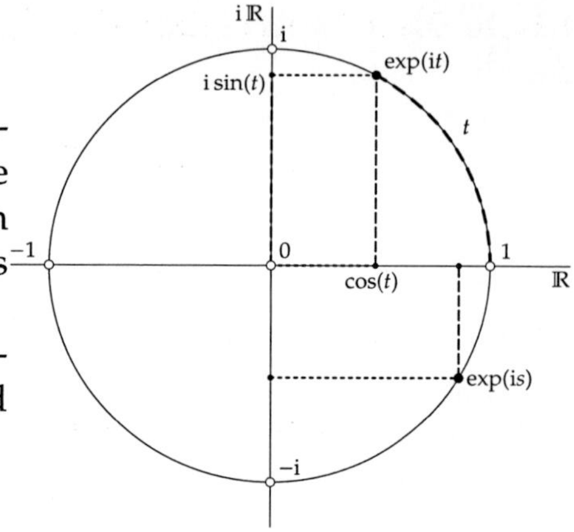

1.14.11 Rechenregeln für Potenzreihen. *Gegeben seien die beiden Potenzreihen*

$$f(z) = \sum_{n=0}^{\infty} a_n\,z^n \quad \textit{und} \quad g(z) = \sum_{n=0}^{\infty} b_n\,z^n$$

mit Konvergenzradien ρ_f *bzw.* ρ_g. *Dann gilt:*

1. *Für alle* z *mit* $|z| < \min(\rho_f, \rho_g)$: $\quad \sum_{n=0}^{\infty} (a_n + b_n)\,z^n = f(z) + g(z)$.

2. *Für alle* $c \in \mathbb{C}$ *und alle* z *mit* $|z| < \rho_f$: $\quad \sum_{n=0}^{\infty} c\,a_n\,z^n = c\,f(z)$.

3. *Für alle* z_1, z_2 *mit* $|z_1|, |z_2| < \min(\rho_f, \rho_g)$: $f(z_1)\,g(z_2) = \sum_{n=0}^{\infty} \sum_{k=0}^{n} a_k\,b_{n-k}\,z_1^k\,z_2^{n-k}$.

Insbesondere gilt:

4. *Für alle* z *mit* $|z| < \min(\rho_f, \rho_g)$: $\quad f(z)\,g(z) = \sum_{n=0}^{\infty} \Big(\sum_{k=0}^{n} a_k\,b_{n-k} \Big) z^n$.

Wir geben eine unmittelbare (und sehr wichtige) Anwendung des eben genannten Resultats über Produkte von Potenzreihen:

1.14.12 Funktionalgleichung der Exponentialfunktion. *Für alle* $z, w \in \mathbb{C}$ *gilt:*

$$\mathrm{e}^z \cdot \mathrm{e}^w = \mathrm{e}^{z+w}\,.$$

Beweis. Nach 1.14.11 gilt $e^z \cdot e^w = \sum_{n=0}^{\infty} s_n$, dabei ergibt sich der n-te Summand als

$$s_n = \sum_{k=0}^{n} \frac{1}{k!} \cdot \frac{1}{(n-k)!} z^k w^{n-k} = \frac{1}{n!} \sum_{k=0}^{n} \binom{n}{k} z^k w^{n-k} = \frac{1}{n!} (z+w)^n .$$

Also gilt $e^z \cdot e^w = \sum\limits_{n=0}^{\infty} s_n = \sum\limits_{n=0}^{\infty} \frac{1}{n!} (z+w)^n = e^{z+w}$. □

1.14.13 Bemerkung. Man kann beweisen, dass die Grenzwerte

$$e := \lim_{n>0} \left(1 + \frac{1}{n}\right)^n \qquad \text{und} \qquad \exp(1) = \sum_{j=0}^{\infty} \frac{1}{j!}$$

übereinstimmen (vgl. 1.2.9). Mit Hilfe der Funktionalgleichung $\exp(x+y) = \exp(x)\exp(y)$ sieht man dann ein, dass $e^2 = e\,e = \exp(1)\exp(1) = \exp(1+1) = \exp(2)$, allgemeiner $e^n = \exp(n)$ gilt. Dies ist der Grund für den Namen „Exponentialreihe“. Gelegentlich wird die Zahl e auch nach Napier benannt, der wohl als Erster eine Tabelle mit natürlichen Logarithmen (also zur Basis e) veröffentlicht hat.

1.14.14 Definition. Für $\alpha \in \mathbb{R}$ und $n \in \mathbb{N}_0$ setzt man

$$\binom{\alpha}{0} := 1 \quad \text{und} \quad \binom{\alpha}{n} := \frac{\alpha(\alpha-1)(\alpha-2)\cdots(\alpha-n+1)}{n!} .$$

1.14.15 Bemerkungen.

1. Für $\alpha \in \mathbb{N}_0$ entspricht diese Definition der üblichen Definition der Binomialkoeffizienten:

$$\binom{n}{k} := \frac{n!}{k!\,(n-k)!} = \frac{n\cdot(n-1)\cdot(n-2)\cdots(n-k+1)}{1\cdot 2\cdots(k-2)\cdot(k-1)\cdot k} \cdot \frac{(n-k)\cdots 2\cdot 1}{1\cdot 2\cdots(n-k)} .$$

2. Insbesondere wird $\binom{\alpha}{n} = 0$, wenn $\alpha \in \mathbb{N}_0$ und $n > \alpha$ ist.
3. Für $\alpha \notin \mathbb{N}_0$ gilt dagegen stets $\binom{\alpha}{n} \neq 0$.

1.14.16 Beispiel. Es sei $\alpha \in \mathbb{R}$. Die Potenzreihe $\sum\limits_{n=0}^{\infty} \binom{\alpha}{n} z^n$ heißt die *binomische Reihe zum Exponenten* α. Genau dann, wenn $\alpha \notin \mathbb{N}_0$ gilt, ist das wirklich eine *unendliche* Reihe [sonst liegt das Polynom $(1+z)^\alpha$ vor].
Für $\alpha \notin \mathbb{N}_0$ bestimmen wir den Konvergenzradius nach 1.14.7 aus

$$\begin{aligned}\lim_{n\to\infty}\left|\frac{a_{n+1}}{a_n}\right| &= \lim_{n\to\infty}\left|\frac{\dfrac{\alpha(\alpha-1)(\alpha-2)\cdots(\alpha-n+1)(\alpha-(n+1)+1)}{(n+1)!}}{\dfrac{\alpha(\alpha-1)(\alpha-2)\cdots(\alpha-n+1)}{n!}}\right| \\ &= \lim_{n\to\infty}\left|\frac{\alpha-n}{n+1}\right| = 1 \quad \text{als} \quad \rho = 1\,.\end{aligned}$$

Man kann zeigen, dass für $|z| < 1$ allgemein $\sum\limits_{n=0}^{\infty} \binom{\alpha}{n} z^n$ einen sinnvollen Wert für $(1+z)^\alpha$ liefert.

1.14.17 Definition. Wir setzen für $z \in \mathbb{C}$

$$\begin{aligned}\sin z &:= \sum_{n=0}^{\infty}(-1)^n \frac{1}{(2n+1)!} z^{2n+1} = \frac{z^1}{1!} - \frac{z^3}{3!} + \frac{z^5}{5!} - \frac{z^7}{7!} + \cdots \\ \cos z &:= \sum_{n=0}^{\infty}(-1)^n \frac{1}{(2n)!} z^{2n} = 1 - \frac{z^2}{2!} + \frac{z^4}{4!} - \frac{z^6}{6!} + \frac{z^8}{8!} - \cdots\end{aligned}$$

Für reelle Argumente (also $z \in \mathbb{R}$) stimmen die durch diese Reihen beschriebenen Funktionen tatsächlich mit den bekannten trigonometrischen Funktionen überein. Die Interpretation am Einheitskreis veranschaulichen wir in 1.14.18.

1.14.18 Die Formel von Euler und de Moivre.
Für alle $z \in \mathbb{C}$ *gilt*

$$e^{iz} = \cos z + i \sin z\,.$$

Umgekehrt gilt

$$\begin{aligned}\cos(z) &= \tfrac{1}{2}\left(e^{iz} + e^{-iz}\right) \\ \sin(z) &= \tfrac{1}{2i}\left(e^{iz} - e^{-iz}\right)\end{aligned}$$

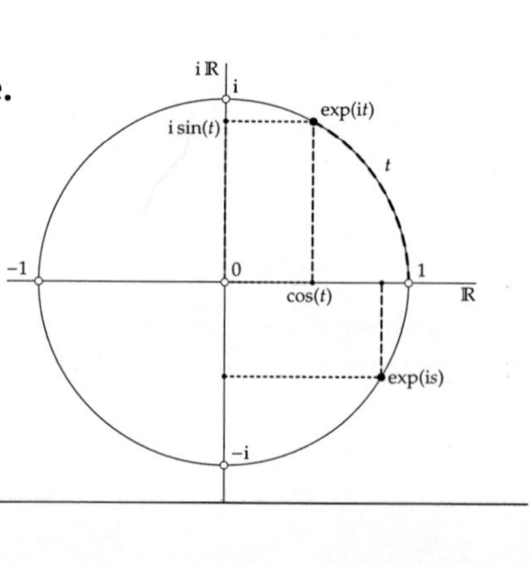

Beweis. Es gilt $i^2 = -1$, also $i^3 = -i$ und $i^4 = 1$, allgemein $i^{4k} = 1$ für alle $k \in \mathbb{N}_0$. Für die Summanden von $e^{iz} = \sum_{n=0}^{\infty} \frac{1}{n!}(iz)^n$ unterscheiden wir

$$(iz)^n = \begin{cases} z^n, & \text{falls } n \text{ durch 4 teilbar ist (also } n = 4k), \\ iz^n, & \text{falls } n-1 \text{ durch 4 teilbar ist (also } n = 4k+1), \\ -z^n, & \text{falls } n-2 \text{ durch 4 teilbar ist (also } n = 4k+2), \\ -iz^n, & \text{falls } n-3 \text{ durch 4 teilbar ist (also } n = 4k+3). \end{cases}$$

Fasst man in der Reihe für e^{iz} jeweils die Terme mit geraden ($n = 2\ell \in \{4k, 4k+2\}$) bzw. ungeraden Indizes ($n = 2\ell+1 \in \{4k+1, 4k+3\}$) zusammen, so erhält man

$$e^{iz} = \sum_{\ell=0}^{\infty}(-1)^{\ell}\frac{1}{(2\ell)!}z^{2\ell} + i\sum_{\ell=0}^{\infty}(-1)^{\ell}\frac{1}{(2\ell+1)!}z^{2\ell+1} = \cos z + i \sin z\,.$$

Jetzt rechnen wir noch $e^{iz} \pm e^{-iz}$ aus und benutzen dabei $\cos(-z) = \cos(z)$ bzw. $\sin(-z) = -\sin(z)$. □

1.14.19 Bemerkung. Im Beweis der Formel von Euler und de Moivre haben wir die Reihe *umsortiert*: Damit sich dabei das Konvergenzverhalten nicht ändert, braucht man die *absolute Konvergenz* der Reihe!

Im Innern des Konvergenzkreises der betrachteten Potenzreihen ist diese gegeben (vgl. 1.14.4).

Höchste Zeit also, den Konvergenzradius für sin und cos zu bestimmen:

1.14.20 Lemma.

Die Potenzreihen für sin *und* cos *haben beide den Konvergenzradius* $+\infty$.

Beweis. Die Koeffizienten der Reihe für $\sin z$ sind

$$a_k = \begin{cases} \frac{1}{k!} & \text{falls } k = 2n+1 \text{ und } n \text{ gerade} \\ -\frac{1}{k!} & \text{falls } k = 2n+1 \text{ und } n \text{ ungerade} \\ 0 & \text{sonst.} \end{cases}$$

Die Quotienten $\left|\frac{a_{k+1}}{a_k}\right|$ sind also für gerades k gar nicht definiert.

Das Konvergenzverhalten der Folge $\left(\sqrt[k]{|a_k|}\right)_{k\in\mathbb{N}}$ ist nicht leicht zu sehen.

Es hilft aber die Abschätzung

$$\forall k \in \mathbb{N}: \ \left|a_k\, z^k\right| \leqq \left|\frac{1}{k!}\, z^k\right| :$$

Diese zeigt, dass die Exponentialreihe

$$\exp(|z|) = \sum_{k=0}^{\infty} \frac{1}{k!}\, |z|^k = \sum_{k=0}^{\infty} \left|\frac{1}{k!}\, z^k\right|$$

eine Majorante für die Reihe

$$\sin z = \sum_{k=0}^{\infty} a_k\, z^k$$

bildet.

Wegen der absoluten Konvergenz der Exponentialreihe (für jedes $z \in \mathbb{C}$) konvergiert auch die Potenzreihe für $\sin z$ für jedes $z \in \mathbb{C}$, der Konvergenzradius ist $\rho = +\infty$. Für cos geht man genauso vor. □

1.14.21 Additionstheoreme.

Aus der Funktionalgleichung der Exponentialfunktion 1.14.12 und der Formel von Euler und de Moivre 1.14.18 erhalten wir für alle $z, w \in \mathbb{C}$:

$$\begin{aligned} \sin(z+w) &= (\cos z)\,(\sin w) + (\sin z)\,(\cos w)\,, \\ \cos(z+w) &= (\cos z)\,(\cos w) - (\sin z)\,(\sin w)\,. \end{aligned}$$

Insbesondere gilt

$$\begin{aligned} \sin(2\,z) &= 2\,(\cos z)\,(\sin z)\,, \\ \cos(2\,z) &= (\cos z)^2 - (\sin z)^2 = 1 - 2\,(\sin z)^2 = 2\,(\cos z)^2 - 1\,. \end{aligned}$$

2 Differenzierbare Funktionen

2.1 Differenzierbarkeit

2.1.1 Definition. Es sei I ein reelles Intervall und $x_0 \in I$. Eine Funktion $f\colon I \to \mathbb{R}$ heißt *differenzierbar* in x_0, wenn der Grenzwert

$$\lim_{x \to x_0} \frac{f(x) - f(x_0)}{x - x_0}$$

existiert. Man nennt diesen Grenzwert die *Ableitung* von f in x_0. Gebräuchliche Schreibweisen für die Ableitung sind:

$$f'(x_0), \qquad \frac{\mathrm{d}f}{\mathrm{d}x}(x_0), \qquad \frac{\mathrm{d}}{\mathrm{d}x}f(x_0), \qquad \frac{\mathrm{d}}{\mathrm{d}x}\, f(x)\Big|_{x = x_0}.$$

Bei Funktionen, die von mehr als einer Variablen abhängen, wird es sinnvoll sein, in der Bezeichnung für die Ableitung mit anzugeben, nach *welcher* Variablen abgeleitet wird. Dazu dienen Bezeichnungen wie $\frac{\mathrm{d}f}{\mathrm{d}x}$. Die Schreibweise $\frac{\mathrm{d}}{\mathrm{d}x}\, f(x)\big|_{x=x_0}$ ist dann nützlich, wenn man statt eines Namens f eine Formel für den Wert von $f(x)$ schreiben will.

Die Funktion f heißt *differenzierbar in I*, wenn sie in jedem Punkt von I differenzierbar ist. In diesem Fall erhalten wir eine Abbildung

$$f'\colon I \to \mathbb{R}\colon x \mapsto f'(x).$$

Die Zuordnung $\frac{\mathrm{d}}{\mathrm{d}x}\colon f \mapsto f'$ ist ein Beispiel eines *Differentialoperators*.

2.1.2 Bemerkung. Man kann auch rechts- oder linksseitige Differenzierbarkeit definieren: Dann verlangt man die Existenz des Grenzwerts

$$\lim_{x \to x_0 + 0} \frac{f(x) - f(x_0)}{x - x_0} \qquad \text{bzw.} \qquad \lim_{x \to x_0 - 0} \frac{f(x) - f(x_0)}{x - x_0}.$$

In den Randpunkten des Intervalls ist der Grenzwert $\lim\limits_{x \to x_0} \frac{f(x)-f(x_0)}{x-x_0}$ ohnehin als einseitiger zu verstehen.

2.1.3 Bemerkung. Die Funktion f ist in x_0 genau dann differenzierbar, wenn der *Differentialquotient* $\lim\limits_{h \to 0} \frac{f(x_0+h)-f(x_0)}{h}$ existiert, dieser stimmt dann mit der Ableitung von f im Punkt x_0 überein. $\left[\text{Man schreibt } h := x - x_0.\right]$

2.1.4 Geometrische Interpretation der Ableitung.
Der *Differenzenquotient* $\frac{f(x)-f(x_0)}{x-x_0}$ beschreibt die Steigung der *Sekante*, also der Verbindungsgeraden der Punkte $(x_0, f(x_0))$ und $(x, f(x))$.

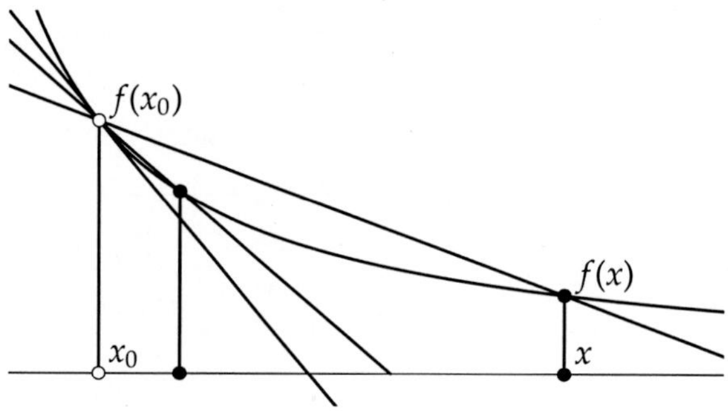

Die Ableitung ist zu interpretieren als die *Steigung der Tangente* an den Graph der Funktion [die von Sekanten approximiert wird].
Die Existenz des Grenzwerts bedeutet gerade, dass die Sekanten gegen eine wohlbestimmte Grenzlage streben!

2.1.5 Bemerkung. Ist f in x_0 differenzierbar, so hat die Tangente an den Graph von f im Punkt $(x_0, f(x_0))$ die Gleichung

$$y = f'(x_0)(x - x_0) + f(x_0)\,.$$

2.1.6 Bemerkung. Konstante Funktionen sind differenzierbar, die Ableitung ist in jedem Punkt 0.
Umgekehrt ist jede Funktion $f\colon (a,b) \to \mathbb{R}$, die in jedem Punkt $x \in (a,b)$ des Intervalls differenzierbar ist und $f'(x) = 0$ erfüllt, auch konstant (das folgt aus dem Mittelwertsatz der Differentialrechnung 2.4.4, siehe auch 2.4.6).

2.1.7 Bemerkung. Ist f differenzierbar in x_0, so ist f auch stetig in x_0.

Beweis. Es sei $f\colon (a,b) \to \mathbb{R}$ differenzierbar in x_0. Für jede Folge $(x_n)_{n\in\mathbb{N}}$ mit $x_n \in (a,b)$ und $x_n \longrightarrow x_0$ gilt

$$\begin{aligned}
\lim_{n\to\infty} f(x_n) &= \lim_{n\to\infty} \left(\frac{f(x_n) - f(x_0)}{x_n - x_0} \cdot (x_n - x_0) + f(x_0) \right) \\
&= \lim_{n\to\infty} \left(\frac{f(x_n) - f(x_0)}{x_n - x_0} \right) \cdot \lim_{n\to\infty} (x_n - x_0) + f(x_0) \\
&= f'(x_0) \cdot 0 + f(x_0) = f(x_0) .
\end{aligned}$$

Damit ist die Stetigkeit von f in x_0 nachgewiesen. □

2.1.8 Beispiel. Für die Wurzelfunktion $w\colon [0,+\infty) \to [0,+\infty)\colon x \mapsto \sqrt{x}$ ergibt sich als Differenzenquotient

$$\begin{aligned}
\frac{w(x) - w(x_0)}{(x - x_0)} &= \frac{\sqrt{x} - \sqrt{x_0}}{x - x_0} \\
&= \frac{\sqrt{x} - \sqrt{x_0}}{x - x_0} \cdot \frac{\sqrt{x} + \sqrt{x_0}}{\sqrt{x} + \sqrt{x_0}} \\
&= \frac{x - x_0}{(x - x_0) \cdot (\sqrt{x} + \sqrt{x_0})} \\
&= \frac{1}{\sqrt{x} + \sqrt{x_0}} \quad .
\end{aligned}$$

Für $x_0 > 0$ ergibt sich

$$\lim_{x\to x_0} \frac{w(x) - w(x_0)}{(x - x_0)} = \lim_{x\to x_0} \frac{1}{\sqrt{x} + \sqrt{x_0}} = \frac{1}{2\sqrt{x_0}} \quad .$$

Auf dem Intervall $(0,+\infty)$ ist damit die Wurzelfunktion w differenzierbar, wir erhalten die Ableitung

$$\frac{\mathrm{d}}{\mathrm{d}x} \sqrt{x}\Big|_{x = x_0} = \frac{1}{2\sqrt{x_0}}$$

und die Ableitungsfunktion

$$w' : (0, +\infty) \to \mathbb{R} : x \mapsto \frac{1}{2\sqrt{x}} .$$

Für $x_0 = 0$ können wir nur den rechtsseitigen Grenzwert betrachten:

$$\lim_{x\to 0+0} \frac{w(x) - w(x_0)}{(x - x_0)} = \lim_{x\to 0+0} \frac{1}{\sqrt{x} + \sqrt{0}} = +\infty .$$

Da dieser Grenzwert nicht in $\mathbb{R}$ existiert, ist die betrachtete Funktion in 0 *nicht differenzierbar*.

Geometrisch bedeutet unendliche Steigung, dass die Tangente vertikal steht: Auch die Aussage, dass der Differenzenquotient bestimmt divergiert, kann also noch hilfreich sein!

Bevor wir später allgemeine Polynome betrachten, klären wir die Differenzierbarkeit für *Monome*:

2.1.9 Beispiel. Die Funktion $f : \mathbb{R} \to \mathbb{R} : x \mapsto x^n$ liefert die Differenzenquotienten

$$\begin{aligned}
\frac{f(x_0 + h) - f(x_0)}{h} &= \frac{(x_0 + h)^n - x_0^n}{h} \\
&= \frac{\left(\sum_{k=0}^{n} \binom{n}{k} x_0^{n-k} h^k\right) - x_0^n}{h} \\
&= \frac{\sum_{k=1}^{n} \binom{n}{k} x_0^{n-k} h^k}{h} \\
&= \sum_{k=1}^{n} \binom{n}{k} x_0^{n-k} h^{k-1} = \underbrace{\binom{n}{1} x_0^{n-1} \cdot 1}_{n\, x_0^{n-1}} + \underbrace{\sum_{k=2}^{n} \binom{n}{k} x_0^{n-k} h^{k-1}}_{\mathrm{Rest}(h)} .
\end{aligned}$$

Wegen $\mathrm{Rest}(h) \underset{h\to 0}{\longrightarrow} 0$ erhalten wir

$$f'(x_0) = n\, x_0^{n-1} .$$

Damit ist die betrachtete Funktion f auf ganz $\mathbb{R}$ als differenzierbar erkannt, die Ableitung ist

$$f' \colon \mathbb{R} \to \mathbb{R} \colon x \mapsto n\,x^{n-1} .$$

2.1.10 Beispiel. Die *Betragsfunktion* $f \colon \mathbb{R} \to \mathbb{R} \colon x \mapsto |x|$ ist an der Stelle $x_0 = 0$ *nicht* differenzierbar:

$$\text{Es gilt } \lim_{x\to 0-0} \frac{f(x)-f(0)}{x-0} = \lim_{x\to 0-0} \frac{-x}{x} = -1 ,$$

$$\text{aber } \lim_{x\to 0+0} \frac{f(x)-f(0)}{x-0} = \lim_{x\to 0+0} \frac{x}{x} = 1 .$$

2.2 Ableitungsregeln

2.2.1 Satz. *Die Funktionen f und g seien in x_0 differenzierbar. Dann sind auch $f+g$ und $f\cdot g$ in x_0 differenzierbar, und es gilt:*

1. Summenregel: $(f+g)'(x_0) = f'(x_0) + g'(x_0)$.
2. Produktregel: $(f\cdot g)'(x_0) = f'(x_0)\cdot g(x_0) + f(x_0)\cdot g'(x_0)$.

Speziell für eine konstante Funktion g $[$also $g' = 0]$ angewandt, liefert die Produktregel:

3. *Für jede Konstante $c \in \mathbb{R}$ gilt* $\big(c\,f\big)'(x_0) = c\big(f'(x_0)\big)$.

Gilt $g(x_0) \neq 0$, so ist dies in einer Umgebung U von x_0 erfüllt, und die Funktion $\frac{f}{g} \colon U \to \mathbb{R} \colon x \mapsto \frac{f(x)}{g(x)}$ ist in x_0 differenzierbar. Es gilt dann:

4. Quotientenregel: $\left(\dfrac{f}{g}\right)'(x_0) = \dfrac{f'(x_0)\cdot g(x_0) - f(x_0)\cdot g'(x_0)}{g(x_0)^2}$.

2.2.2 Bemerkung. Mit Hilfe der Summenregel, des Spezialfalls der Produktregel und des Resultats $\frac{\mathrm{d}}{\mathrm{d}x} x^n = n\,x^{n-1}$ aus 2.1.9 können wir jetzt beliebige Polynome ableiten:

$$\begin{aligned}\frac{\mathrm{d}}{\mathrm{d}x}\sum_{j=0}^{n} a_j x^j &= 0+\sum_{j=1}^{n}\frac{\mathrm{d}}{\mathrm{d}x}\left(a_j x^j\right) = \sum_{j=1}^{n}\frac{\mathrm{d}}{\mathrm{d}x}\left(a_j x^j\right)\\ &= \sum_{j=1}^{n} a_j \frac{\mathrm{d}}{\mathrm{d}x}x^j = \sum_{j=1}^{n} j\, a_j\, x^{j-1} \underset{[k:=j-1]}{=} \sum_{k=0}^{n-1}(k+1)\, a_{k+1}\, x^k .\end{aligned}$$

Beweis der Summen-, Produkt- und Quotientenregel. Wegen der Differenzierbarkeit von f und g in x_0 existieren die beiden Grenzwerte

$$f'(x_0) = \lim_{x\to x_0}\frac{f(x)-f(x_0)}{x-x_0} \quad \text{und} \quad g'(x_0) = \lim_{x\to x_0}\frac{g(x)-g(x_0)}{x-x_0} .$$

Die Summenregel ergibt sich direkt aus dem Grenzwertsatz für Summen 1.5.3:

$$\begin{aligned}(f+g)'(x_0) &= \lim_{x\to x_0}\frac{f(x)+g(x)-\big(f(x_0)+g(x_0)\big)}{x-x_0}\\ &= \lim_{x\to x_0}\frac{f(x)-f(x_0)+g(x)-g(x_0)}{x-x_0}\\ &= \lim_{x\to x_0}\frac{f(x)-f(x_0)}{x-x_0}+\lim_{x\to x_0}\frac{g(x)-g(x_0)}{x-x_0}\\ &= f'(x_0)+g'(x_0) .\end{aligned}$$

Die Produktregel erhält man aus der Beziehung $f(x)\cdot g(x_0)-f(x)\cdot g(x_0)=0$, den Grenzwertsätzen für Summen und Produkte und der Stetigkeit von f in x_0 (vgl. 2.1.7):

$$\begin{aligned}(f\cdot g)'(x_0) &= \lim_{x\to x_0}\frac{f(x)\cdot g(x)-\big(f(x_0)\cdot g(x_0)\big)}{x-x_0}\\ &= \lim_{x\to x_0}\frac{f(x)\cdot g(x)+f(x)\cdot g(x_0)-f(x)\cdot g(x_0)-f(x_0)\cdot g(x_0)}{x-x_0}\end{aligned}$$

$$
\begin{aligned}
&= \lim_{x\to x_0} \frac{\big(f(x)-f(x_0)\big)\cdot g(x_0) + f(x)\cdot\big(g(x)-g(x_0)\big)}{x-x_0} \\
&= \lim_{x\to x_0} \frac{\big(f(x)-f(x_0)\big)\cdot g(x_0)}{x-x_0} + \lim_{x\to x_0} \frac{f(x)\cdot\big(g(x)-g(x_0)\big)}{x-x_0} \\
&= \left(\lim_{x\to x_0} \frac{\big(f(x)-f(x_0)\big)}{x-x_0}\right)\cdot g(x_0) + \lim_{x\to x_0} f(x)\cdot \lim_{x\to x_0} \frac{\big(g(x)-g(x_0)\big)}{x-x_0} \\
&= f'(x_0)\cdot g(x_0) + f(x_0)\cdot g'(x_0)\,.
\end{aligned}
$$

Zum Beweis der Quotientenregel betrachtet man zuerst die Ableitung der Funktion $\frac{1}{g(x)}$: Wegen $g(x_0) \neq 0$ und der Stetigkeit von g in x_0 gibt es eine Umgebung U von x_0 in der g nicht den Wert 0 annimmt, auf U ist also $\frac{1}{g}$ definiert. Mit Hilfe der Grenzwertsätze und wegen der Stetigkeit von g in x_0 erhalten wir

$$
\begin{aligned}
\left(\frac{1}{g}\right)'(x_0) &= \lim_{x\to x_0} \frac{\frac{1}{g(x)} - \frac{1}{g(x_0)}}{x-x_0} \\
&= \lim_{x\to x_0} \left(\left(\frac{1}{g(x)} - \frac{1}{g(x_0)}\right)\cdot \frac{1}{x-x_0}\right) \\
&= \lim_{x\to x_0} \left(\frac{g(x_0)-g(x)}{g(x)\cdot g(x_0)} \cdot \frac{1}{x-x_0}\right) \\
&= \lim_{x\to x_0} \left(-\frac{g(x)-g(x_0)}{x-x_0} \cdot \frac{1}{g(x)\cdot g(x_0)}\right) \\
&= \lim_{x\to x_0} -\frac{g(x)-g(x_0)}{x-x_0} \cdot \lim_{x\to x_0} \frac{1}{g(x)\cdot g(x_0)} \quad = \quad -\frac{g'(x_0)}{g(x_0)^2}\,.
\end{aligned}
$$

Zusammen mit der bereits bewiesenen Produktregel ergibt sich damit die Quotientenregel:

$$\left(\frac{f}{g}\right)'(x_0) = \left(f\cdot\frac{1}{g}\right)'(x_0) = f'(x_0)\cdot\frac{1}{g(x_0)} + f(x_0)\left(\frac{1}{g}\right)'(x_0)$$
$$= f'(x_0)\cdot\frac{1}{g(x_0)} + f(x_0)\left(-\frac{g'(x_0)}{g(x_0)^2}\right)$$
$$= \frac{f'(x_0)\cdot g(x_0) - f(x_0)\cdot g'(x_0)}{g(x_0)^2}. \quad \square$$

2.2.3 Kettenregel.
Es sei $g\colon I \to \mathbb{R}$ differenzierbar in $x_0 \in I$, und es sei $f\colon g(I) \to \mathbb{R}$ differenzierbar in $g(x_0)$. Dann ist die Komposition $f \circ g\colon I \to \mathbb{R}$ differenzierbar in x_0, und es gilt:

$$(f \circ g)'(x_0) = f'\big(g(x_0)\big)\cdot g'(x_0)\,.$$

Andere Schreibweise:

$$\frac{\mathrm{d}}{\mathrm{d}\,x}\, f\big(g(x)\big)\Big|_{x\,=\,x_0} = \left(\frac{\mathrm{d}}{\mathrm{d}\,y}\, f(y)\Big|_{y\,=\,g(x_0)}\right)\cdot\left(\frac{\mathrm{d}}{\mathrm{d}\,x}\, g(x)\Big|_{x\,=\,x_0}\right).$$

Man nennt $f'\big(g(x_0)\big)$ die *äußere Ableitung* und $g'(x_0)$ die *innere Ableitung*.

2.2.4 Merkspruch zur Kettenregel. *Die Ableitung einer Komposition ergibt sich als äußere Ableitung mal innere Ableitung.*

2.2.5 Ableitungen von Standardfunktionen. Die Ableitungen vieler gebräuchlicher Funktionen findet man in Tabellenwerken wie etwa dem von Bronstein. Besonders fundamental sind die folgenden:

$f(x)$	x^a	e^x	$\ln\lvert x\rvert$	b^x	$\sin x$	$\cos x$
$\frac{\mathrm{d}}{\mathrm{d}x} f(x)$	$a\cdot x^{a-1}$	e^x	$\frac{1}{x}$	$(\ln b)b^x$	$\cos x$	$-\sin x$
DGL	$x f' = a f$	$f' = f$	$x f' = 1$	$f' = c f$	$f'' = -f$	

$f(x)$	$\tan x$	$\arctan x$	$\sinh x = \frac{\mathrm{e}^x - \mathrm{e}^{-x}}{2}$	$\cosh x$
$\frac{\mathrm{d}}{\mathrm{d}x} f(x)$	$\frac{1}{(\cos x)^2}$	$\frac{1}{1+x^2}$	$\cosh x = \frac{\mathrm{e}^x + \mathrm{e}^{-x}}{2}$	$\sinh x$
DGL	$f' = 1 + f^2$		$f'' = f$	

Hier sind a und b reelle Konstanten mit $a \neq 0,\ b > 0$; und $c := \ln b$.

2.2.6 Bemerkung. Die Funktionen in der Tabelle lösen die jeweils dazu angegebenen (recht grundlegenden) Differentialgleichungen. Dies mag als weitere Rechtfertigung für die Auswahl dienen.

Im Weiteren berechnen wir die in der Tabelle aufgeführten Ableitungen, und zeigen, wie man mit Hilfe der Tabelle die Ableitungen weiterer Funktionen ermittelt. Dabei werden wir die beiden fundamentalen Resultate über die Ableitungen

$$\frac{\mathrm{d}}{\mathrm{d}\,x}\exp x = \exp x \quad \text{und} \quad \frac{\mathrm{d}}{\mathrm{d}\,x}\ln x = \frac{1}{x}$$

verwenden.

Um dies zu beweisen, benutzen Mathematiker die *Reihenentwicklung*

$$\mathrm{e}^x = \exp x = \sum_{n=0}^{\infty} \frac{1}{n!}\, x^n$$

und „differenzieren *gliedweise*“:

$$\frac{\mathrm{d}}{\mathrm{d}\,x}\exp x = \sum_{n=0}^{\infty} \frac{n}{n!}\, x^{n-1} \underset{[k:=n-1]}{=} \sum_{k=0}^{\infty} \frac{1}{k!}\, x^k = \exp x\,.$$

Dass sich bei der gliedweisen Differentiation von Potenzreihen das Richtige ergibt, ist nicht selbstverständlich: Der Beweis ist nicht ganz einfach, und benutzt die absolute Konvergenz der Potenzreihe.

Analog beweist man $\sin' = \cos$ und $\cos' = -\sin$ mit Hilfe von

$$\sin x = \sum_{n=0}^{\infty} (-1)^n \frac{1}{(2\,n+1)!}\, x^{2\,n+1} \quad \text{und} \quad \cos x = \sum_{n=0}^{\infty} (-1)^n \frac{1}{(2\,n)!}\, x^{2\,n}\,.$$

Die Ableitung von ln erhält man mit Hilfe des Satzes 2.3.1.

Wir erinnern an die Definition der allgemeinen Potenzen:

2.2.7 Definition. Es seien $a, b \in \mathbb{R}$ mit $b > 0$. Man setzt $b^a := \mathrm{e}^{a \ln b}$.

Daraus ergeben sich (mit Hilfe der Funktionalgleichung für die Exponentialfunktion, siehe 1.14.12) die *Potenzgesetze*:

$$b^{a+c} = b^a\, b^c \qquad \text{und} \qquad (b^a)^c = b^{(ac)}$$

2.2.8 Bemerkung. Man bevorzugt die Eulersche Zahl e als Basis für Potenzen, weil die Funktion $x \mapsto \mathrm{e}^x$ mit ihrer eigenen Ableitung übereinstimmt.

2.2.9 Beispiel. Es sei $f\colon (0,+\infty) \to \mathbb{R}\colon x \mapsto x^a$ die Potenzfunktion. Wir berechnen die Ableitung mit der *Kettenregel*:

$$\begin{aligned}
\tfrac{\mathrm{d}}{\mathrm{d}x} x^a &= \tfrac{\mathrm{d}}{\mathrm{d}x} \exp(a \ln x) \\
&= \exp(a \ln x) \cdot \tfrac{\mathrm{d}}{\mathrm{d}x}(a \ln x) && \left[\text{wg. } \tfrac{\mathrm{d}}{\mathrm{d}x} \exp x = \exp x\right] \\
&= \exp(a \ln x) \cdot a \cdot \tfrac{\mathrm{d}}{\mathrm{d}x} \ln x && = \exp(a \ln x) \cdot a \cdot \tfrac{1}{x} \\
&= a \cdot \exp(a \ln x) \cdot \exp(-\ln x) && = a \cdot \exp(a \ln x - \ln x) \\
& && = a \cdot \exp\big((a-1) \ln x\big) \quad = \quad a\, x^{a-1}.
\end{aligned}$$

2.2.10 Beispiel. Es sei $f\colon \mathbb{R} \to \mathbb{R}\colon x \mapsto b^x$ mit $b > 0$. Wegen $b^x = \exp(x \ln b)$ erhalten wir:

$$\begin{aligned}
f'(x) \;=\; \tfrac{\mathrm{d}}{\mathrm{d}x} \exp(x \ln b) \;&=\; \exp(x \ln b) \cdot \tfrac{\mathrm{d}}{\mathrm{d}x}(x \ln b) \\
&=\; \exp(x \ln b) \cdot \ln b \;=\; b^x \cdot \ln b\,.
\end{aligned}$$

2.2.11 Beispiel. Die Ableitung von $\tan\colon \left(-\frac{\pi}{2}, \frac{\pi}{2}\right) \to \mathbb{R}\colon x \mapsto \frac{\sin x}{\cos x}$ bestimmen wir mit der Quotientenregel:

$$\frac{\mathrm{d}}{\mathrm{d}x} \frac{\sin x}{\cos x} = \frac{\sin' x \cdot \cos x - \sin x \cdot \cos' x}{(\cos x)^2} = \frac{(\cos x)^2 + (\sin x)^2}{(\cos x)^2} = \frac{1}{(\cos x)^2}\,.$$

2.2.12 Beispiel. Der *Sinus hyperbolicus* ist definiert als

$$\sinh x := \frac{1}{2}\left(\mathrm{e}^x - \mathrm{e}^{-x}\right),$$

der *Cosinus hyperbolicus* als

$$\cosh x := \frac{1}{2}\left(\mathrm{e}^x + \mathrm{e}^{-x}\right).$$

Man rechnet direkt nach:

$$\begin{aligned}
\tfrac{\mathrm{d}}{\mathrm{d}x} \sinh x &= \tfrac{1}{2}\big(\mathrm{e}^x - (-\mathrm{e}^{-x})\big) = \cosh x \\
\text{und} \quad \tfrac{\mathrm{d}}{\mathrm{d}x} \cosh x &= \tfrac{1}{2}\big(\mathrm{e}^x + (-\mathrm{e}^{-x})\big) = \sinh x\,.
\end{aligned}$$

2.2.13 Beispiele. Die Kettenregel liefert

1. $\dfrac{\mathrm{d}}{\mathrm{d}\,x}\,\mathrm{e}^{\sin x} = \mathrm{e}^{\sin x}\,\cos x\,.$
2. $\dfrac{\mathrm{d}}{\mathrm{d}\,x}\,\sin(\mathrm{e}^x) = \cos(\mathrm{e}^x)\cdot\mathrm{e}^x\,.$

Zweimalige Anwendung der Kettenregel:

3. $\dfrac{\mathrm{d}}{\mathrm{d}\,x}\,\ln\Big(1+(1+x^2)^4\Big) = \dfrac{1}{1+(1+x^2)^4}\cdot 4\,(1+x^2)^3\cdot 2\,x\,.$

   $\Big[\ln\Big(1+(1+x^2)^4\Big) = \ln\Big(q(p(x))\Big)$ mit $q(x) := 1+x^4$ und $p(x) := 1+x^2\,.\quad\Big]$

   Die Zerlegung als Produkt von drei Faktoren, die wir hier erhalten, ist *sehr* wertvoll, wenn man nach Nullstellen der Ableitung sucht.
   Man könnte hier natürlich auch $1+(1+x^2)^4 = 2+4\,x^2+6\,x^4+4\,x^6+x^8$ ausmultiplizieren und dann die Kettenregel nur einmal anwenden, die Faktoren muss man dann aber mühsam suchen.

2.2.14 Höhere Ableitungen. So lange die Ableitungsfunktion jeweils wieder differenzierbar ist, kann man induktiv definieren:

$$f^{(n)}(x) := \frac{\mathrm{d}}{\mathrm{d}\,x}\,f^{(n-1)}(x)\,,\qquad \text{man schreibt auch}\qquad \left(\frac{\mathrm{d}}{\mathrm{d}\,x}\right)^n f(x) := f^{(n)}(x)\,.$$

Dabei setzt man $f^{(0)} := f\,.$
Man nennt $f\colon I\to\mathbb{R}$ *stetig differenzierbar in* I, wenn f differenzierbar und f' stetig in I ist. Die Funktion f heißt (mindestens) n*-mal stetig differenzierbar in* I, wenn die höheren Ableitungen $f^{(j)}$ für $0 \leqq j \leqq n$ existieren und $f^{(n)}$ stetig ist.
Ist f für jedes $n\in\mathbb{N}$ mindestens n-mal stetig differenzierbar, so nennt man f *beliebig oft differenzierbar* (manche nennen solche Funktionen auch unendlich oft differenzierbar).

Jedes Polynom ist differenzierbar, die Ableitungsfunktion ist wieder ein Polynom: Also ist jedes Polynom beliebig oft differenzierbar (nach einer gewissen Anzahl von Ableitungsschritten passiert aber nichts allzu Aufregendes mehr …)
Die Exponentialfunktion und die Winkelfunktionen sin und cos sind weitere Beispiele für beliebig oft differenzierbare Funktionen.

2.2.15 Beispiel. Wiederholtes Differenzieren liefert (für alle $n \in \mathbb{N}$):

1. $\left(\frac{\mathrm{d}}{\mathrm{d}\,x}\right)^n (x^2\,\mathrm{e}^x) = \left(x^2 + 2\,n\,x + n\,(n-1)\right)\mathrm{e}^x .$

[Wir gehen induktiv vor: Die Produktregel liefert

$$\begin{aligned}\left(\frac{\mathrm{d}}{\mathrm{d}\,x}\right)^1 (x^2\,\mathrm{e}^x) &= x^2\left(\frac{\mathrm{d}}{\mathrm{d}\,x}\,\mathrm{e}^x\right) + \left(\frac{\mathrm{d}}{\mathrm{d}\,x}\,x^2\right)\mathrm{e}^x \\ &= x^2\,\mathrm{e}^x + 2\,x\,\mathrm{e}^x = (x^2 + 2\,x)\,\mathrm{e}^x .\end{aligned}$$

Dies ist unser Induktionsanfang.
Für den Induktionsschritt berechnen wir

$$\begin{aligned}\left(\frac{\mathrm{d}}{\mathrm{d}\,x}\right)^{n+1} (x^2\,\mathrm{e}^x) &= \frac{\mathrm{d}}{\mathrm{d}\,x}\left(\frac{\mathrm{d}}{\mathrm{d}\,x}\right)^n (x^2\,\mathrm{e}^x) \\ &= \frac{\mathrm{d}}{\mathrm{d}\,x}\left(\left(x^2 + 2\,n\,x + n\,(n-1)\right)\mathrm{e}^x\right) \qquad [\text{(IV)}] \\ &= (x^2 + 2\,n\,x + n\,(n-1))\,\mathrm{e}^x + (2\,x + 2\,n)\,\mathrm{e}^x \\ &= \left(x^2 + 2\,(n+1)\,x + (n+1)\,n\right)\mathrm{e}^x .\end{aligned}$$

]

2. $\left(\frac{\mathrm{d}}{\mathrm{d}\,x}\right)^n \ln x = \frac{(-1)^{n-1}\,(n-1)!}{x^n}$ (hier ist $x > 0$ angenommen).

2.2.16 Bemerkung. Für jedes $n \in \mathbb{N}_0$ bildet die Menge $C^n(I)$ aller n-mal stetig differenzierbaren Funktionen auf dem Intervall I einen wichtigen *Untervektorraum* im Raum $C^0(I)$ aller stetigen Funktionen von I nach $\mathbb{R}$. Man schreibt

$$C^\infty(I) := \bigcap_{n \in \mathbb{N}} C^n(I)$$

für den Raum aller beliebig oft differenzierbaren Funktionen.
Der Differentialoperator $\frac{\mathrm{d}}{\mathrm{d}\,x}$ liefert jeweils eine *surjektive lineare Abbildung*

$$\frac{\mathrm{d}}{\mathrm{d}\,x} : C^n(I) \to C^{n-1}(I) ,$$

der Kern dieser Abbildung besteht genau aus den konstanten Funktionen.

2.3 Differentiation von Umkehrfunktionen

2.3.1 Satz. *Es sei* $f\colon [a,b] \to \mathbb{R}$ *streng monoton und stetig. Dann existiert die Umkehrabbildung* $f^{-1}\colon f([a,b]) \to [a,b]$ *nach 1.13.11.*
Ist f *in* $x_0 \in (a,b)$ *differenzierbar mit* $f'(x_0) \neq 0$*, so ist* f^{-1} *differenzierbar in* $f(x_0)$*, und es gilt*

$$\frac{\mathrm{d}}{\mathrm{d}y} f^{-1}(y)\bigg|_{y = f(x_0)} = \frac{1}{f'(x_0)}\,.$$

Vorsicht: Man darf die Umkehrfunktion f^{-1} nicht mit der Funktion $\frac{1}{f}$ verwechseln: Nach der Quotientenregel hat die Letztere die Ableitung

$$\frac{\mathrm{d}}{\mathrm{d}x} \frac{1}{f(x)}\bigg|_{x = x_0} = \frac{-f'(x_0)}{f(x_0)^2}\,.$$

Geometrischer Beweis der Differentiationsregel für Umkehrfunktionen.
Den Graphen der Umkehrfunktion erhält man durch Spiegeln des Graphen von f an der Winkelhalbierenden. Dabei wird die Tangente (an f) im Punkt $(x_0, f(x_0))$ in die Tangente (an f^{-1}) im Punkt $(f(x_0), x_0)$ übergeführt.

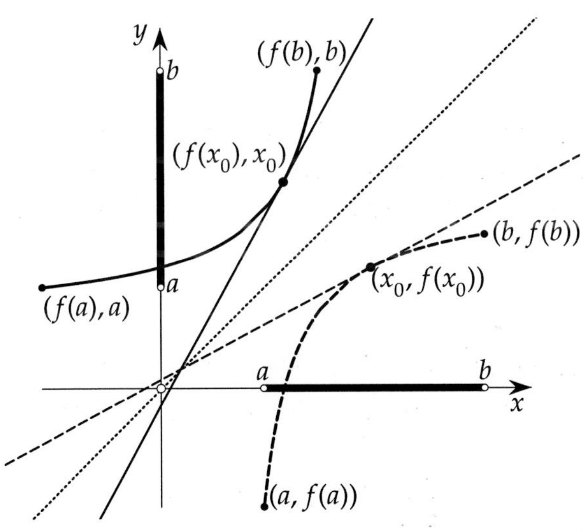

Wir sollten also die Steigung m einer Geraden

$$g = \{(x, y) \in \mathbb{R}^2 \mid y = m\,x + t\}$$

mit der Steigung m^* des Spiegelbildes

$$g^* = \{(x, y) \in \mathbb{R}^2 \mid y = m^*\,x + t^*\}$$

von g in Bezug bringen. Dazu spiegeln wir die Punkte $(0, t), (1, m + t) \in g$ und erhalten g^* als Verbindungsgerade von $(t, 0)$ und $(m + t, 1)$: Wir lösen das Gleichungssystem

$$\begin{array}{llcccc} m^* & t & + & t^* & = & 0 \\ m^* & (m+t) & + & t^* & = & 1 \end{array}$$

und erhalten $m^* = \frac{1}{m}$ sowie $t^* = -\frac{t}{m}$.
Damit erhalten wir:
Aus der Steigung $f'(x_0)$ der Tangente an f in $\big(x_0, f(x_0)\big)$ wird die Steigung

$$\frac{\mathrm{d}}{\mathrm{d}\,y}\; f^{-1}(y)\Big|_{y=f(x_0)} = \frac{1}{f'(x_0)}$$

der Tangente an f^{-1} im Punkt $\big(f(x_0), x_0\big)$. □

Der geometrische Beweis ist anschaulich, hat aber das Manko, dass die Differenzierbarkeit der Umkehrfunktion (d.h. die Existenz der Tangente) bereits vorausgesetzt wird.
Deswegen stellen wir auch das Argument aus der Analysis vor:

Analytischer Beweis der Differentiationsregel für Umkehrfunktionen.
Nach dem Zwischenwertsatz 1.13.6 ist $f([a, b])$ ein Intervall, nämlich

$$f([a,b]) = \begin{cases} [f(a), f(b)] & \text{falls } f \text{ monoton steigend,} \\ [f(b), f(a)] & \text{falls } f \text{ monoton fallend.} \end{cases}$$

Es sei $(y_n)_{n\in\mathbb{N}}$ eine Folge in $f([a, b])$, die gegen $y_0 := f(x_0)$ konvergiert. Da f^{-1} stetig ist, konvergiert die Folge $(x_n)_{n\in\mathbb{N}} := \big(f^{-1}(y_n)\big)_{n\in\mathbb{N}}$ gegen $x_0 = f^{-1}(y_0) = f^{-1}\big(f(x_0)\big)$.

Da f in x_0 differenzierbar ist, gilt $\lim\limits_{n\to+\infty} \dfrac{f(x_n)-f(x_0)}{x_n-x_0} = f'(x_0)$.

Aus $$\frac{f^{-1}(y_n)-f^{-1}(y_0)}{y_n-y_0} = \frac{x_n-x_0}{f(x_n)-f(x_0)}$$ folgt jetzt

$$\lim_{n\to+\infty} \frac{f^{-1}(y_n)-f^{-1}(y_0)}{y_n-y_0} = \lim_{n\to+\infty} \frac{x_n-x_0}{f(x_n)-f(x_0)} = \frac{1}{f'(x_0)}.$$

Da dieser Schluss für jede gegen y_0 konvergente Folge in $f([a,b])$ gilt, haben wir damit nachgewiesen:

$$(f^{-1})'(y_0) = \lim_{y\to y_0} \frac{f^{-1}(y)-f^{-1}(y_0)}{y-y_0} = \frac{1}{f'(x_0)}.$$ □

2.3.2 Beispiel.
Die Funktion $f\colon x \mapsto \sin x$ ist im Intervall $\left[-\frac{\pi}{2}, \frac{\pi}{2}\right]$ streng monoton wachsend und stetig, außerdem differenzierbar im Innern des Intervalls mit $f'(x) = \cos x \neq 0$ für alle $x \in \left(-\frac{\pi}{2}, \frac{\pi}{2}\right)$.

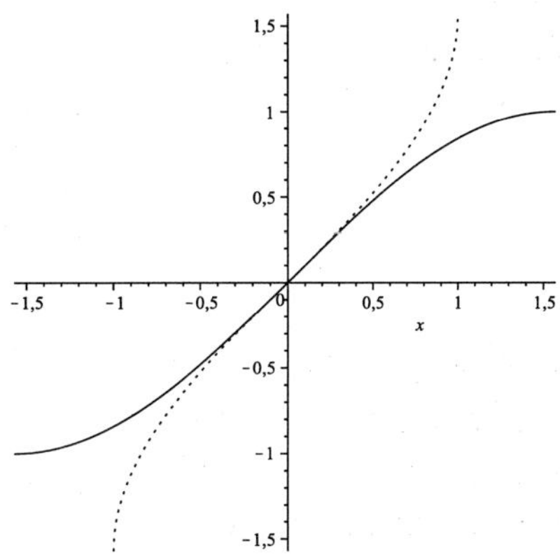

Deswegen existiert die Umkehrfunktion

$$f^{-1}\colon [-1,1] \to \left[-\tfrac{\pi}{2}, \tfrac{\pi}{2}\right] : x \mapsto \arcsin x.$$

Satz 2.3.1 ergibt für $y_0 = \sin(x_0)$:

$$\frac{d}{dy} \arcsin y\Big|_{y=y_0} = \frac{1}{\frac{d}{dx} \sin x\Big|_{x=x_0}} = \frac{1}{\cos x_0} = \frac{1}{\sqrt{1-(\sin x_0)^2}} = \frac{1}{\sqrt{1-y_0^2}}.$$

[Hier benutzen wir, dass wegen $x_0 \in \left[-\frac{\pi}{2}, \frac{\pi}{2}\right]$ stets $\cos(x_0) \geqq 0$ gilt.]

Wir haben damit gezeigt: Die Umkehrfunktion *Arcussinus* (arcsin) des Sinus ist definiert im Intervall $[-1,1]$ und differenzierbar im Innern $(-1,1)$ dieses Intervalls, dort gilt

$$\frac{d}{dx} \arcsin x = \frac{1}{\sqrt{1-x^2}}.$$

2.3.3 Beispiel. Der Sinus hyperbolicus $\sinh\colon \mathbb{R} \to \mathbb{R}$ ist streng monoton wachsend, stetig und weder nach oben noch nach unten beschränkt, also invertierbar. Die Umkehrfunktion heißt *Areasinus hyperbolicus*, bezeichnet mit arsinh.

Aus
$$(\sinh x)^2 = \left(\frac{1}{2}\left(e^x - e^{-x}\right)\right)^2 = \frac{1}{4}\left(e^{2x} - 2 + e^{-2x}\right)$$
$$(\cosh x)^2 = \left(\frac{1}{2}\left(e^x + e^{-x}\right)\right)^2 = \frac{1}{4}\left(e^{2x} + 2 + e^{-2x}\right)$$
ergibt sich die Beziehung
$$(\cosh x)^2 - (\sinh x)^2 = 1\,.$$

Damit erhalten wir die Ableitung von arsinh bei $y_0 = \sinh x_0$ als
$$\frac{d}{dy}\ \operatorname{arsinh} y\Big|_{y=y_0} = \frac{1}{\sinh' x_0} = \frac{1}{\cosh x_0} = \frac{1}{\sqrt{1 + (\sinh x_0)^2}} = \frac{1}{\sqrt{1 + y_0^2}}\,.$$

Wir haben damit eingesehen:
$$\operatorname{arsinh}' x = \frac{1}{\sqrt{1 + x^2}}\,.$$

Mit analogen Methoden zeigt man:

2.3.4 Beispiele.
Die Umkehrfunktion von $\tan\colon (-\frac{\pi}{2}, \frac{\pi}{2}) \to \mathbb{R}$ ist $\arctan\colon \mathbb{R} \to (-\frac{\pi}{2}, \frac{\pi}{2})$. Es gilt:
$$\arctan' x = \frac{1}{1 + x^2}\,.$$

[Satz 2.3.1 ergibt $\arctan' y_0 = \frac{1}{\tan' x_0}$ für $y_0 = \tan x_0$, dabei gilt
$$\tan' x_0 = \frac{1}{(\cos x_0)^2} = \frac{(\sin x_0)^2 + (\cos x_0)^2}{(\cos x_0)^2} = (\tan x_0)^2 + 1\,,$$
also $\arctan' y_0 = \frac{1}{(\tan x_0)^2 + 1} = \frac{1}{y_0^2 + 1}$.]

Die Umkehrfunktion $\ln\colon \mathbb{R}^+ \to \mathbb{R}$ der Exponentialfunktion $\exp\colon \mathbb{R} \to \mathbb{R}^+$ hat die Ableitung

$$\ln'(x) = \frac{1}{x}\,.$$

[Satz 2.3.1 ergibt $\ln' y_0 = \frac{1}{\exp' x_0}$ für $y_0 = \exp x_0$.
Mit $\exp' x_0 = \exp x_0$ erhalten wir $\ln' y_0 = \frac{1}{\exp x_0} = \frac{1}{y_0}$.]

Diese Ergebnisse sind sehr wertvoll beim Integrieren.

2.4 Der Mittelwertsatz

2.4.1 Definitionen. Es sei $f\colon D \to \mathbb{R}$ mit $D \subseteqq \mathbb{R}$, und $x_0 \in D$.

1. Die Funktion f besitzt in x_0 ein *lokales Minimum* (oder *relatives Minimum*) $(x_0, f(x_0))$, wenn es eine Umgebung $U_\varepsilon(x_0)$ so gibt, dass gilt:

$$\forall\, x \in U_\varepsilon(x_0) \cap D\colon\ f(x_0) \leqq f(x)\,.$$

2. Die Funktion f besitzt in x_0 ein *lokales* (oder *relatives*) *Maximum* $(x_0, f(x_0))$, wenn es eine Umgebung $U_\varepsilon(x_0)$ so gibt, dass gilt:

$$\forall\, x \in U_\varepsilon(x_0) \cap D\colon\ f(x) \leqq f(x_0)\,.$$

3. Man nennt $(x_0, f(x_0))$ ein *lokales Extremum*, wenn $(x_0, f(x_0))$ lokales Minimum oder Maximum ist.
In diesem Fall heißt x_0 *lokale Extremalstelle* von f.
4. Kann man $U_\varepsilon(x_0)$ durch D ersetzen, so heißt das Extremum (das Minimum/Maximum) *global* (oder auch *absolut*). In diesem Fall gilt $f(x_0) = \min\{f(x) \mid x \in D\}$ bzw. $f(x_0) = \max\{f(x) \mid x \in D\}$.

Bei jedem Extremum einer *differenzierbaren* Funktion muss die Tangente waagrecht liegen, und also die Ableitung verschwinden:

2.4.2 Lemma. *Es sei I ein Intervall und $f\colon I \to \mathbb{R}$. Ist x_0 ein innerer Punkt von I derart, dass f in x_0 ein lokales Extremum aufweist und f in x_0 differenzierbar ist, so gilt $f'(x_0) = 0$.*

Beweis. Es liege etwa in x_0 ein lokales Minimum vor. Dann gibt es also $U_\varepsilon(x_0)$ derart, dass für alle $x \in U_\varepsilon(x_0)$ gilt: $f(x) \geqq f(x_0)$, also $f(x) - f(x_0) \geqq 0$ und damit

$$x < x_0 \implies \frac{f(x) - f(x_0)}{x - x_0} \leqq 0,$$

$$x > x_0 \implies \frac{f(x) - f(x_0)}{x - x_0} \geqq 0.$$

Wegen der Differenzierbarkeit von f existieren die Grenzwerte

$$\lim_{x \to x_0 - 0} \frac{f(x) - f(x_0)}{x - x_0} \leqq 0$$

$$\lim_{x \to x_0 + 0} \frac{f(x) - f(x_0)}{x - x_0} \geqq 0.$$

Da beide mit $f'(x_0)$ übereinstimmen, folgt $f'(x_0) = 0$. □

2.4.3 Satz von Rolle. Es sei $a < b$. Die Funktion $f\colon [a, b] \to \mathbb{R}$ sei stetig in $[a, b]$ und differenzierbar in (a, b). Ferner sei $f(a) = f(b)$. Dann gibt es eine Stelle $\xi \in (a, b)$ mit $f'(\xi) = 0$.

Beweis. Nach dem Satz vom Minimum und Maximum 1.13.12 besitzt f im Intervall $[a, b]$ sowohl ein absolutes Minimum als auch ein absolutes Maximum. Wegen $f(a) = f(b)$ liegt auch ein absolutes Extremum bei einer Stelle ξ im Innern des Intervalls.

[Man muss über den Fall nachdenken, dass das zunächst gefundene absolute Extremum am Rand liegt: Dann besitzt f in a und b ein absolutes Minimum (bzw. Maximum), aber *kein* Maximum (bzw. Minimum) — außer in dem langweiligen Fall, dass die Funktion überhaupt konstant ist. Wir finden das Maximum (bzw. das Minimum) im Innern des Intervalls.]

Nach 2.4.2 ist $f'(\xi) = 0$. □

2.4.4 Mittelwertsatz der Differentialrechnung.

Es sei $f\colon [a, b] \to \mathbb{R}$ stetig und in (a, b) differenzierbar. Dann gibt es ein $\xi \in (a, b)$ mit $f'(\xi) = \dfrac{f(b) - f(a)}{b - a}$.

Beweis. Wir betrachten die Hilfsfunktion

$$h(x) := f(b) - f(x) - \frac{f(b) - f(a)}{b - a}(b - x).$$

Nach den Stetigkeitsregeln 1.12.4 ist h in $[a,b]$ stetig, nach den Ableitungsregeln 2.2.1 ist h in (a,b) differenzierbar. Wegen

$$\begin{aligned} h(a) &= f(b) - f(a) - \frac{f(b) - f(a)}{b - a}(b - a) = 0 \\ h(b) &= f(b) - f(b) - \frac{f(b) - f(a)}{b - a}(b - b) = 0 \end{aligned}$$

ist auf h der Satz von Rolle anwendbar. Es gibt demnach $\xi \in (a,b)$ mit $h'(\xi) = 0$. Andererseits gilt

$$h'(x) = -f'(x) + \frac{f(b) - f(a)}{b - a},$$

aus $h'(\xi) = 0$ folgt also $f'(\xi) = \frac{f(b)-f(a)}{b-a}$, wie verlangt. □

2.4.5 Bemerkungen. **1.** Geometrisch interpretiert, sagt der Mittelwertsatz das Folgende: Es gibt im Innern des Intervalls $[a,b]$ eine Stelle, an der die Tangente die gleiche Steigung hat wie die *Sekante*, die die Punkte $(a, f(a))$ und $(b, f(b))$ verbindet.

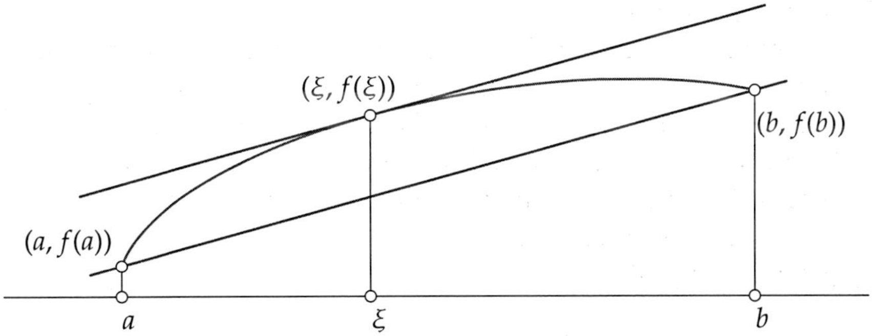

2. Der Satz von Rolle ist ein Spezialfall des Mittelwertsatzes. Man beweist ihn aber zuerst separat, weil er beim Beweis des Mittelwertsatzes hilfreich ist.

3. Die Kennzeichnung konstanter Funktionen durch das Verschwinden der Ableitung (siehe 2.1.6) kann man durch Anwendung des Mittelwertsatzes *beweisen*: Wäre die dort betrachtete differenzierbare Funktion $f\colon (a,b) \to \mathbb{R}$ trotz verschwindender Ableitung nicht konstant, so gäbe es Stellen $c,d \in (a,b)$ mit $c < d$ und $f(c) \neq f(d)$, und dann nach dem Mittelwertsatz ein $\xi \in (c,d)$ mit $f'(\xi) = \frac{f(d)-f(c)}{d-c} \neq 0$.

Wir sammeln einige sehr nützliche Folgerungen aus dem Mittelwertsatz:

2.4.6 Funktionen mit gleicher Ableitung.
Es seien $f\colon [a,b] \to \mathbb{R}$ und $g\colon [a,b] \to \mathbb{R}$ beide stetig auf $[a,b]$ und differenzierbar in (a,b). Ferner gelte

$$\forall\, x \in (a,b)\colon \quad f'(x) = g'(x)\,.$$

Dann unterscheiden sich f und g nur um eine additive Konstante: Es gilt

$$\forall\, x \in (a,b)\colon \quad f(x) = g(x) + \big(f(a) - g(a)\big)\,.$$

[Man betrachtet die Differenz $f(x) - g(x)$: Diese hat an jeder Stelle $x_0 \in (a,b)$ die Ableitung $\frac{\mathrm{d}}{\mathrm{d}x}\,(f(x) - g(x))\big|_{x=x_0} = f'(x_0) - g'(x_0) = 0$. Nach 2.1.6 ist also die Differenz $f(x) - g(x)$ konstant auf dem offenen Intervall (a,b), und die (vorausgesetzte) Stetigkeit in den Randpunkten liefert, dass diese konstante Differenz mit $f(a)-g(a)$ und $f(b)-g(b)$ übereinstimmt.]

2.4.7 Kennzeichnung der Polynome.
Eine $(n+1)$-mal differenzierbare Funktion $f\colon \mathbb{R} \to \mathbb{R}$ ist genau dann ein Polynom vom Grad höchstens n, wenn $f^{(n+1)}$ die Nullfunktion ist.
Der Grad des Polynoms ist dann genau n, wenn $f^{(n)}$ noch nicht Null ist.

Mit anderen Worten: Die Polynome vom Grad höchstens n bilden die Lösungsmenge der Differentialgleichung $f^{(n+1)} = 0$.

[Beweis durch Induktion nach n, mit Hilfe von 2.4.6.]

2.4.8 Kennzeichnung monotoner Funktionen.
Die Funktion $f\colon [a,b] \to \mathbb{R}$ sei auf dem Intervall $[a,b]$ stetig und im Innern des Intervalls differenzierbar. Für alle $x \in (a,b)$ gelte $f'(x) < 0$. Dann ist f auf dem Intervall streng monoton fallend.

Schwächt man die Bedingung $f'(x) < 0$ ab zu $f'(x) \leqq 0$, so ist die Funktion jedenfalls monoton fallend.
Die Funktion ist (streng) monoton steigend, wenn ihre Ableitung nie negativ (bzw. immer positiv) ist.

Beweis. Nach dem Mittelwertsatz gibt es für jedes Teilintervall $[x_1, x_2] \subseteqq [a,b]$ (d. h. für $a \leqq x_1 < x_2 \leqq b$) ein $\xi_{x_1,x_2} \in (x_1, x_2)$ so, dass gilt:

$$f'(\xi_{x_1,x_2}) = \frac{f(x_2) - f(x_1)}{x_2 - x_1}.$$

Unsere Voraussetzung liefert $f'(\xi_{x_1,x_2}) < 0$, also $f(x_2) < f(x_1)$.
Dies zeigt die strenge Monotonie unter der zunächst gemachten Voraussetzung $\forall x \in (a,b)\colon f'(x) < 0$. Die schwächere Voraussetzung $f'(x) \leqq 0$ liefert immer noch die Monotonie von f.
Die Fälle mit nicht negativen Ableitungen behandelt man völlig analog. □

Bei der Umkehrung des Satzes ist Vorsicht geboten! Die Bedingung $f'(x) < 0$ ist *hinreichend*, aber nicht notwendig für die strenge Monotonie: Die Ableitung darf Nullstellen haben (wie z. B. bei $x \mapsto x^3$). Diese Nullstellen können sich sogar an einer Stelle häufen (das kommt aber nur bei Funktionen vor, die sich nicht durch eine Potenzreihe beschreiben lassen).

2.4.9 Verallgemeinerter Mittelwertsatz.
Es seien $f\colon [a,b] \to \mathbb{R}$ und $g\colon [a,b] \to \mathbb{R}$ stetige Funktionen auf dem Intervall $[a,b]$, die differenzierbar im Innern des Intervalls sind. Ferner gelte $g'(x) \neq 0$ für alle $x \in (a,b)$. Dann gibt es ein $\xi \in (a,b)$ mit

$$\frac{f'(\xi)}{g'(\xi)} = \frac{f(b) - f(a)}{g(b) - g(a)}.$$

Beweis. Weil g' keine Nullstelle hat, ist die Aussage überhaupt sinnvoll: Es gilt $g(a) \neq g(b)$ [sonst erhielte man einen Widerspruch zum Satz von Rolle]. Wir betrachten die Hilfsfunktion

$$h(x) := f(x) - \frac{f(b) - f(a)}{g(b) - g(a)}\big(g(x) - g(a)\big).$$

Nach den Rechenregeln für Grenzwerte und Ableitungen ist h stetig und differenzierbar.

Am Rand des Intervalls gilt

$$h(a) = f(a) - \frac{f(b)-f(a)}{g(b)-g(a)}\big(g(a)-g(a)\big) = f(a),$$

$$h(b) = f(b) - \frac{f(b)-f(a)}{g(b)-g(a)}\big(g(b)-g(a)\big) = f(a).$$

Die Voraussetzungen des Satzes von Rolle sind also für h erfüllt, es gibt demnach $\xi \in (a,b)$ mit $h'(\xi) = 0$. Aus

$$0 = h'(\xi) = f'(\xi) - \frac{f(b)-f(a)}{g(b)-g(a)}\, g'(\xi)$$

folgt jetzt die Behauptung. □

2.5 Die Regel von l'Hospital

Wir stellen eine Methode vor, mit der man viele Funktionsgrenzwerte der Form „$\frac{0}{0}$" oder „$\frac{\infty}{\infty}$" bestimmen kann.
Dabei betrachten wir sowohl Grenzwerte an Stellen c im Innern eines Definitionsintervalls (a,b) als auch das Verhalten an den Rändern, und wir lassen auch $a = -\infty$ oder $b = +\infty$ zu.

2.5.1 Regel von l'Hospital.
Die reellwertigen Funktionen f und g seien definiert, stetig und differenzierbar in allen Punkten von (a,b) außer eventuell einem einzigen Punkt c. Für alle x im Definitionsbereich sei $g'(x) \neq 0$. Wir betrachten die folgenden Fälle:

$\boldsymbol{N_a}$ $\lim\limits_{x\searrow a} f(x) = 0 = \lim\limits_{x\searrow a} g(x)$	$\boldsymbol{U_a}$ $\lim\limits_{x\searrow a} f(x) = +\infty = \lim\limits_{x\searrow a} g(x)$
$\boldsymbol{N_b}$ $\lim\limits_{x\nearrow b} f(x) = 0 = \lim\limits_{x\nearrow b} g(x)$	$\boldsymbol{U_b}$ $\lim\limits_{x\nearrow b} f(x) = +\infty = \lim\limits_{x\nearrow b} g(x)$
$\boldsymbol{N_c}$ $\lim\limits_{x\to c} f(x) = 0 = \lim\limits_{x\to c} g(x)$	$\boldsymbol{U_c}$ $\lim\limits_{x\to c} f(x) = +\infty = \lim\limits_{x\to c} g(x)$

Aus der Existenz des Grenzwerts

$$\rho_a := \lim_{x \searrow a} \frac{f'(x)}{g'(x)} \quad \textit{bzw.} \quad \rho_b := \lim_{x \nearrow b} \frac{f'(x)}{g'(x)} \quad \textit{bzw.} \quad \rho_c := \lim_{x \to c} \frac{f'(x)}{g'(x)}$$

folgt dann jeweils auch

$$\lim_{x \searrow a} \frac{f(x)}{g(x)} = \rho_a \quad \textit{bzw.} \quad \lim_{x \nearrow b} \frac{f(x)}{g(x)} = \rho_b \quad \textit{bzw.} \quad \lim_{x \to c} \frac{f(x)}{g(x)} = \rho_c \,.$$

Aus der *Existenz* von $\lim \frac{f'(x)}{g'(x)}$ folgt in diesen Fällen ($\mathbf{N}_a$, $\mathbf{N}_b$, $\mathbf{N}_c$, $\mathbf{U}_a$, $\mathbf{U}_b$, $\mathbf{U}_c$) also nicht nur die Konvergenz, sondern auch die *Gleichheit* der Grenzwerte $\lim \frac{f(x)}{g(x)} = \lim \frac{f'(x)}{g'(x)}$.
Die Regel von l'Hospital lässt sich auch erweitern auf Probleme der Form „$\frac{-\infty}{+\infty}$", „$\frac{+\infty}{-\infty}$" oder „$\frac{-\infty}{-\infty}$": Man kann ja einen Faktor „-1" vor den Grenzwert ziehen. Auch in diesen Fällen folgt dann aus der Existenz des Grenzwerts $\lim \frac{f'(x)}{g'(x)}$ die Gleichheit $\lim \frac{f(x)}{g(x)} = \lim \frac{f'(x)}{g'(x)}$ (vgl. 2.5.8).

Beweis der Regel von l'Hospital. Wir betrachten zuerst die Situation $\mathbf{N}_a$, und zwar für $a \in \mathbb{R}$. Wegen der Existenz der Grenzwerte können wir f und g stetig auf das Intervall $[a, b)$ fortsetzen. Nach dem verallgemeinerten Mittelwertsatz 2.4.9 gibt es zu jedem $x \in (a, b)$ ein $\xi_x \in (a, x)$ mit

$$\frac{f'(\xi_x)}{g'(\xi_x)} = \frac{f(x) - f(a)}{g(x) - g(a)} = \frac{f(x)}{g(x)},$$

die letzte Gleichheit gilt wegen $f(a) = 0 = g(a)$ [$\mathbf{N}_a$]. Wir gehen zu Grenzwerten über: Für $x \searrow a$ gilt auch $\xi_x \searrow a$ und dann

$$\lim_{x \searrow a} \frac{f'(\xi_x)}{g'(\xi_x)} = \lim_{x \searrow a} \frac{f(x)}{g(x)}\,.$$

Den Fall $\mathbf{N}_b$ mit $b \in \mathbb{R}$ kann man analog behandeln.

Die Übertragung auf $a = -\infty$ bzw. $b = +\infty$ kann man wie in 1.12.2 bewerkstelligen, ebenso den Übergang von $\mathbf{N}_a$ oder $\mathbf{N}_b$ zu $\mathbf{U}_a$ bzw. $\mathbf{U}_b$.

Für $\mathbf{N}_c$ oder $\mathbf{U}_c$ schließlich betrachtet man erst einseitige Grenzwerte der Einschränkungen auf (a, c) bzw. (c, b) und beachtet dann, dass diese einseitigen Grenzwerte übereinstimmen [wegen der Stetigkeit in c]. □

2.5.2 Beispiel. Der Grenzwert $\lim\limits_{x\to 1}\frac{x^2+x-2}{x^2-1}$ ist von der Form „$\frac{0}{0}$“ (genauer: es liegt Situation $\mathbf{N}_c$ mit $c=1$ vor). Die Konvergenz

$$\lim_{x\to 1}\frac{\frac{\mathrm{d}}{\mathrm{d}x}(x^2+x-2)}{\frac{\mathrm{d}}{\mathrm{d}x}(x^2-1)}=\lim_{x\to 1}\frac{2x+1}{2x}=\frac{3}{2}$$

liefert nach der Regel von l'Hospital auch

$$\lim_{x\to 1}\frac{x^2+x-2}{x^2-1}=\frac{3}{2}\,.$$

Wir könnten diesen Grenzwert auch leicht durch Vereinfachung bestimmen:

$$\frac{x^2+x-2}{x^2-1}=\frac{(x-1)(x+2)}{(x-1)(x+1)}=\frac{(x+2)}{(x+1)}\quad\xrightarrow[x\to 1]{}\quad\frac{3}{2}\,.$$

2.5.3 Beispiel. Auch der Grenzwert $\lim\limits_{x\to 0}\frac{\ln(\cos x)}{x}$ ist von der Form „$\frac{0}{0}$“ (es liegt Situation $\mathbf{N}_c$ mit $c=0$ vor). Die Regel von l'Hospital führt uns auf

$$\lim_{x\to 0}\frac{\ln(\cos x)}{x}=\lim_{x\to 0}\frac{\frac{1}{\cos x}\cdot(-\sin x)}{1}=0\,.$$

2.5.4 Beispiel. Mit $\lim\limits_{x\to 0}\frac{1-\cos(3x)}{1-\cos x}$ liegt noch einmal der Fall „$\frac{0}{0}$“ vor. Die Regel von l'Hospital führt nicht unmittelbar zum Erfolg: Auch

$$\lim_{x\to 0}\frac{\frac{\mathrm{d}}{\mathrm{d}x}(1-\cos(3x))}{\frac{\mathrm{d}}{\mathrm{d}x}(1-\cos x)}=\lim_{x\to 0}\frac{3\sin(3x)}{\sin x}$$

ist von der Form „$\frac{0}{0}$“. Wir wenden das Verfahren noch einmal an:

$$\lim_{x\to 0}\frac{(\frac{\mathrm{d}}{\mathrm{d}x})^2\,(1-\cos(3x))}{(\frac{\mathrm{d}}{\mathrm{d}x})^2\,(1-\cos x)}=\lim_{x\to 0}\frac{\frac{\mathrm{d}}{\mathrm{d}x}(3\sin(3x))}{\frac{\mathrm{d}}{\mathrm{d}x}(\sin x)}=\lim_{x\to 0}\frac{9\cos(3x)}{\cos x}=9\,.$$

2.5.5 Beispiel. Der Grenzwert $\lim\limits_{x\to+\infty}\frac{x^n}{\mathrm{e}^x}$ ist von der Form „$\frac{+\infty}{+\infty}$“: genauer liegt Situation $\mathbf{U}_{+\infty}$ vor. Die Regel von l'Hospital liefert wieder nicht sofort ein Ergebnis:

$$\lim_{x\to+\infty}\frac{\frac{\mathrm{d}}{\mathrm{d}x}(x^n)}{\frac{\mathrm{d}}{\mathrm{d}x}(\mathrm{e}^x)}=\lim_{x\to+\infty}\frac{n\,x^{n-1}}{\mathrm{e}^x}$$

ist (für $n > 1$) immer noch von der Form „$\frac{+\infty}{+\infty}$". Wir müssen das Verfahren n-mal anwenden (also zu n-ten Ableitungen übergehen):

$$\lim_{x\to+\infty} \frac{x^n}{\mathrm{e}^x} = \cdots = \lim_{x\to+\infty} \frac{(\frac{\mathrm{d}}{\mathrm{d}x})^n (x^n)}{(\frac{\mathrm{d}}{\mathrm{d}x})^n (\mathrm{e}^x)} = \lim_{x\to+\infty} \frac{n!}{\mathrm{e}^x} = 0\,.$$

Dabei müssen wir nach jedem Schritt kontrollieren, ob immer noch eine der Situationen $\mathbf{N}_a$, $\mathbf{N}_b$, $\mathbf{N}_c$, $\mathbf{U}_a$, $\mathbf{U}_b$ oder $\mathbf{U}_c$ vorliegt!

2.5.6 Bemerkung. Mit Hilfe der Grenzwertsätze können wir 2.5.5 ausdehnen: *Ist $p(x) \in \operatorname{Pol}\mathbb{R}$ ein beliebiges Polynom, so gilt*

$$\lim_{x\to+\infty} \frac{p(x)}{\mathrm{e}^x} = 0\,.$$

Mit anderen Worten:
Die Exponentialfunktion wächst schließlich stärker als jedes Polynom.

2.5.7 Beispiel. Der Grenzwert $\lim\limits_{x\to0+0} \frac{\sqrt{x}}{\sin x}$ ist von der Form „$\frac{0}{0}$": es liegt Situation $\mathbf{N}_a$ für $a = 0$ vor. Wir berechnen

$$\lim_{x\to0+0} \frac{f'(x)}{g'(x)} = \lim_{x\to0+0} \frac{\frac{1}{2\sqrt{x}}}{\cos x} = +\infty\,.$$

Die Regel von l'Hospital liefert also

$$\lim_{x\to0+0} \frac{\sqrt{x}}{\sin x} = +\infty\,.$$

2.5.8 Beispiel. Ausdrücke der Form „$0\cdot(+\infty)$" oder „$0\cdot(-\infty)$" lassen sich manchmal zurückführen auf Probleme, die mit der Regel von l'Hospital geklärt werden. So ist etwa $\lim\limits_{x\to0+0}(x\ln x) = \lim\limits_{x\to0+0} \frac{\ln x}{\frac{1}{x}}$ von der Form „$\frac{-\infty}{+\infty}$":

Mit $f(x) := \ln x$ und $g(x) := \frac{1}{x}$ berechnen wir $\lim\limits_{x\to0+0} \frac{f'(x)}{g'(x)} = \lim\limits_{x\to0+0} \frac{\frac{1}{x}}{-\frac{1}{x^2}} = \lim\limits_{x\to0+0} \frac{1}{x}\cdot\frac{-x^2}{1} = \lim\limits_{x\to0+0}(-x) = 0$ und erhalten $\lim\limits_{x\to0+0}(x\ln x) = 0$.

2.5.9 Bemerkung. Es gibt Quotienten von Funktionen, bei denen auch durch beliebig häufiges Ableiten von Zähler und Nenner *kein* Grenzwert festzustellen ist.
In solchen Fällen hilft die Regel von l'Hospital nicht weiter.

2.6 Taylorreihen

In vielen technischen oder physikalischen Anwendungen werden „Terme höherer Ordnung" ignoriert, um einfachere (oder überhaupt handhabbare) Formeln zu bekommen. Den Hintergrund (und die Grundlage für eine Kontrolle des entstehenden Fehlers) bietet der folgende Satz.

2.6.1 Satz von Taylor. *Es sei $f\colon [a,b] \to \mathbb{R}$ eine $n+1$ mal stetig differenzierbare Funktion. Dann gibt es für jedes Paar x, x_0 von Zahlen in (a,b) eine Zahl ϑ_{x,x_0} mit*[1] *$0 < \vartheta_{x,x_0} < 1$ so, dass gilt:*

$$f(x) = \left(\sum_{k=0}^{n} \frac{f^{(k)}(x_0)}{k!}(x-x_0)^k\right) + \frac{f^{(n+1)}\big(x_0 + \vartheta_{x,x_0}(x-x_0)\big)}{(n+1)!}(x-x_0)^{n+1}.$$

2.6.2 Definition. Man nennt $T_n(f,x,x_0) := \sum_{k=0}^{n} \frac{f^{(k)}(x_0)}{k!}(x-x_0)^k$ das *Taylorpolynom*[2] der Stufe n um den *Entwicklungspunkt* x_0. Der Term

$$R_n(f,x,x_0) := \frac{f^{(n+1)}\big(x_0 + \vartheta_{x,x_0}(x-x_0)\big)}{(n+1)!}(x-x_0)^{n+1}$$

wird als *Restglied nach Lagrange* bezeichnet.

2.6.3 Bemerkungen.

1. Die Zahl ϑ_{x,x_0} hängt von x und x_0 ab, man könnte ϑ als Abbildung $\vartheta\colon (a,b)\times(a,b) \to (0,1)\colon (x,x_0) \mapsto \vartheta_{x,x_0}$ auffassen.
2. Oft schreibt man $\xi_{x,x_0} := x_0 + \vartheta_{x,x_0}(x-x_0)$.
   Für $x = x_0$ gilt $\xi_{x_0,x_0} = x_0$, sonst liegt ξ_{x,x_0} *zwischen* x und x_0 (also in (x,x_0) bzw. (x_0,x) — je nachdem, welche der Zahlen x, x_0 größer ist).
   Das Restglied hat dann die Gestalt $R_n(f,x,x_0) = \frac{f^{(n+1)}(\xi_{x,x_0})}{(n+1)!}(x-x_0)^{n+1}$.

[1] Auch für $x = x_0$ braucht man nicht $\vartheta_{x,x_0} = 0$ — man kann in diesem Fall ϑ_{x,x_0} sogar ganz beliebig wählen.

[2] Man spricht von der Stufe und nicht vom Grad des Taylorpolynoms, weil der Koeffizient $f^{(n)}(x_0)/n!$ bei $(x-x_0)^n$ zufällig gleich 0 sein könnte — dann ist der Grad des Taylorpolynoms der Stufe n kleiner als n.

3. Wir benutzen die Konventionen $(x - x_0)^0 = 1$ und $f^{(0)} = f$. Der Summand für $k = 0$ ist also $\frac{f^{(0)}(x_0)}{0!}(x - x_0)^0 = f(x_0)$.

Beweis des Satzes von Taylor. Für $x = x_0$ ergibt sich

$$T_n(f, x_0, x_0) = \frac{f^{(0)}(x_0)}{0!}(x_0 - x_0)^0 = f(x_0)\,.$$

Für $x \neq x_0$ betrachten wir die Hilfsfunktion

$$(*) \qquad h(t) := -\left(\sum_{k=0}^{n} \frac{f^{(k)}(t)}{k!}(x - t)^k\right) - c \cdot \frac{(x - t)^{n+1}}{(n + 1)!} + f(x)\,,$$

wobei man $c \in \mathbb{R}$ so wählt, dass $h(x_0) = 0$ gilt $\left[\text{Das geht wegen } x \neq x_0\right]$. Aus unseren Voraussetzungen folgt, dass h stetig auf $[a, b]$ und differenzierbar in (a, b) ist. Ferner gilt

$$\begin{aligned} h(x) &= -\left(\sum_{k=0}^{n} \frac{f^{(k)}(x)}{k!}(x - x)^k\right) - c \cdot \frac{(x - x)^{n+1}}{(n + 1)!} + f(x) \\ &= -f(x) - c \cdot 0 + f(x) = 0\,. \end{aligned}$$

Damit erfüllt h die Voraussetzungen des Satzes von Rolle, es gibt also ξ zwischen x_0 und x mit $h'(\xi) = 0$. Wir setzen $\vartheta_{x,x_0} := \frac{\xi - x_0}{x - x_0}$, dann gilt $\vartheta_{x,x_0} \in (0, 1)$.

Die Ableitung von h ist

$$\begin{aligned} \frac{\mathrm{d}}{\mathrm{d}t} h(t) &= -\sum_{k=0}^{n} \frac{f^{(k+1)}(t)}{k!}(x - t)^k + \sum_{k=1}^{n} \frac{f^{(k)}(t)}{(k - 1)!}(x - t)^{k-1} + c \cdot \frac{(x - t)^n}{n!} \\ &= -\frac{f^{(n+1)}(t)}{n!}(x - t)^n + c \cdot \frac{(x - t)^n}{n!}\,. \end{aligned}$$

Wir setzen für t den Wert $\xi = x_0 + \vartheta_{x,x_0}(x - x_0)$ ein und beachten $h'(\xi) = 0$, dann ergibt sich

$$c = f^{(n+1)}(\xi) = f^{(n+1)}\big(x_0 + \vartheta_{x,x_0}(x - x_0)\big)\,.$$

Jetzt setzen wir $t = x_0$ und den gefundenen Wert von c in die definierende Gleichung (∗) für h ein und erhalten

$$\begin{aligned} 0 = h(x_0) &= -\sum_{k=0}^{n} \frac{f^{(k)}(x_0)}{k!}(x-x_0)^k \\ &\quad - f^{(n+1)}\big(x_0 + \vartheta_{x,x_0}(x-x_0)\big)\cdot\frac{(x-x_0)^{n+1}}{(n+1)!} \quad + \quad f(x)\,, \end{aligned}$$

woraus die Behauptung des Satzes folgt. □

2.6.4 Spezialfall. Für $x_0 = 0$ haben Taylorpolynom und Restglied die folgende Gestalt:

$$T_n(f,x,0) = \sum_{k=0}^{n} \frac{f^{(k)}(0)}{k!}x^k\,,$$

$$R_n(f,x,0) = \frac{f^{(n+1)}(\vartheta_{x,0}\,x)}{(n+1)!}x^{n+1}\,.$$

2.6.5 Beispiele. **1.** Der Satz von Taylor liefert die Abschätzungen

$$\forall\, x \in (0,\tfrac{\pi}{2}) \;:\; \sin x = \sin 0 + \cos(0+\vartheta\, x)\, x < x\,,$$

$$\forall\, x \in (0,\tfrac{\pi}{2}) \;:\; \tan x = \tan 0 + \frac{x}{\cos(0+\vartheta\, x)^2} > x\,,$$

die wir in 1.12.5 gebraucht haben.

2. Wir berechnen das Taylorpolynom der Stufe 3 und das zugehörige Restglied für $f(x) = \sqrt{1+x}$ am Entwicklungspunkt $x_0 = 0$:

$$\begin{aligned} f(x) &= (1+x)^{\frac{1}{2}} \\ f'(x) &= \tfrac{1}{2}(1+x)^{-\frac{1}{2}} \\ f''(x) &= -\tfrac{1}{4}(1+x)^{-\frac{3}{2}} \\ f'''(x) &= \tfrac{3}{8}(1+x)^{-\frac{5}{2}} \\ f^{(4)}(x) &= -\tfrac{15}{16}(1+x)^{-\frac{7}{2}} \end{aligned}$$

$$\text{Daher ist } T_3(f,x,0) = 1 + \tfrac{1}{2}x - \tfrac{1}{8}x^2 + \tfrac{1}{16}x^3$$

$$\text{und } R_3(f,x,0) = \frac{-5\,x^4}{128\,(1+\vartheta_{x,0}\,x)^{\frac{7}{2}}}\,.$$

In der folgenden Skizze sieht man den Graph der Funktion $f(x) = \sqrt{1+x}$ sowie (gestrichelt) die Taylorpolynome $T_0(f,x,0) = 1$, $T_1(f,x,0) = 1+\frac{1}{2}x$, $T_2(f,x,0) = 1+\frac{1}{2}x-\frac{1}{8}x^2$ und $T_3(f,x,0) = 1+\frac{1}{2}x-\frac{1}{8}x^2+\frac{1}{16}x^3$:

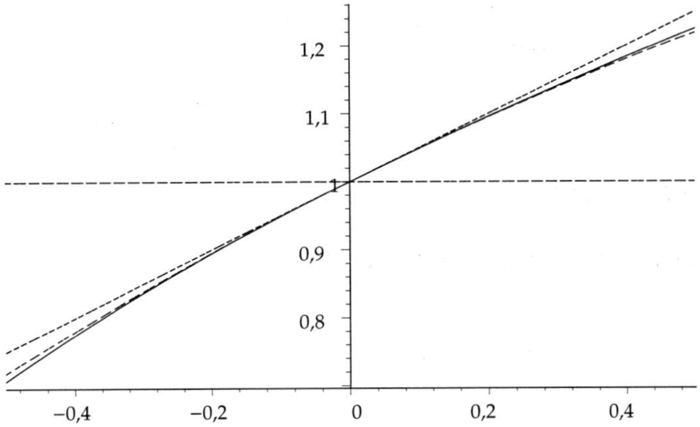

Die Taylorpolynome für die hier vorliegende Funktion sind Partialsummen der binomischen Reihe zum Exponenten $\alpha = \frac{1}{2}$ (siehe 1.14.16): Wegen $\binom{1/2}{0} = 1$, $\binom{1/2}{1} = \frac{1/2}{1} = \frac{1}{2}$, $\binom{1/2}{2} = \frac{1/2\,(1/2-1)}{1\cdot 2} = -\frac{1}{8}$, $\binom{1/2}{3} = \frac{1/2\,(1/2-1)\,(1/2-2)}{1\cdot 2\cdot 3} = \frac{1}{16}$ gilt $\sum\limits_{n=0}^{3} \binom{1/2}{n} x^n = 1+\frac{1}{2}x-\frac{1}{8}x^2+\frac{1}{16}x^3$.

Mit steigender Stufe scheinen die Taylorpolynome die gegebene Funktion f immer besser zu approximieren.

Für viele Funktionen ist das tatsächlich wahr — wir brauchen dazu natürlich mindestens, dass die Funktion beliebig oft differenzierbar ist.

2.6.6 Definition. Die Funktion $f\colon [a,b] \to \mathbb{R}$ sei beliebig oft differenzierbar. Für $x_0 \in (a,b)$ heißt dann die Potenzreihe

$$T(f,x,x_0) := \sum_{k=0}^{\infty} \frac{f^{(k)}(x_0)}{k!}\,(x-x_0)^k$$

die *Taylorreihe* der Funktion f um den Entwicklungspunkt x_0.

Offenbar gilt:

2.6.7 Satz. *Die Taylorreihe $T(f,x,x_0)$ konvergiert für ein gegebenes $x \in [a,b]$ genau dann gegen $f(x)$, wenn gilt:*

$$\lim_{n\to\infty} R_n(f,x,x_0) = 0\,.$$

Man wird also versuchen, das Intervall $[a,b]$ so zu wählen, dass für alle $x \in [a,b]$ das Restglied gegen 0 konvergiert — und das auch noch möglichst schnell. Genauere Untersuchungen finden im Rahmen der Numerik statt.

2.6.8 Beispiele. In den folgenden Skizzen ist außer dem Graph von f jeweils das Taylorpolynom $T_2(f,x,1)$ für $x_0 = 1$ (gestrichelt) und das Restglied (gepunktet) eingetragen:

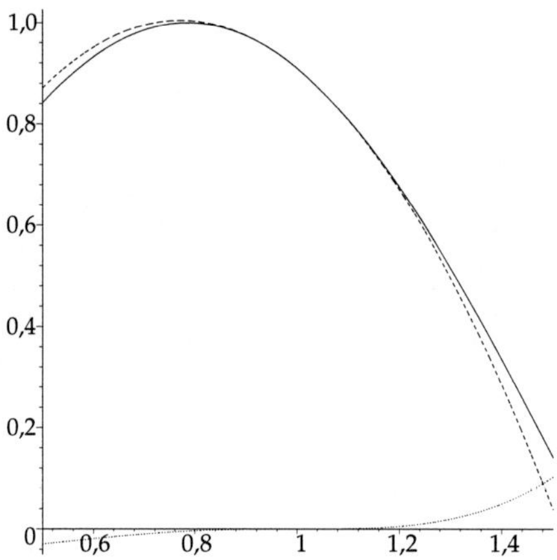

$f(x) = \sin(2\,x)$

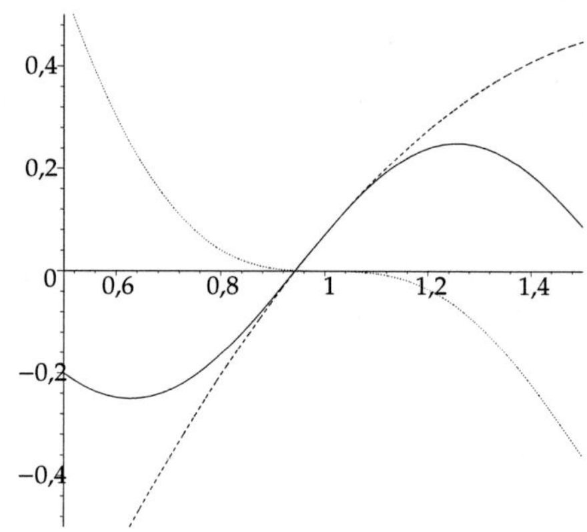

$f(x) = \frac{1}{4}\,\cos(5\,x)$

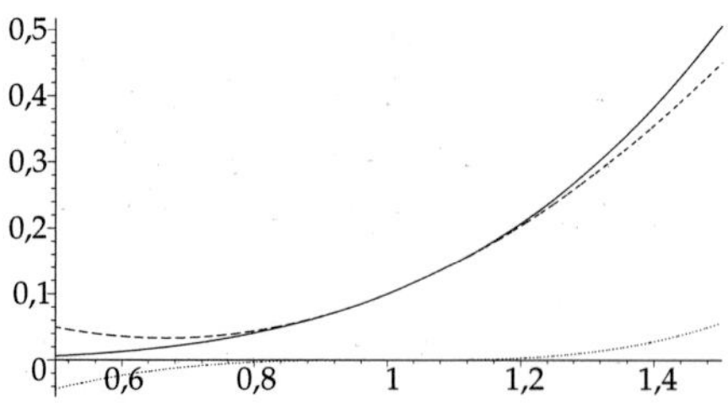

$f(x) = \frac{1}{10}\,x^4$

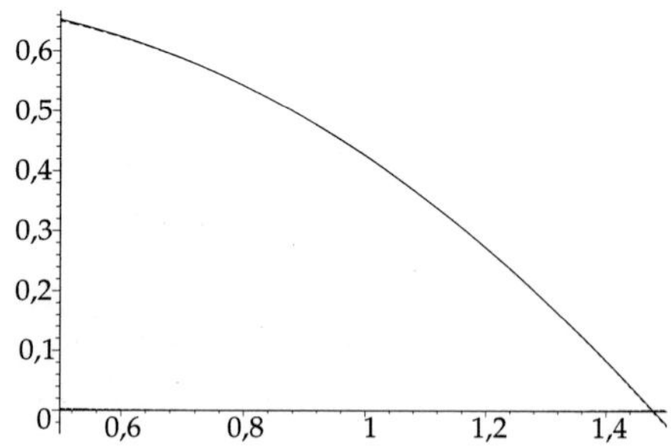

$f(x) = \frac{1}{40}\,x^3\,(6\,\ln x - 11) + \frac{7}{10}$

Bei der zuletzt gezeigten Funktion ist die Passung des Taylorpolynoms der Stufe 2 in der betrachteten Umgebung erfreulich gut. Das ist allerdings nur in dieser Umgebung richtig:

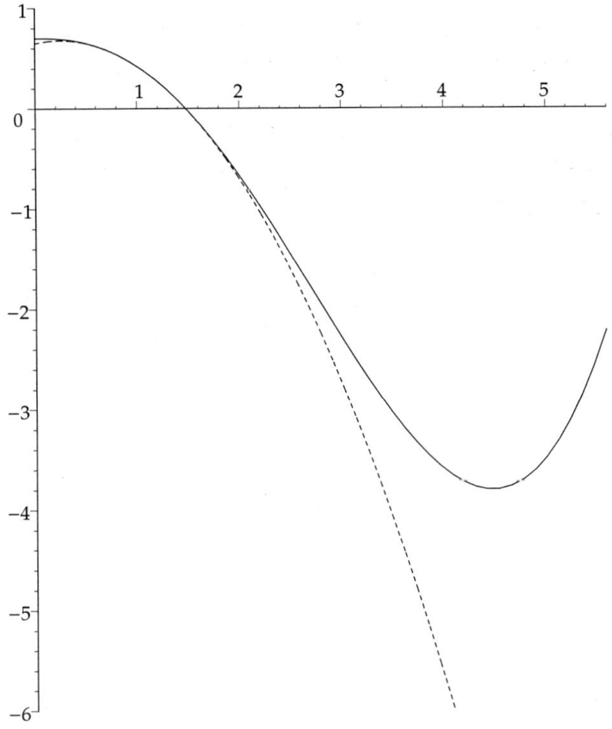

Die dritte Ableitung der betrachteten Funktion ist übrigens $f^{(3)}(x) = \frac{9}{10}\ln(x)$, also nicht mehr stetig nach 0 fortsetzbar. Die Funktionen $f^{(0)}$, $f^{(1)}$, $f^{(2)}$ haben stetige Fortsetzungen an der Stelle $x = 0$; die Fortsetzungen von $f^{(0)}$ und $f^{(1)}$ sind auch differenzierbar in $x = 0$.

Als Intervall zur Taylorentwicklung müssen wir also ein Intervall $[a, b]$ mit $a > 0$ wählen.

Dass Taylorpolynome nur in kleinen Umgebungen gut zur gegebenen Funktion passen, ist ein allgemeines Phänomen:

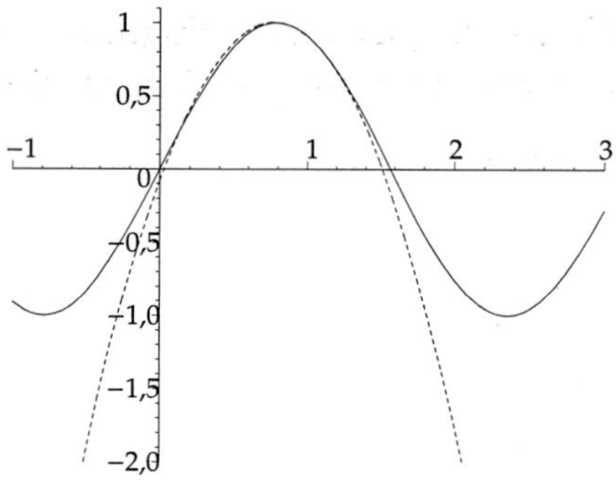

$f(x) = \sin(2\,x)$

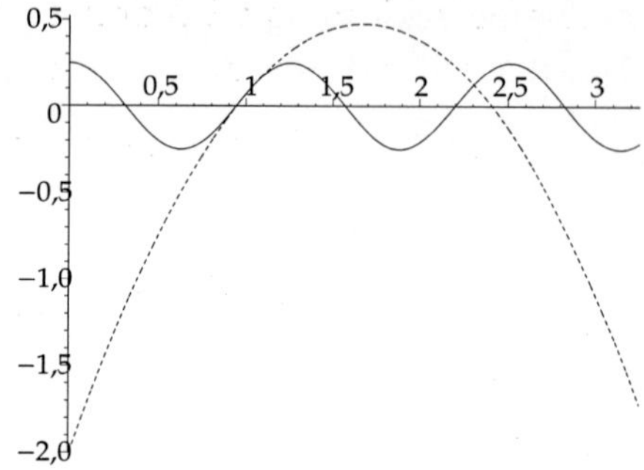

$f(x) = \frac{1}{4}\cos(5\,x)$

Wenn die Taylorreihe $T(f, x, x_0)$ einer Funktion f in einem Intervall gegen $f(x)$ konvergiert, so wird f in diesem Intervall durch eine Potenzreihe beschrieben. Die Koeffizienten dieser Potenzreihe sind dann auch *eindeutig bestimmt*:

2.6.9 Eindeutigkeitssatz für Potenzreihen.

Die Funktion $f\colon (x_0 - \rho, x_0 + \rho) \to \mathbb{R}$ *werde durch eine (reelle) Potenzreihe dargestellt:*

$$f(x) = \sum_{k=0}^{\infty} a_k\,(x - x_0)^k\,.$$

Dabei sei ρ *der Konvergenzradius, also* $(x_0 - \rho, x_0 + \rho) = \mathbb{R} \cap U_\rho(x_0)$*. Dann ist* f *im Intervall* $(x_0 - \rho, x_0 + \rho)$ *beliebig oft differenzierbar. Die Koeffizienten der Potenzreihe stimmen mit den Koeffizienten der Taylorreihe überein:*

$$\forall\, k \geqq 0\colon \quad a_k = \frac{f^{(k)}(x_0)}{k!}\,.$$

Insbesondere gilt: Stimmen zwei Potenzreihen $\sum\limits_{k=0}^{\infty} a_k\,(x - x_0)^k$ *und* $\sum\limits_{k=0}^{\infty} b_k\,(x - x_0)^k$ *auf einem nicht leeren, offenen Intervall überein, so sind alle Koeffizienten gleich:*

$$\forall\, k \geqq 0\colon \quad a_k = b_k\,.$$

Den Beweis überlassen wir den Mathematikern.

Im Eindeutigkeitssatz für Potenzreihen benutzt man die folgende Tatsache, die auch sonst sehr nützlich ist:

2.6.10 Differentiation von Potenzreihen. Es sei $(a_n)_{n\in\mathbb{N}_0}$ eine Folge *reeller* Koeffizienten, und es sei $x_0 \in \mathbb{R}$. Der Konvergenzradius der Potenzreihe $\sum_{n=0}^{\infty} a_n(x-x_0)^n$ sei mit ρ bezeichnet. Dann ist die Funktion

$$f\colon U_\rho(x_0)\cap\mathbb{R}\to\mathbb{R}\colon x\mapsto \sum_{n=0}^{\infty} a_n(x-x_0)^n$$

beliebig oft differenzierbar, und es gilt für alle $x \in U_\rho(x_0)\cap\mathbb{R}$

$$f'(x) = \sum_{n=1}^{\infty} a_n n(x-x_0)^{n-1} = \sum_{k=0}^{\infty}(k+1)a_{k+1}(x-x_0)^k\,.$$

Diese Aussage scheint nur auf den ersten Blick banal: Wir vertauschen hier die Reihenfolge der Grenzübergänge, die beim Aufsummieren und beim Ableiten nötig sind. Wir werden später (in 3.8.4) auch eine analoge Aussage für die Integration von Funktionen formulieren, die durch Potenzreihen beschrieben werden.

2.6.11 Taylorreihe und Differentialgleichung der Exponentialfunktion. Als wichtigste Eigenschaft der Exponentialfunktion halten wir fest, dass diese die Differentialgleichung $f' = f$ erfüllt. Die „richtige" Lösung wird durch die *Anfangsbedingung* $f(0) = 1$ ausgewählt (sonst wäre z. B. die konstante Nullfunktion auch noch eine Lösung). Durch diese beiden Eigenschaften allein ist die Exponentialfunktion aber auch schon eindeutig festgelegt:

Es ergibt sich die Taylorreihe

$$T(f,x,0) = \sum_{k=0}^{\infty}\frac{f^{(k)}(0)}{k!}x^k = \sum_{k=0}^{\infty}\frac{1}{k!}x^k\,.$$

Wegen $0 \leqq \vartheta_{x,0} < 1$ gilt $\vartheta_{x,0}\,x \in [-|x|,|x|]$. Da f differenzierbar und deswegen stetig ist, existiert $m_x := \max\left\{|f(t)|\;\middle|\; t\in[-|x|,|x|]\right\}$ nach dem Satz vom Maximum und Minimum 1.13.12, und es gilt $|f(\vartheta_{x,0}\,x)| \leqq m_x$. Damit sehen wir, dass die Folge der Restglieder konvergiert:

$$\left|R_n(f,x,0)\right| = \left|\frac{f^{(n+1)}(\vartheta_{x,0}\,x)}{(n+1)!}x^{n+1}\right| = \left|\frac{f(\vartheta_{x,0}\,x)}{(n+1)!}x^{n+1}\right| \leqq m_x\frac{|x|^{n+1}}{(n+1)!}\xrightarrow[n\to\infty]{}0\,.$$

Also wird f durch die Potenzreihe exp dargestellt:

$$\forall x \in \mathbb{R}: \quad f(x) = \sum_{k=0}^{\infty} \frac{1}{k!} x^k = \exp(x) = \mathrm{e}^x .$$

Damit ist auch unsere Definition 1.14.10 der Exponentialfunktion im Komplexen gerechtfertigt.

Analog zeigt man ausgehend von der Differentialgleichung $f'' = -f$ (die sowohl cos als auch sin erfüllen) sowie den Anfangsbedingungen $f(0) = 0$ und $f'(0) = 1$ (die den Sinus unter den Lösungen der Differentialgleichung auszeichnen), dass die Funktion sin (und analog cos) tatsächlich durch die in 1.14.17 angegebene Potenzreihe beschrieben wird.

Es kommt vor, dass die Taylorreihe einer Funktion an einer Stelle x zwar konvergiert, aber nicht gegen den Funktionswert $f(x)$:

2.6.12 Beispiel. Die Funktion $f\colon \mathbb{R} \smallsetminus \{0\} \to \mathbb{R}$ sei gegeben durch

$$f(x) = \begin{cases} \exp\left(-\frac{1}{x^2}\right) & \text{für } x > 0, \\ 0 & \text{für } x < 0. \end{cases}$$

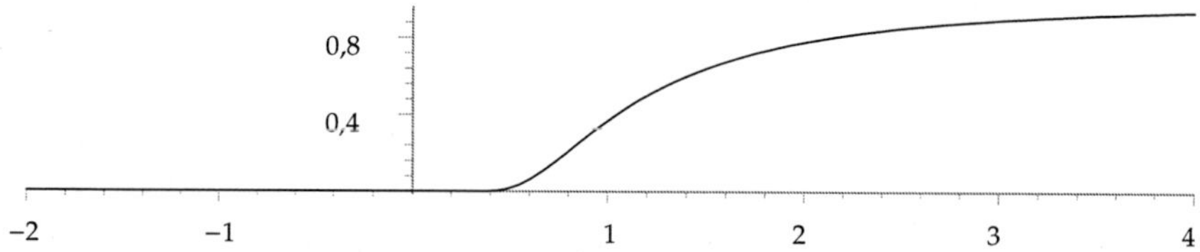

Diese Funktion ist in die „Klebestelle“ $x_0 = 0$ hinein stetig fortsetzbar durch $f(0) := 0$. Die so definierte Fortsetzung ist dann beliebig oft differenzierbar, es gilt $f^{(k)}(0) = 0$ für alle k.

Alle Koeffizienten der Taylorreihe $T(f, x, 0)$ sind also Null, und $T(f, x, 0)$ beschreibt die Nullfunktion: Das ist nicht f.

2.6.13 Die Taylorreihe des Logarithmus.

Wir betrachten $f\colon \left[-\frac{1}{2}, 1\right] \to \mathbb{R}\colon x \mapsto \ln(1+x)$. Mit Hilfe vollständiger Induktion zeigt man

$$\forall k \geqq 1: \quad f^{(k)}(x) = (-1)^{k-1} \frac{(k-1)!}{(1+x)^k} .$$

(IA) Für $k = 1$ ergibt sich dies aus $\frac{\mathrm{d}}{\mathrm{d}x}\ln(1+x) = \frac{1}{(1+x)}$.

(IS) Wenn die Formel für k richtig ist, erhalten wir

$$\begin{aligned} f^{(k+1)}(x) &= \tfrac{\mathrm{d}}{\mathrm{d}x}\left(f^{(k)}\right)(x) &&= \tfrac{\mathrm{d}}{\mathrm{d}x}\left((-1)^{k-1}\tfrac{(k-1)!}{(1+x)^k}\right) \\ &= (-1)^{k-1}\tfrac{(k-1)!\,(-k)}{(1+x)^{k+1}} &&= (-1)^k\tfrac{k!}{(1+x)^{k+1}}. \end{aligned}$$

Somit ergibt sich die Taylorreihe als

$$T(f,x,0) = \ln(1) + \sum_{n=1}^{\infty}(-1)^{n-1}\frac{(n-1)!}{n!\,(1+0)^n}\,x^n = \sum_{n=1}^{\infty}(-1)^{n-1}\frac{x^n}{n}.$$

Das Restglied ist

$$R_n(f,x,0) = \frac{f^{(n+1)}(\vartheta\,x)}{(n+1)!}\,x^{n+1} = \frac{(-1)^n\,n!\;\;x^{n+1}}{(1+\vartheta\,x)^{n+1}\,(n+1)!} = \frac{(-1)^n}{n+1}\left(\frac{x}{1+\vartheta\,x}\right)^{n+1}$$

mit $\vartheta := \vartheta_{x,0}$. Für $0 \leqq x \leqq 1$ gilt

$$\left|\frac{x}{1+\vartheta\,x}\right| \leqq 1.$$

Für $-\frac{1}{2} \leqq x < 0$ erhält man $|x| = -x \leqq \frac{1}{2} \leqq 1 + x < 1 + \vartheta\,x$ und damit wieder

$$\left|\frac{x}{1+\vartheta\,x}\right| \leqq 1, \quad \text{in jedem Fall also} \quad |R_n(f,x,0)| \leqq \frac{1}{n+1}.$$

Folglich konvergiert das Restglied gegen 0, und die Taylorreihe stellt f dar.

2.6.14 Bemerkung. Setzt man in die Potenzreihe

$$\ln(1+x) = \sum_{n=1}^{\infty}(-1)^{n-1}\frac{x^n}{n}$$

den Wert $x = 1$ ein, so erhält man

$$\ln 2 = \ln(1+1) = 1 - \frac{1}{2} + \frac{1}{3} - \frac{1}{4} + \frac{1}{5} - \cdots$$

Damit haben wir die Summe der alternierenden harmonischen Reihe (wie in 1.9.6 versprochen) bestimmt!

2.7 Extrema

Wenn eine differenzierbare Funktion $f\colon (a,b) \to \mathbb{R}$ in $x_0 \in (a,b)$ ein lokales Extremum besitzt, dann gilt $f'(x_0) = 0$.

Man möchte dieses *notwendige* Kriterium gerne umkehren, weil es leicht zu handhaben ist.

Allerdings zeigt $f(x) = x^3$, dass die simple Umkehrung des Kriteriums nicht gutgeht:

Bei $x_0 = 0$ gilt $f'(0) = 0$,
aber es liegt kein lokales Extremum vor.

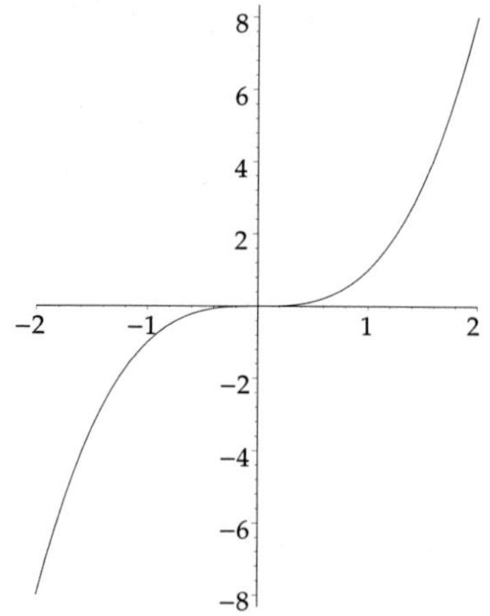

2.7.1 Lemma. *Es sei $f\colon (a,b) \to \mathbb{R}$ eine differenzierbare Funktion. Bei $x_0 \in (a,b)$ gelte $f'(x_0) = 0$. Wenn die Ableitung bei x_0 das Vorzeichen wechselt, liegt in x_0 ein lokales Extremum vor. Genauer: Wechselt das Vorzeichen von $f'(x)$ von + (für $x < x_0$) nach − (für $x > x_0$), so besitzt f in x_0 ein lokales Maximum [die Funktion steigt bis x_0, danach fällt sie].*
Beim umgekehrten Vorzeichenwechsel liegt ein lokales Minimum vor.

2.7.2 Beispiel. Die Funktion $f\colon \mathbb{R} \to \mathbb{R}\colon x \mapsto x^3 + bx^2 + cx + d$ hat die Ableitung $f'(x) = 3x^2 + 2bx + c$. Die Nullstellen der Ableitung sind $x_0 = \frac{1}{3}\left(-b - \sqrt{b^2 - 3c}\right)$ und $x_1 = \frac{1}{3}\left(-b + \sqrt{b^2 - 3c}\right)$.
Sind b und c so gewählt, dass $b^2 > 3c$ gilt, so sind dies zwei reelle Nullstellen, die Ableitung hat zwischen diesen Nullstellen negatives, sonst positives Vorzeichen. An beiden Stellen liegt also jeweils ein lokales Extremum vor: bei x_0 ein lokales Maximum, bei x_1 ein lokales Minimum.
Für $b^2 = 3c$ fallen die beiden Nullstellen zusammen, der Vorzeichenwechsel verschwindet, und es liegt *kein lokales Extremum* vor.
Im Fall $b^2 < 3c$ gibt es keine reellen Nullstellen der Ableitung und deswegen *keine lokalen Extrema*.

Man kann den Vorzeichenwechsel oft am Verhalten der *zweiten* Ableitung erkennen. Dies ist Teil des folgenden, sehr allgemeinen Kriteriums:

2.7.3 Satz. *Es sei $f\colon (a,b) \to \mathbb{R}$ eine n-mal stetig differenzierbare Funktion, und bei $x_0 \in (a,b)$ gelte*[3] $f'(x_0) = 0 = f''(x_0) = \cdots = f^{(n-1)}(x_0)$, *aber* $f^{(n)}(x_0) \neq 0$.

1. *Ist n gerade und $n \geqq 2$, dann besitzt f in x_0 ein lokales Extremum.*

- *Ist $f^{(n)}(x_0) > 0$, so liegt ein lokales Minimum vor.*
- *Ist $f^{(n)}(x_0) < 0$, so liegt ein lokales Maximum vor.*

2. *Ist n ungerade, dann liegt in x_0 kein Extremum vor.*

Beweis. Nach dem Satz von Taylor 2.6.1 gilt

$$\begin{aligned} f(x) &= \sum_{k=0}^{n-1} \frac{f^{(k)}(x_0)}{k!}(x-x_0)^k + \frac{f^{(n)}\big(x_0 + \vartheta\,(x-x_0)\big)}{n!}(x-x_0)^n \\ &= f(x_0) + 0 + \cdots + 0 + \frac{f^{(n)}\big(x_0 + \vartheta\,(x-x_0)\big)}{n!}(x-x_0)^n \end{aligned}$$

mit $\vartheta := \vartheta_{x,x_0} \in (0,1)$.

Ist $f^{(n)}(x_0) > 0$, so gilt dies wegen der Stetigkeit von $f^{(n)}$ für alle x aus einer geeigneten Umgebung $U_\delta(x_0)$. Für $x \in U_\delta(x_0)$ liegt wegen $\vartheta \in (0,1)$ auch $x_0 + \vartheta(x-x_0)$ in $U_\delta(x_0)$.

Falls n gerade ist, so gilt für $x \in U_\delta(x_0)$ stets $(x-x_0)^n \geqq 0$ und deswegen

$$f(x) - f(x_0) = \frac{f^{(n)}\big(x_0 + \vartheta(x-x_0)\big)}{n!}(x-x_0)^n \geqq 0\,.$$

Das bedeutet: In x_0 liegt ein lokales Minimum von f vor.

Analog schließt man im Fall $f^{(n)}(x_0) < 0$ für gerades n auf ein lokales Maximum.

Ist n ungerade, so wechselt der Faktor $(x-x_0)^n$ bei x_0 das Vorzeichen, aber das Vorzeichen von $\frac{f^{(n)}(x_0+\vartheta(x-x_0))}{n!}$ bleibt: Also liegt kein Extremum vor. □

[3] Die „Pünktchen-Schreibweise" kann hier verwirren:
Für $n = 4$ verbirgt sich hinter den Pünktchen gar nichts, für $n = 3$ fallen f'' und $f^{(n-1)}$ zusammen, und für $n = 2$ bleibt nur die Bedingung $f'(x_0) = 0$ übrig.

2.7.4 Definition. Sei $f\colon (a,b) \to \mathbb{R}$ differenzierbar, und es sei $(x_0, f'(x_0))$ ein lokales Extremum der Ableitung f'. Dann heißt $(x_0, f(x_0))$ ein *Wendepunkt* von f.

2.7.5 Beispiele.

1. Die Funktion $f\colon \mathbb{R} \to \mathbb{R}\colon x \mapsto x^3$ hat im Punkt $(0,0)$ einen Wendepunkt.
2. Die Funktion $q\colon \mathbb{R} \to \mathbb{R}\colon x \mapsto x^4$ hat im Punkt $(0,0)$ *keinen* Wendepunkt.

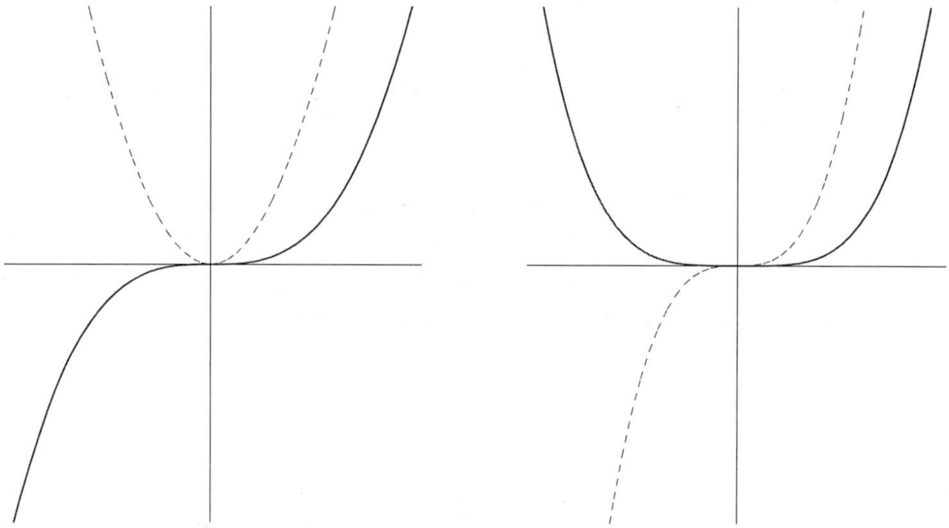

Die Abbildung zeigt die Graphen von f und q, jeweils zusammen mit dem Graphen der Ableitung (gestrichelt).

2.8 Kurvendiskussion

Um eine Vorstellung zu bekommen, was sich bei einem durch eine Funktion $f\colon M \to \mathbb{R}$ beschriebenen Vorgang abspielt, sollte man den Verlauf der Kurve $y = f(x)$ diskutieren und skizzieren.

Dazu gehören mindestens die folgenden Schritte:

2.8.1 Diskussion der Kurve $y = f(x)$.

1. Definitionsbereich von f festlegen, eventuell auch den Wertebereich.
2. Symmetrie testen: Gilt $f(-x) = f(x)$ (*gerade Funktion*) oder $f(-x) = -f(x)$ (*ungerade Funktion*) für alle x im Definitionsbereich?
3. Stetigkeit prüfen, dabei auf stetige Fortsetzbarkeit achten.
4. Nullstellen von f bestimmen.
5. Differenzierbarkeit prüfen, die Ableitung f' berechnen.
6. Extremalstellen ermitteln (gegebenenfalls mit Hilfe höherer Ableitungen).
7. Falls möglich, die zweite Ableitung f'' berechnen.
8. Wendepunkte bestimmen.
9. Verhalten an den Rändern (gegebenenfalls in $\pm\infty$) untersuchen.
10. Den Graphen skizzieren.

Die *Reihenfolge* dieser Schritte erscheint auf den ersten Blick einigermaßen natürlich, ist aber nicht zwingend. Manchmal sind Erkenntnisse aus Schritten mit höherer Nummer (z. B. 7. oder 9.) hilfreich, um Schritte mit niedrigerer Nummer (z. B. 6.) gründlicher oder einfacher zu erledigen.

2.9 Das Newton-Verfahren

Wir haben für Funktionen f und g von M nach $\mathbb{R}$ sowohl das *Lösbarkeitsproblem* 1.13.3 (man finde zu gegebenem $a \in \mathbb{R}$ eine Lösung $x \in M$ für die Gleichung $f(x) = a$), als auch das *Gleichheitsproblem* 1.13.4 (gibt es eine Stelle $x \in M$, an der f und g denselben Wert annehmen?) zurückgeführt auf das Nullstellenproblem 1.13.2 (finde $x \in M$ mit $f(x) = 0$).

Für stetige Funktionen gibt der Nullstellensatz von Bolzano 1.13.5 ein *Existenzkriterium* für Nullstellen. In der Praxis braucht man *Näherungsverfahren*, die eine Folge $(x_n)_{n\in\mathbb{N}}$ liefern, die gegen die Nullstelle konvergiert. Die *Intervallhalbierungsmethode* 1.13.13 ist ein zwar effektives, aber nicht immer effizientes Verfahren zum Finden einer solchen approximierenden Folge: Die entstehende Folge konvergiert im Allgemeinen zu langsam. (Man bedenke, dass für ein echtes Problem im Rahmen der Simulation oder Modellierung Hunderte oder Tausende solcher Approximationen praktisch gleichzeitig ausgeführt werden müssen!)

Wir benutzen die Differentialrechnung, insbesondere die Formel von Taylor 2.6.1, um ein effizientes Verfahren anzugeben:

2.9.1 Newton-Verfahren. Es sei $f\colon (a,b) \to \mathbb{R}$ differenzierbar. Zum *Startwert* $x_0 \in (a,b)$ definieren wir die Folge $(x_n)_{n\in\mathbb{N}}$ rekursiv:

$$x_{n+1} := x_n - \frac{f(x_n)}{f'(x_n)}\,.$$

Wir müssen hoffen (oder sicherstellen) dass $f'(x_n) \neq 0$ gilt.

Das Newton-Verfahren ersetzt x_n durch den Schnittpunkt x_{n+1} der Tangente in $(x_n, f(x_n))$ mit der x-Achse:

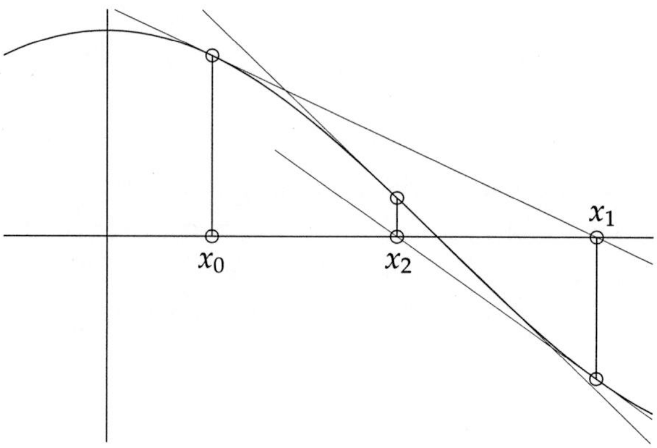

Im Beispiel *scheint* die Näherung x_3 schon recht gut. Man wird in der Praxis aber oft Genauigkeit auf viele Nachkommastellen verlangen (um den Fehler beim weiteren Rechnen mit dem Näherungswert klein zu halten).

Genauere Untersuchungen finden in der Numerik statt.

2.9.2 Satz. *Die Funktion $f\colon (a,b) \to \mathbb{R}$ sei dreimal stetig differenzierbar.*
Hat f eine Nullstelle $z \in (a,b)$, bei der $f'(z) \neq 0$ gilt, so gibt es eine Umgebung $U_\varepsilon(z)$ so, dass für alle Startwerte $x_0 \in U_\varepsilon(z)$ das Newton-Verfahren gegen z konvergiert.

Beweis. Wegen der Stetigkeit von f' gibt es $\delta > 0$ so, dass $f'(x) \neq 0$ für alle $x \in [z-\delta, z+\delta]$ gilt. Wir betrachten

$$\Phi\colon [z-\delta, z+\delta] \to \mathbb{R}\colon x \mapsto \Phi(x) := x - \frac{f(x)}{f'(x)}\,.$$

Diese Funktion ist zweimal stetig differenzierbar, es gilt

$$\begin{aligned}\Phi'(x) &= 1 - \frac{(f'(x))^2 - f(x)\,f''(x)}{(f'(x))^2} \\ &= 1 - \frac{(f'(x))^2}{(f'(x))^2} + \frac{f(x)\,f''(x)}{(f'(x))^2} = \frac{f(x)\,f''(x)}{(f'(x))^2}\,.\end{aligned}$$

Wegen $f(z) = 0$ gilt $\Phi(z) = z$ und $\Phi'(z) = 0$. Damit liefert die Taylorformel (im Entwicklungspunkt z):

$$\Phi(x) = \Phi(z) + \Phi'(z)(x-z) + \frac{\Phi''(\xi)}{2}(x-z)^2 = z + \frac{\Phi''(\xi)}{2}(x-z)^2$$

mit $\xi = \xi_{x,z} = z + \vartheta_{x,z}(x-z)$, vgl. 2.6.3.

Um zu zeigen, dass die Folge $(x_n)_{n\in\mathbb{N}}$ gegen z konvergiert, beachten wir $x_n = \Phi(x_{n-1})$ und schätzen den Abstand von x_n zu z ab:

$$|x_n - z| = \left|\Phi(x_{n-1}) - z\right| = \left|\frac{\Phi''(\xi)}{2}(x_{n-1} - z)^2\right| \leqq M_\delta\,|x_{n-1} - z|^2\,,$$

wobei

$$M_\delta := \sup_{u\in U_\delta(z)} \frac{|\Phi''(u)|}{2}\,.$$

Aus der jetzt erzielten Abschätzung erhalten wir induktiv:

$$|x_n - z| \leqq M_\delta^{2^n-1}\,|x_0 - z|^{2^n}\,.$$

Wir wählen nun ε so klein, dass $\varepsilon < 1$ und auch $M_\varepsilon \cdot \varepsilon < 1$ gilt.

[Das ist möglich, weil für $\varepsilon < \delta$ stets $M_\varepsilon < M_\delta$ gilt — man bildet ja das Maximum M_ε dann nur noch über eine Teilmenge von $U_\delta(z)$.]

Es gilt dann für alle $x \in U_\varepsilon(z)$:

$$0 \leqq \lim_{n\to\infty} \left|x_n - z\right| \leqq \lim_{n\to\infty} (M_\varepsilon \cdot \varepsilon)^{2^n-1} \cdot \varepsilon = 0$$

und deswegen $\lim\limits_{n\to\infty} x_n = z$. □

2.9.3 Bemerkungen.

1. Die Abschätzung $|x_n - z| < M_\delta^{2^n-1}\,|x_0 - z|^{2^n}$ im eben gegebenen Beweis zeigt, dass das Newton-Verfahren sehr schnell konvergiert (wenn man in der richtigen Umgebung von z startet): Grob gesagt, verdoppelt sich die Zahl der gültigen Stellen bei jedem Schritt.
2. Ein Problem des Newton-Verfahrens ist, dass man im Allgemeinen sehr schwer entscheiden kann, wann man in der genannten Umgebung der Nullstelle ist. Man benutzt etwa zunächst die (langsame, aber sichere) Intervallhalbierungsmethode, und startet irgendwann „auf Verdacht" ein Newton-Verfahren. Details dazu lernt man in der Numerik.

3 Integralrechnung

3.1 Stammfunktionen

3.1.1 Definition. Es sei $f\colon I \to \mathbb{R}$ auf einem beliebigen Intervall I. Eine Funktion $F\colon I \to \mathbb{R}$ heißt *Stammfunktion* von f, wenn F differenzierbar ist und für alle $x \in I$ gilt: $F'(x) = f(x)$.

Gehören zu I Randpunkte, so muss man dort einseitige Differenzierbarkeit (im Sinne von 2.1.2) verlangen.

Wenn überhaupt *eine* Stammfunktion zu f existiert, gibt es gleich mehrere: Für $c \in \mathbb{R}$ ist mit F auch $F + c\colon I \to \mathbb{R}\colon x \mapsto F(x) + c$ eine Stammfunktion von f.

Nach 2.4.6 sind damit aber schon alle Möglichkeiten abgedeckt.

3.1.2 Lemma. *Es sei I ein Intervall. Wenn $f\colon I \to \mathbb{R}$ eine Stammfunktion F besitzt, dann ist*

$$[F] := \left\{F + c \,\middle|\, c \in \mathbb{R}\right\}$$

die Menge aller Stammfunktionen von f. Diese Menge wird auch mit

$$\int f(x)\,\mathrm{d}\,x$$

bezeichnet, man nennt sie das unbestimmte Integral von f.

3.1.3 Bemerkung. Die Voraussetzung, dass der Definitionsbereich von f ein Intervall sei, ist wichtig für 3.1.2. Besteht dieser Definitionsbereich etwa aus zwei getrennten Intervallen (wie z. B. bei $f\colon \mathbb{R} \setminus \{0\} \to \mathbb{R}\colon x \mapsto \frac{1}{x^2}$) so kann man auf jedem dieser Intervalle eine eigene additive Konstante wählen (im Beispiel wäre

$$G\colon \mathbb{R} \setminus \{0\} \to \mathbb{R}\colon x \mapsto \begin{cases} -\frac{1}{x} & \text{für } x \in (-\infty, 0), \\ 17 - \frac{1}{x} & \text{für } x \in (0, +\infty) \end{cases}$$

eine Stammfunktion für die eben betrachtete Funktion f).

3.1.4 Schreibweise. Statt die Menge $[F]$ anzugeben, schreiben viele Autoren

$$\int f(x)\,\mathrm{d}\,x = F(x) + c$$

und meinen damit die eben genannte Menge von Funktionen.

Da die Stammfunktion nur bis auf eine additive Konstante bestimmt ist, muss man bei Gleichheit von Stammfunktionen Vorsicht walten lassen: Eigentlich muss man stets von der *Menge aller Stammfunktionen* sprechen. Meistens gibt man kurzerhand einen *Vertreter* dieser Menge an.

3.1.5 Definition. Ist F eine Stammfunktion für $f\colon I \to \mathbb{R}$, so nennt man für $a, b \in I$ die Zahl

$$\int_a^b f(x)\,\mathrm{d}\,x := F(b) - F(a)$$

das *bestimmte Integral* über f von a bis b oder das bestimmte Integral mit den Grenzen a und b.

Eine sehr gebräuchliche Schreibweise ist

$$[F(x)]_a^b := F(b) - F(a)\,.$$

3.1.6 Bemerkungen.

1. Wegen 3.1.2 hängt die Definition des bestimmten Integrals nicht von der Wahl der Stammfunktion ab:
   Für eine zweite Stammfunktion G gilt $G = F + c$ und daher

$$\begin{aligned}[G(x)]_a^b &= G(b) - G(a)\\ &= F(b) + c - F(a) - c\\ &= F(b) - F(a) = [F(x)]_a^b\,.\end{aligned}$$

2. Mit Hilfe des bestimmten Integrals kann man wieder eine Stammfunktion gewinnen:

$$F_a(x) := \int_a^x f(t)\,\mathrm{d}\,t\,.$$

   Die Wahl von a entspricht der Wahl der additiven Konstanten: Es gilt

$$\begin{aligned}F_{a^*}(x) &= \int_{a^*}^x f(t)\,\mathrm{d}\,t = F(x) - F(a^*) = F(x) - F(a) + F(a) - F(a^*)\\ &= F_a(x) + (F(a) - F(a^*))\,.\end{aligned}$$

3.1.7 Stammfunktionen von Standardfunktionen. Unbestimmt vieler gebräuchlicher Funktionen findet man in Tabellenwerken wie etwa dem von Bronstein. Besonders fundamental sind die folgenden:

$f(x)$	x^a	e^x	b^x	$\sin x$	$\cos x$	$\sinh x$
$\int f(x)\,dx$	$\left[\frac{1}{a+1}\,x^{a+1}\right]$	$\left[e^x\right]$	$\left[\frac{b^x}{\ln b}\right]$	$\left[-\cos x\right]$	$\left[\sin x\right]$	$\left[\cosh x\right]$

$f(x)$	$\frac{1}{x}$	$\frac{1}{(\cos x)^2}$	$\frac{1}{1+x^2}$	$\frac{1}{\sqrt{1-x^2}}$	$\frac{1}{\sqrt{1+x^2}}$
$\int f(x)\,dx$	$\left[\ln\lvert x\rvert\right]$	$\left[\tan x\right]$	$\left[\arctan x\right]$	$\left[\arcsin x\right]$	$\left[\operatorname{arsinh} x\right]$

Hier sind a und b reelle Konstanten mit $a \neq -1$ und $0 < b \neq 1$.
Die Korrektheit der Tabelle verifiziert man durch Differentiation, vgl. 2.2.5.

3.2 Rechenregeln für unbestimmte Integrale

Es sei I ein Intervall. Wir nehmen an, dass die Funktionen $f\colon I \to \mathbb{R}$ und $g\colon I \to \mathbb{R}$ Stammfunktionen besitzen. Dann besitzen auch $f + g$ und αf (für $\alpha \in \mathbb{R} \setminus \{0\}$) Stammfunktionen, und es gilt:

3.2.1 Linearität des Integrals.

1. $\displaystyle\int \big(f(x) + g(x)\big)\,dx = \int f(x)\,dx + \int g(x)\,dx.$

2. $\displaystyle\int \alpha f(x)\,dx = \alpha \int f(x)\,dx.$

Mit Stammfunktionen F für f und G für g (und $F + G$ für $f + g$) kann man das auch so schreiben:

1. $[F(x) + G(x)] = [F(x)] + [G(x)]$. **2.** $[\alpha F(x)] = \alpha\,[F(x)]$.

Man verifiziert dies durch Differentiation— wir erinnern daran, dass $[A] = [B]$ gerade bedeutet, dass A und B dieselbe Ableitung haben (und sich also nur durch eine additive Konstante unterscheiden).

Hier werden *Mengen* von Funktionen addiert bzw. mit einem Skalar multipliziert: Dies geschieht *elementweise* (hier also *repräsentantenweise*), es gilt

$$\begin{aligned}[F]+[G] &= \{F+c \mid c\in\mathbb{R}\}+\{G+d \mid d\in\mathbb{R}\} = \{F+G+k \mid k\in\mathbb{R}\}\\ &= [F+G]\end{aligned}$$

und

$$\alpha\,[F] = \{\alpha\,(F+c) \mid c\in\mathbb{R}\} = \{\alpha\,F+d \mid d\in\mathbb{R}\} = [\alpha\,F]\,.$$

3.2.2 Partielle Integration. *Sind f und g differenzierbar, so gilt*

$$\int f'(x)\cdot g(x)\,\mathrm{d}\,x = \big[f(x)\cdot g(x)\big] - \int f(x)\cdot g'(x)\,\mathrm{d}\,x\,.$$

Beweis. Wir leiten (einen Repräsentanten für) die rechte Seite ab: Mit Hilfe der Produktregel ergibt sich

$$(f'(x)\cdot g(x)+f(x)\cdot g'(x)) - f(x)\cdot g'(x) = f'(x)\cdot g(x)$$

— das ist die Ableitung (eines Repräsentanten) der linken Seite. □

3.2.3 Beispiel. Eine Stammfunktion für $x\,\mathrm{e}^x$ erhalten wir mit partieller Integration: Wir setzen $g(x) := x$ und $f(x) := \mathrm{e}^x$ (also $f'(x) = \mathrm{e}^x$), dann gilt

$$\int x\,\mathrm{e}^x\,\mathrm{d}\,x = \big[x\,\mathrm{e}^x\big] - \int 1\cdot\mathrm{e}^x\,\mathrm{d}\,x = \big[(x-1)\,\mathrm{e}^x\big]\,.$$

Probe: Man verifiziert $\frac{\mathrm{d}}{\mathrm{d}\,t}\,(t-1)\,\mathrm{e}^t\big|_{t=x} = (x-1)\,\mathrm{e}^x + 1\cdot\mathrm{e}^x = x\,\mathrm{e}^x$ [Produktregel].

3.2.4 Beispiel. Eine Stammfunktion von $\cos x \cdot \sin x$ findet man durch den Ansatz $g(x) := \sin x$ und $f(x) := \sin x$ (also $f'(x) = \cos x$):

$$\int \cos x \cdot \sin x \, \mathrm{d}x = \left[\sin x \cdot \sin x\right] - \int \sin x \cdot \cos x \, \mathrm{d}x$$

liefert

$$2 \int \cos x \cdot \sin x \, \mathrm{d}x = \left[(\sin x)^2\right], \quad \text{also} \quad \int \cos x \cdot \sin x \, \mathrm{d}x = \left[\frac{1}{2}(\sin x)^2\right].$$

Wir hätten auch $g(x) := \cos x$ und $f(x) := -\cos x$ ansetzen können. Dann hätten wir

$$\int \cos x \cdot \sin x \, \mathrm{d}x = \left[-\frac{1}{2}(\cos x)^2\right]$$

erhalten. Wegen $-(\cos x)^2 = (\sin x)^2 - 1$ gilt $\left[-(\cos x)^2\right] = \left[(\sin x)^2\right]$ — das ist demnach so schon in Ordnung!

3.3 Substitution

Wir haben bereits das Verfahren der partiellen Integration als Gegenstück zur Produktregel kennengelernt.

Wir wollen jetzt ein Gegenstück zur *Kettenregel* 2.2.3 einführen. Dazu betrachten wir eine Funktion $f\colon I_2 \to \mathbb{R}\colon x \mapsto f(x)$. Wenn wir die Variable x selbst als Funktion einer anderen Variablen t auffassen, betrachten wir eine *Funktion* $x\colon I_1 \to I_2\colon t \mapsto x(t)$.

3.3.1 Substitutionsregel. *Ist x differenzierbar und beschreibt F eine Stammfunktion von f, so gilt:*

$$\int f(x) \, \mathrm{d}x = [F \circ x] = \int f(x(t))\, x'(t) \, \mathrm{d}t.$$

Hier wird (streng genommen im Widerspruch zur formalen Definition — wir wollen aber dem Leser die suggestive Schreibweise nicht vorenthalten) die linke Seite aufgefasst als Menge von Funktionen $(F \circ x) + c\colon t \mapsto F(x(t)) + c$ in der Veränderlichen t.

Beweis. Nach der Kettenregel 2.2.3 gilt:

$$\begin{aligned}\frac{\mathrm{d}}{\mathrm{d}\,t} F(x(t))\Big|_{t=t_0} &= \frac{\mathrm{d}}{\mathrm{d}\,x} F(x)\Big|_{x=x(t_0)} \cdot \frac{\mathrm{d}}{\mathrm{d}\,t} x(t)\Big|_{t=t_0} \\ &= f(x(t_0))\,x'(t_0)\,.\end{aligned}$$

Also ist $F \circ x$ eine Stammfunktion von $f(x(t))\,x'(t)$. Es gilt also

$$[F \circ x] = \int f(x(t))\,x'(t)\,\mathrm{d}\,t\,.$$

Das war die Behauptung. □

3.3.2 Formale Merkregel. Wir können die Formel aus 3.3.1 auch schreiben als

$$\int f(x)\,\mathrm{d}\,x = \int f(x(t))\,\frac{\mathrm{d}\,x(t)}{\mathrm{d}\,t}\,\mathrm{d}\,t = \int f(x)\,\frac{\mathrm{d}\,x}{\mathrm{d}\,t}\,\mathrm{d}\,t\,.$$

Bei der Substitutionsregel scheint man also den Ausdruck „$\mathrm{d}\,t$" zu „*kürzen*". Dies ist (im Rahmen der klassischen Analysis) sinnlos, weil $\mathrm{d}\,t$ keine reelle Zahl ist. Trotzdem kann man sich die Formel auf diese Art leichter merken. Es gibt Mathematiker, die an einer neuen „Non-Standard-Analysis" arbeiten, in der sich solche Methoden formal rechtfertigen lassen. Leider ist diese neue Theorie noch zu abstrakt für den Gebrauch in der Lehre für Nichtmathematiker.

3.3.3 Substitution bei bestimmten Integralen. *Es sei* $x\colon I_1 \to I_2 \subseteq \mathbb{R}$ *differenzierbar, und die Funktion* $f\colon I_2 \to \mathbb{R}$ *habe eine Stammfunktion. Für alle* $a, b \in I_1$ *gilt dann*

$$\int_a^b f(x(t))\,x'(t)\,\mathrm{d}\,t = \int_{x(a)}^{x(b)} f(x)\,\mathrm{d}\,x\,.$$

Beweis. Wir benutzen die Stammfunktionen $F := F_{x(a)}\colon x \mapsto \int_{x(a)}^{x} f(u)\,\mathrm{d}\,u$ für $f(x)$ und $F \circ x$ für $f(x(t))\,x'(t)$, vgl. 3.3.1. Die linke Seite ist dann

$$\begin{aligned}[F \circ x]_a^b &= (F \circ x)(b) - (F \circ x)(a) \\ &= F(x(b)) - F(x(a)) \\ &= F_{x(a)}(x(b)) = \int_{x(a)}^{x(b)} f(x)\,\mathrm{d}\,x\,.\end{aligned}$$ □

Man kann dies auch so schreiben:

$$\int_a^b f(x(t))\,x'(t)\,\mathrm{d}\,t = [F\circ x]_a^b = [F]_{x(a)}^{x(b)} = \int_{x(a)}^{x(b)} f(x)\,\mathrm{d}\,x\,.$$

Eine geeignete Substitution hilft oft, ein zunächst unzugängliches Integral zu berechnen. Dabei wird man meist eine *bijektive* Funktion $x(t)$ benutzen, um *resubstituieren* (also die Substitution rückgängig machen) zu können.

Dies ist vor allem bei *bestimmten* Integralen für das Finden der richtigen Grenzen wichtig: Es liegt oft ein Integral $\int_c^d f(x)\,\mathrm{d}\,x$ vor, bei dem sich keine Stammfunktion von f direkt angeben lässt.

Nach einer geeigneten Substitution erhalten wir

$$\int_a^b f(x(t))\,x'(t)\,\mathrm{d}\,t = \int_{x(a)}^{x(b)} f(x)\,\mathrm{d}\,x \qquad \text{mit} \quad x(a)=c \quad \text{und} \quad x(b)=d\,.$$

Hier wären dann (außer einer Stammfunktion für $f(x(t))\,x'(t)$) noch a und b zu bestimmen: Dazu braucht man die Umkehrfunktion zu x.

3.3.4 Beispiel (Lineare Substitution). Für $x(t) = mt + k$ mit Konstanten m, k und $m \neq 0$ gilt $\frac{\mathrm{d}\,x}{\mathrm{d}\,t} = m$ und damit

$$\begin{aligned}\int_a^b f(mt+k)\,\mathrm{d}\,t = \int_a^b f(x(t))\,\mathrm{d}\,t &= \frac{1}{m}\int_{t=a}^{t=b} f(x(t))\,m\,\mathrm{d}\,t \\ &= \frac{1}{m}\int_{t=a}^{t=b} f(x(t))\,\frac{\mathrm{d}\,x}{\mathrm{d}\,t}\,\mathrm{d}\,t = \frac{1}{m}\int_{x=ma+k}^{x=mb+k} f(x)\,\mathrm{d}\,x\,.\end{aligned}$$

3.3.5 Beispiel. Auf dem Intervall $I_2 := (-1, 1)$ suchen wir eine Stammfunktion für $f(x) = \sqrt{1-x^2}$. Wir substituieren mit

$$x\colon I_1 := \left(-\frac{\pi}{2}, \frac{\pi}{2}\right) \to I_2\colon t \mapsto x(t) := \sin t\,.$$

Mit $x'(t) = \cos t$ erhalten wir

$$\int \sqrt{1-x^2}\,\mathrm{d}x = \int \sqrt{1-(\sin t)^2}\cos t\,\mathrm{d}t = \int (\cos t)^2\,\mathrm{d}t$$

$$\left[\text{weil } \cos t \text{ für } t \in (-\tfrac{\pi}{2}, \tfrac{\pi}{2}) \text{ positiv ist}\right]$$

$$= \int \left(\frac{1}{2} + \frac{1}{2}\cos(2t)\right)\mathrm{d}t$$

$$= \int \frac{1}{2}\,\mathrm{d}t + \frac{1}{2}\int \cos(2t)\,\mathrm{d}t$$

$$= \left[\frac{1}{2}t + \frac{1}{4}\sin(2t)\right] = \left[\frac{1}{2}t + \frac{1}{2}\sin t\cos t\right].$$

Wir haben hier die Identitäten $(\cos t)^2 = \frac{1}{2}(1 + \cos(2t))$ und $\frac{1}{2}\sin(2t) = \sin t \cos t$ benutzt.

[Diese verifiziert man am schnellsten mit der Formel von Euler und de Moivre 1.14.18:

$$\begin{aligned}
\cos(2t) + \mathrm{i}\sin(2t) &= e^{\mathrm{i}2t} = (e^{\mathrm{i}t})^2 \\
&= (\cos t + \mathrm{i}\sin t)^2 \\
&= (\cos t)^2 - (\sin t)^2 + 2\mathrm{i}\cos t\sin t \\
&= (\cos t)^2 - \left(1-(\cos t)^2\right) + 2\mathrm{i}\cos t\sin t \\
&= 2(\cos t)^2 - 1 + 2\mathrm{i}\cos t\sin t.
\end{aligned}$$

Jetzt muss man nur noch Real- und Imaginärteil vergleichen.]

Durch *Resubstitution* $t = \arcsin x$, also $\cos t = \sqrt{1-x^2}$ erhält man schließlich

$$\int \sqrt{1-x^2}\,\mathrm{d}x = \left[\frac{1}{2}\left(\arcsin x + x\cdot\sqrt{1-x^2}\right)\right].$$

3.3.6 Beispiel. *Ist $f\colon I \to \mathbb{R}$ differenzierbar und gilt $f(x) \neq 0$ für alle $x \in I$, so ergibt sich*

$$\int \frac{f'(x)}{f(x)}\,\mathrm{d}x = \left[\ln|f(x)|\right].$$

[*Es gilt* $\int \frac{f'(x)}{f(x)}\,\mathrm{d}x = \int \frac{1}{f}\frac{\mathrm{d}f}{\mathrm{d}x}\,\mathrm{d}x = \int \frac{1}{f}\,\mathrm{d}f = \left[\ln|f|\right]$

— *die Betragsstriche sind wichtig!*]

3.3.7 Beispiel. Mit 3.3.6 erhalten wir (für $f(x) = \sin x$):

$$\int \cot x\,\mathrm{d}x = \int \frac{\cos x}{\sin x}\,\mathrm{d}x = \left[\ln|\sin x|\right].$$

Man muss das Intervall hier so wählen, dass es keine Nullstelle von sin enthält (also kein ganzzahliges Vielfaches von π). Wegen des Vorzeichens von $\sin x$ sind die Betragsstriche dringend nötig!

Es sei $x\colon I_1 \to I_2\colon t \mapsto x(t)$ bijektiv. Wenn dann die Umkehrfunktion $t := x^{-1}\colon I_2 \to I_1\colon x(t) \mapsto t$ differenzierbar ist und außerdem $t'(x) \neq 0$ für alle $x \in I_2$ gilt, so ist nach 2.3.1 auch x differenzierbar, wobei gilt $\frac{\mathrm{d}}{\mathrm{d}t}x(t) = \frac{1}{\frac{\mathrm{d}}{\mathrm{d}x}t(x)} = \frac{1}{t'(x)}$. Wir erhalten eine nützliche Variante der Substitutionsregel:

3.3.8 Substitutionsregel rückwärts. *Ist* $t(x)$ *differenzierbar und bijektiv mit* $t'(x) \neq 0$ *für alle* x *im Integrationsintervall, so gilt*

$$\int f(x)\,\mathrm{d}x = \int f(x(t))\,\frac{1}{t'(x(t))}\,\mathrm{d}t.$$

Auch hier gibt es eine griffige formale Merkregel:

$$t'(x) = \frac{\mathrm{d}t}{\mathrm{d}x} \quad \text{oder} \quad t'(x)\,\mathrm{d}x = \mathrm{d}t \quad \text{bzw.} \quad \mathrm{d}x = \frac{\mathrm{d}t}{t'(x)}.$$

3.3.9 Beispiel. Für $x \in I_1 := (-1,1)$ gilt mit $t := -x^2$ zunächst $t'(x) = -2x$. Wir können die Substitutionsregel rückwärts also in den Teilintervallen von $I_1 \setminus \{0\} = (-1,0) \cup (0,1)$ anwenden, und erhalten jeweils

$$\int \frac{-2x}{\sqrt{1-x^2}}\,\mathrm{d}x = \int \frac{1}{\sqrt{1+t}}\,\mathrm{d}t = \left[2\sqrt{1+t}\right] = \left[2\sqrt{1-x^2}\right].$$

Durch Ableiten verifiziert man, dass diese Regel generell gilt: Die Unterteilung des Intervalls war nur nötig, um die Stammfunktion zu *finden*.

3.4 Partialbruchzerlegung

3.4.1 Definition. Unter einer *gebrochen rationalen Funktion* versteht man eine Funktion $f\colon D \to \mathbb{R}$, die als *Quotient* zweier Polynome mit reellen Koeffizienten gegeben ist (vgl. 1.11.8). Es gilt also

$$f(x) = \frac{q(x)}{p(x)} \qquad \text{mit } q(x),\, p(x) \in \operatorname{Pol}\mathbb{R},$$

der Definitionsbereich D darf keine Nullstelle des Nenners $p(x)$ enthalten.

Wir wollen diese Funktionen integrieren.

3.4.2 Beispiele. Es sei $a \in \mathbb{R}$. Die gebrochen rationalen Funktionen

$$f_1(x) = \frac{1}{x-a}, \quad f_2(x) = \frac{1}{(x-a)^2}, \quad f_3(x) = \frac{1}{(x-a)^3}, \quad \dots,$$
$$f_n(x) = \frac{1}{(x-a)^n}, \quad \dots$$

können wir problemlos integrieren, Stammfunktionen sind etwa

$$F_1(x) = \ln|x-a|, \quad F_2 = -f_1, \quad F_3 = -\frac{1}{2} f_2, \quad \dots, \quad F_n = -\frac{f_{n-1}}{n-1}.$$

[Lineare Substitution: (siehe 3.3.4) $u = x - a$, $\frac{du}{dx} = 1$, also für $n > 1$:

$$\int f_n(x)\,dx = \int u^{-n}\,du = \left[\frac{-1}{n-1} u^{-n+1}\right] = \left[\frac{-1}{n-1} f_{n-1}(x)\right].$$

Für $n = 1$:

$$\int f_1(x)\,dx = \int u^{-1}\,du = \left[\ln|u|\right] = \left[\ln|x-a|\right].$$
]

Wir wollen die Integration beliebiger gebrochen rationaler Funktionen $\frac{q(x)}{p(x)}$ auf die Beispiele in 3.4.2 zurückführen.

Dazu zerlegen wir den Nenner $p(x)$ in Linearfaktoren (das geht mit dem Fundamentalsatz der Algebra) oder in Faktoren vom Grad höchstens 2.

3.4.3 Reelle Faktorisierung von Polynomen.
Sei $p(x) = \sum_{j=0}^{n} a_j x^j \in \operatorname{Pol}\mathbb{R}$ *mit* $a_n \neq 0$. *Dann gibt es* $\alpha_j \in \mathbb{R}$ *(die reellen Nullstellen) und Paare reeller Zahlen* $(\beta_j, \gamma_j) \in \mathbb{R}^2$ *so, dass*

$$p(x) = a_n \cdot \prod_{j=1}^{s} (x - \alpha_j)^{m_j} \cdot \prod_{j=s+1}^{s+\frac{\ell-s}{2}} (x^2 + \beta_j x + \gamma_j)^{m_j}.$$

Dabei haben die quadratischen Faktoren $x^2 + \beta_k x + \gamma_k$ *keine reellen Nullstellen (sondern Paare von konjugiert komplexen).*

3.4.4 Bemerkung. Hier ist s die Anzahl *verschiedener* reeller Nullstellen, und ℓ die Anzahl aller (auch komplexer) Nullstellen. Es kommt natürlich vor, dass $p(x)$ lauter reelle Nullstellen hat (dann ist $s = \ell$) oder dass alle Nullstellen nicht reell sind (dann ist $s = 0$). In diesen Fällen entfällt eines der Produkte.

Beweis der reellen Faktorisierung. Nach dem Fundamentalsatz der Algebra 0.4.5 gibt es komplexe Zahlen α_j so, dass

$$p(x) = a_n \cdot \prod_{j=1}^{\ell} (x - \alpha_j)^{m_j}.$$

Wir nummerieren die Nullstellen so, dass $\alpha_1, \ldots, \alpha_s$ reell sind, aber $\alpha_j \notin \mathbb{R}$ für alle $j > s$ gilt.
Weil $p(x)$ reelle Koeffizienten hat, ist mit α_j stets auch $\overline{\alpha_j}$ Nullstelle von $p(x)$. Das quadratische Polynom

$$(x - \alpha_j)(x - \overline{\alpha_j}) = x^2 - (\alpha_j + \overline{\alpha_j})\, x + \alpha_j \overline{\alpha_j}$$

hat reelle Koeffizienten $\beta_j := -(\alpha_j + \overline{\alpha_j})$ und $\gamma_j := \alpha_j \overline{\alpha_j}$. Wir fassen nun die nicht reellen Nullstellen von $p(x)$ zu konjugiert komplexen Paaren $(\alpha_j, \overline{\alpha_j})$ für $j > s$ zusammen. Hat α_j die Vielfachheit m_j als Nullstelle von $p(x)$, so ergibt sich die angegebene reelle Faktorisierung. □

3.4.5 Reelle Partialbruchzerlegung. *Es seien $p(x)$ und $q(x)$ reelle Polynome, der Grad von $q(x)$ sei kleiner als der Grad n von $p(x)$. Wir zerlegen $p(x)$ nach 3.4.3 in reelle Faktoren:*

$$p(x) = a_n \cdot \prod_{j=1}^{s} (x - \alpha_j)^{m_j} \cdot \prod_{j=s+1}^{s+\frac{\ell-s}{2}} (x^2 + \beta_j x + \gamma_j)^{m_j}.$$

Dann gibt es (eindeutig bestimmte) reelle Zahlen A_{jk}, B_{jk}, C_{jk} so, dass

$$\frac{q(x)}{p(x)} = \sum_{j=1}^{s} \sum_{k=1}^{m_j} \frac{A_{jk}}{(x - \alpha_j)^k} + \sum_{j=s+1}^{s+\frac{\ell-s}{2}} \sum_{k=1}^{m_j} \frac{B_{jk} + C_{jk} x}{(x^2 + \beta_j x + \gamma_j)^k}.$$

Der Leitkoeffizient a_n des Nenners ist hier in die Koeffizienten A_{jk}, B_{jk} und C_{jk} eingerechnet. Wir überlassen den Beweis (der zur Linearen Algebra gehört) den Mathematikern.

3.4.6 Beispiel. Eine reelle Faktorisierung von $x^2 - 5$ ist $(x - \alpha_1)^1 \cdot (x - \alpha_2)^1$ mit $\alpha_1 = \sqrt{5}$ und $\alpha_2 = -\sqrt{5}$. Die Partialbruchzerlegung von $\frac{1}{x^2-5}$ lautet

$$(*) \qquad \frac{1}{x^2 - 5} = \frac{A_{11}}{x - \sqrt{5}} + \frac{A_{21}}{x + \sqrt{5}}.$$

Um die Koeffizienten A_{jk} zu bestimmen, multiplizieren wir die definierende Gleichung $(*)$ mit $\left(x - \sqrt{5}\right)$ und erhalten

$$\frac{1}{x + \sqrt{5}} = \frac{x - \sqrt{5}}{x^2 - 5} = \frac{A_{11}\left(x - \sqrt{5}\right)}{x - \sqrt{5}} + \frac{A_{21}\left(x - \sqrt{5}\right)}{x + \sqrt{5}}.$$

Für $x \longrightarrow \sqrt{5}$ erhalten wir $\frac{1}{\sqrt{5}+\sqrt{5}} = A_{11}$.

Analog finden wir $A_{21} = \frac{1}{-\sqrt{5}-\sqrt{5}}$ nach Multiplikation mit $\left(x + \sqrt{5}\right)$ und Grenzübergang $x \longrightarrow -\sqrt{5}$.

Wir erhalten

$$\frac{1}{x^2 - 5} = \frac{\frac{1}{2\sqrt{5}}}{x - \sqrt{5}} + \frac{-\frac{1}{2\sqrt{5}}}{x + \sqrt{5}} = \frac{1}{2\sqrt{5}} \left(\frac{1}{x - \sqrt{5}} - \frac{1}{x + \sqrt{5}} \right).$$

Das eben benutzte Verfahren (Multiplikation mit einem Linearfaktor und Grenzwertbetrachtung) nennt man *Grenzwertmethode.*

Bevor wir weitere Beispiele vorstellen, zeigen wir, wozu die Partialbruchzerlegung gut ist.

3.4.7 Integration mit Hilfe der Partialbruchzerlegung.

Es sei $f(x) = \frac{q(x)}{p(x)}$ *eine gebrochen rationale Funktion.*
Ist der Grad d *von* $q(x)$ *größer oder gleich dem Grad* n *von* $p(x)$*, finden wir durch Polynomdivision ein Polynom* $a(x)$ *vom Grad* $d-n$ *und ein Polynom* $q_1(x)$ *vom Grad* $r<n$ *so, dass*

$$q(x) = a(x)\,p(x) + q_1(x)\,.$$

Es ergibt sich

$$f(x) = a(x) + \frac{q_1(x)}{p(x)}\,.$$

Im Falle $d<n$ *setzen wir* $a := 0$ *und* $q_1 := q$*. Das Polynom* $a(x)$ *ist leicht zu integrieren, für den Rest steht uns eine Partialbruchzerlegung zur Verfügung:*

$$\frac{q_1(x)}{p(x)} = \sum_{j=1}^{s}\sum_{k=1}^{m_j} \frac{A_{jk}}{(x-\alpha_j)^k} + \sum_{j=s+1}^{s+\frac{\ell-s}{2}}\sum_{k=1}^{m_j} \frac{B_{jk}+C_{jk}\,x}{(x^2+\beta_j\,x+\gamma_j)^k}\,.$$

Wegen der Linearität des Integrals können wir dies zurückführen auf die (teilweise in 3.4.2 bestimmten) Integrale:

1. $\displaystyle\int \frac{A}{(x-\alpha)^1}\,\mathrm{d}x = \Big[A\,\ln|x-\alpha|\Big].$
2. $\displaystyle\int \frac{A}{(x-\alpha)^k}\,\mathrm{d}x = \left[\frac{-A}{(k-1)\,(x-\alpha)^{k-1}}\right]$ für $k>1$.
3. $\displaystyle\int \frac{B}{(x^2+\beta\,x+\gamma)^k}\,\mathrm{d}x$
4. $\displaystyle\int \frac{C\,x}{(x^2+\beta\,x+\gamma)^k}\,\mathrm{d}x = \frac{C}{2}\left(\int \frac{2\,x+\beta}{(x^2+\beta\,x+\gamma)^k}\,\mathrm{d}x - \int \frac{\beta}{(x^2+\beta\,x+\gamma)^k}\,\mathrm{d}x\right)$

Wir müssen die letzten beiden Fälle noch verstehen. Dabei können wir die Skalare B und C zunächst ignorieren. (Besser gesagt: Wir ziehen diese Skalare aus dem Integral nach vorn und verrechnen sie später.)

3.4.8 Lemma. *Das Polynom $x^2 + \beta x + \gamma$ habe reelle Koeffizienten. Dann gilt*

1. $$\int \frac{2x+\beta}{(x^2+\beta x+\gamma)^1}\,\mathrm{d}x = \left[\ln|x^2+\beta x+\gamma|\right],$$

2. $$\int \frac{2x+\beta}{(x^2+\beta x+\gamma)^k}\,\mathrm{d}x = \left[\frac{-1}{(k-1)(x^2+\beta x+\gamma)^{k-1}}\right] \qquad \textit{für } k>1.$$

Beweis. Wir substituieren $u(x) = x^2+\beta x+\gamma$ und benutzen dabei $u'(x) = 2x+\beta$ und die Ergebnisse aus 3.4.2. □

Es bleiben Stammfunktionen für $\dfrac{1}{(x^2+\beta x+\gamma)^k}$ zu finden.

3.4.9 Lemma. *Das Polynom $x^2+\beta x+\gamma$ habe reelle Koeffizienten, aber keine reellen Nullstellen. Wir setzen $\Delta := \gamma - \frac{\beta^2}{4}$ und $u := \frac{x+\frac{\beta}{2}}{\sqrt{\Delta}}$. Dann gilt $\Delta > 0$ und*

1. $$\int \frac{1}{x^2+\beta x+\gamma}\,\mathrm{d}x = \left[\frac{1}{\sqrt{\Delta}}\arctan u\right] = \left[\frac{1}{\sqrt{\Delta}}\arctan\left(\frac{x+\frac{\beta}{2}}{\sqrt{\Delta}}\right)\right]$$

2. $$\int \frac{1}{(x^2+\beta x+\gamma)^k}\,\mathrm{d}x = \frac{\sqrt{\Delta}}{\Delta^k}\int \frac{1}{(u^2+1)^k}\,\mathrm{d}u$$

$$= \frac{\sqrt{\Delta}}{\Delta^k}\left(\left(1-\frac{1}{2\,(k-1)}\right)\int\frac{1}{(u^2+1)^{k-1}}\,\mathrm{d}u + \left[\frac{u}{2\,(k-1)\,(u^2+1)^{k-1}}\right]\right)$$

für $k > 1$.

Beweis. Wir bemerken zuerst, dass $\Delta > 0$ gilt.

[Die Nullstelle $x_0 := \frac{-\beta+\sqrt{\beta^2-4\gamma}}{2} = -\frac{\beta}{2} + \sqrt{-\Delta}$ des Nenners $x^2+\beta x+\gamma$ wäre sonst reell.]

Jetzt berechnen wir $\frac{\mathrm{d}u(x)}{\mathrm{d}x} = \frac{1}{\sqrt{\Delta}}$ und erhalten durch Substitution:

$$\int \frac{1}{(x^2+\beta x+\gamma)^k}\,\mathrm{d}x = \frac{1}{\Delta^k}\int\frac{1}{(u(x)^2+1)^k}\,\mathrm{d}x = \frac{\sqrt{\Delta}}{\Delta^k}\int\frac{1}{(u^2+1)^k}\,\mathrm{d}u$$

Für den Fall $k = 1$ haben wir dieses Integral in 3.1.7 als $\left[\frac{1}{\sqrt{\Delta}}\arctan u\right]$ bestimmt.

Für $k > 1$ schreiben wir $1 = u^2 + 1 - u^2$ und erhalten

$$(*) \qquad \int \frac{1}{(u^2+1)^k}\,\mathrm{d}u = \int \frac{1}{(u^2+1)^{k-1}}\,\mathrm{d}u + \int \frac{-u^2}{(u^2+1)^k}\,\mathrm{d}u\,.$$

Partielle Integration (vgl. 3.2.2) mit $g(u) = \dfrac{u}{2}$ und $f(u) = \dfrac{1}{(k-1)\,(u^2+1)^{k-1}}$ liefert

$$\int \frac{-u^2}{(u^2+1)^k}\,\mathrm{d}u = \left[\frac{u}{2\,(k-1)\,(u^2+1)^{k-1}}\right] - \frac{1}{2\,(k-1)} \int \frac{1}{(u^2+1)^{k-1}}\,\mathrm{d}u\,.$$

Dies müssen wir nur noch in (*) einsetzen, um die rekursive Formel zu erhalten. □

3.4.10 Beispiel. Die Partialbruchzerlegung

$$\frac{1}{x^2-5} = \frac{1}{2\sqrt{5}}\left(\frac{1}{x-\sqrt{5}} - \frac{1}{x+\sqrt{5}}\right)$$

aus 3.4.6 liefert

$$\int \frac{1}{x^2-5}\,\mathrm{d}x = \left[\frac{1}{2\sqrt{5}}\left(\ln|x-\sqrt{5}| - \ln|x+\sqrt{5}|\right)\right].$$

3.4.11 Beispiel. Um $\dfrac{x+10}{x^2+5x-14}$ zu integrieren, zerlegen wir den Nenner:

$$x^2+5x-14 = (x+7)\,(x-2)\,.$$

Es ist $\alpha_1 = -7$ (mit $m_1 = 1$) und $\alpha_2 = 2$ (mit $m_2 = 1$). Für die Partialbruchzerlegung setzen wir also an

$$\frac{x+10}{x^2+5x-14} = \frac{A_{11}}{x+7} + \frac{A_{21}}{x-2}\,.$$

Wie in 3.4.6 könnten wir die Grenzwertmethode benutzen, um A_{11} und A_{21} zu bestimmen.

Wir stellen eine weitere Methode zur Koeffizienten-Bestimmung vor: Nach Multiplikation mit dem Nenner $(x+7)(x-2)$ und *Kürzen* erhalten wir

$$x+10 = A_{11}\,(x-2) + A_{21}\,(x+7) = (A_{11}+A_{21})\,x + (-2\,A_{11} + 7\,A_{21})\,.$$

Diese Bedingung muss für unendlich viele reelle Zahlen (nämlich alle in einem Teilintervall von $\mathbb{R} \setminus \{-7, 2\}$) erfüllt sein. Also stimmen die beiden Polynome links und rechts überein, wir können A_{11} und A_{21} durch *Koeffizientenvergleich* berechnen:

$$\begin{aligned} 1 &= A_{11} + A_{21} \\ 10 &= -2\,A_{11} + 7\,A_{21} \quad . \end{aligned}$$

Als Lösung dieses inhomogenen LGS ergibt sich

$$A_{11} = -\frac{1}{3}, \qquad A_{21} = \frac{4}{3}\,.$$

Damit ist

$$\int \frac{x+10}{x^2+5x-14}\,\mathrm{d}x = \int \frac{-1}{3\,(x+7)} + \frac{4}{3\,(x-2)}\,\mathrm{d}x = \left[-\frac{1}{3}\ln|x+7| + \frac{4}{3}\ln|x-2|\right].$$

In den bisherigen Beispielen hatte der Nenner nur einfache Nullstellen, wir betrachten jetzt den allgemeineren Fall:

3.4.12 Beispiel. Nach Satz 3.4.5 gibt es $A_{11}, A_{12}, A_{13} \in \mathbb{R}$ so, dass

$$\frac{x-1}{(x-2)^3} = \frac{A_{11}}{x-2} + \frac{A_{12}}{(x-2)^2} + \frac{A_{13}}{(x-2)^3}\,.$$

Mit der Grenzwertmethode könnte man A_{13} bestimmen, aber nicht die anderen Koeffizienten. Die Methode des Koeffizientenvergleichs spielt hier ihre Stärke aus:

$$\begin{aligned} x-1 &= A_{11}\,(x-2)^2 + A_{12}\,(x-2) + A_{13} \\ &= A_{11}\,(x^2-4x+4) + A_{12}\,(x-2) + A_{13} \\ &= A_{11}\,x^2 + (-4\,A_{11} + A_{12})\,x + (4\,A_{11} - 2\,A_{12} + A_{13})\,. \end{aligned}$$

Wir erhalten $A_{11} = 0$, $A_{12} = 1$ und $A_{13} = 1$.
Das Integral können wir jetzt leicht berechnen:

$$\int \frac{x-1}{(x-2)^3}\,\mathrm{d}x = \int \frac{0}{x-2} + \frac{1}{(x-2)^2} + \frac{1}{(x-2)^3}\,\mathrm{d}x = \left[\frac{-1}{x-2} + \frac{-1}{2\,(x-2)^2}\right].$$

3.4.13 Beispiel. Bei $f(x) = \dfrac{2}{(x^2+1)(x-1)}$ hat der Nenner die reelle Nullstelle 1, aber keine weiteren reellen Nullstellen. Deswegen setzen wir die Partialbruchzerlegung an als

$$\frac{2}{(x^2+1)(x-1)} = \frac{A}{x-1} + \frac{B+Cx}{x^2+1}\,.$$

(Eigentlich haben wir $A = A_{11}$, $B = B_{21}$ und $C = C_{21}$.) Mit der Grenzwertmethode (Multiplikation der Gleichungen mit $(x-1)$) können wir schnell $A = 1$ einsehen, danach könnte man einen Koeffizientenvergleich für B und C durchführen. Wir stellen eine weitere Methode vor:

Durch *Einsetzen spezieller Werte* für x erhalten wir lineare Gleichungen für A, B, C. Wir verwenden $A = 1$ (aus der Grenzwertmethode) und setzen $x = 0$: Dies liefert $B = -1$. Jetzt setzen wir $x = 2$ ein und erhalten $\frac{2}{(4+1)\cdot 1} = 1 + \frac{-1+2C}{5}$, also $C = -1$.

Die Menge aller Stammfunktionen von $f(x)$ erhält man als

$$\begin{aligned}\int f(x)\,\mathrm{d}x &= \int\left(\frac{1}{x-1} + \frac{-1-x}{x^2+1}\right)\mathrm{d}x\\ &= \int \frac{1}{x-1}\,\mathrm{d}x - \int \frac{1}{x^2+1}\,\mathrm{d}x - \frac{1}{2}\int \frac{2x}{x^2+1}\,\mathrm{d}x\\ &= \left[\ln|x-1| - \arctan x - \frac{1}{2}\ln|x^2+1|\right].\end{aligned}$$

3.4.14 Beispiel. Nach 3.4.9 gilt (mit $\beta = 0$, $\gamma = 1$, $u = x$ und $k = 2$):

$$\begin{aligned}\int \frac{1}{(x^2+1)^2}\,\mathrm{d}x &= \frac{1}{2}\int \frac{1}{x^2+1}\,\mathrm{d}x + \left[\frac{1}{2}\,\frac{x}{x^2+1}\right]\\ &= \left[\frac{1}{2}\left(\arctan x + \frac{x}{x^2+1}\right)\right].\end{aligned}$$

3.4.15 Bemerkung. Grundsätzlich gilt: Die Suche nach den Koeffizienten der Partialbruchzerlegung kann man *immer* durch Multiplikation mit dem Nenner und anschließenden Koeffizientenvergleich auf die Lösung eines linearen Gleichungssystems reduzieren. Den Beweis von 3.4.5 führt man in der Tat auf den Nachweis der eindeutigen Lösbarkeit dieses Gleichungssystems zurück.

Die in den Beispielen benutzten Tricks helfen, die Zahl der Unbekannten vorweg zu vermindern.

3.5 Geometrische Interpretation des Integrals

3.5.1 Definition. Es sei $[a, b]$ ein Intervall und $P = \{x_0, \dots, x_n\}$ eine *Partition* dieses Intervalls: Es gelte also

$$a = x_0 < x_1 < \cdots < x_n = b\,.$$

Für jede *beschränkte* Funktion $f\colon [a, b] \to \mathbb{R}$ setzen wir

$$\begin{aligned} I_k &:= \inf\left\{f(x) \,\middle|\, x \in [x_{k-1}, x_k]\right\} \\ S_k &:= \sup\left\{f(x) \,\middle|\, x \in [x_{k-1}, x_k]\right\}. \end{aligned}$$

Dann heißt

$$\begin{aligned} \underline{S}(f, P) &:= \sum_{k=1}^{n} I_k \cdot (x_k - x_{k-1}) \quad \textit{Untersumme} \text{ von } f \text{ zur Partition } P, \\ \bar{S}(f, P) &:= \sum_{k=1}^{n} S_k \cdot (x_k - x_{k-1}) \quad \textit{Obersumme} \text{ von } f \text{ zur Partition } P. \end{aligned}$$

Für eine stetige Funktion f mit $f(x) \geqq 0$ für alle $x \in [a, b]$ gilt für die Fläche F zwischen der x-Achse und dem Graph von f:

$$\underline{S}(f, P) \leqq F \leqq \bar{S}(f, P)\,.$$

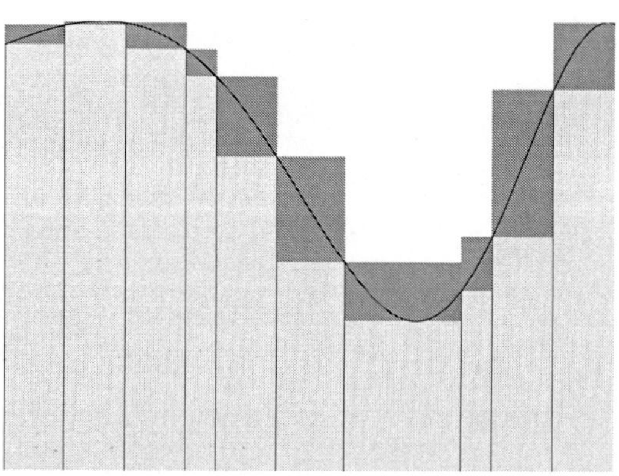

Je nach Funktion f und benutzter Partition P ist der Unterschied zwischen Unter- und Obersumme beträchtlich. Man versucht, diesen Unterschied durch *Verfeinern* der Partition zu verkleinern.

3.5.2 Definition. Eine Partition $Q = \{y_0, \ldots, y_\ell\}$ eines Intervalls heißt *Verfeinerung* der Partition $P = \{x_0, \ldots, x_n\}$ desselben Intervalls, wenn $P \subseteqq Q$ gilt, wenn also jeder Teilungspunkt in P auch einer in Q ist.
Die *Feinheit* der Partition P ist $\max\{x_k - x_{k-1} \mid 1 \leqq k \leqq n\}$.

Wir hoffen, dass $\underline{S}(f,P)$ und $\overline{S}(f,P)$ gegen die Fläche F konvergieren, wenn die Feinheit von P gegen 0 strebt.
Bei diesen Überlegungen gehen wir aus von einem *anschaulichen* Begriff der Fläche — mathematisch exakt wird die Fläche eben als Grenzwert der Unter- und Obersummen definiert! Um die Konvergenz gegen die Fläche zu sichern, betrachtet man die Annäherung von unten und von oben: wenn beide Wege zum selben Grenzwert führen, nennen wir diesen die Fläche.
Die Konvergenz der Unter- und Obersummen wird gesichert durch

3.5.3 Lemma. *Sei $f\colon [a,b] \to \mathbb{R}$ eine beschränkte Funktion, und seien P und Q Partitionen des Intervalls $[a,b]$.*

1. *Ist Q eine Verfeinerung von P, so gilt*
$$\underline{S}(f,Q) \geqq \underline{S}(f,P) \quad \text{und} \quad \overline{S}(f,Q) \leqq \overline{S}(f,P).$$
2. *Auf jeden Fall gilt*
$$\underline{S}(f,Q) \leqq \overline{S}(f,P).$$

Bei Verfeinerung der Partition wachsen also die Untersummen und fallen die Obersummen, während sie sich gegenseitig beschränken: Nach dem Satz von Bolzano und Weierstraß 1.6.5 konvergieren beide.

3.5.4 Definition. Für jede beschränkte Funktion $f\colon [a,b] \to \mathbb{R}$ setzen wir

$$\begin{aligned} \underline{S} &:= \sup\left\{\underline{S}(f,P) \,\middle|\, P \text{ Partition von } [a,b]\right\} \\ \overline{S} &:= \inf\left\{\overline{S}(f,P) \,\middle|\, P \text{ Partition von } [a,b]\right\} \end{aligned}$$

Man nennt f *Riemann-integrierbar*, wenn $\underline{S} = \overline{S}$ gilt.
In diesem Fall heißt der Wert $\underline{S}$ das *Riemann-Integral* über f von a bis b. Das Riemann-Integral ist eine reelle Zahl.

Man schreibt dann auch

$$\int_a^b f(x)\,\mathrm{d}x$$

für diesen Wert.

Dass wir dieselbe Schreibweise wie beim bestimmten Integral benutzen, lässt sich natürlich nur rechtfertigen, wenn die verschiedenen Definitionen dasselbe liefern: Dies sichert der Hauptsatz der Differential- und Integralrechnung 3.6.3.

3.5.5 Satz. *Es sei $f\colon [a,b] \to \mathbb{R}$ eine Funktion.*

1. *Ist f monoton und beschränkt, so ist f Riemann-integrierbar.*
2. *Ist f stetig, so ist f Riemann-integrierbar.*
   [Die Beschränktheit folgt nach Weierstraß 1.13.12.]

Etwas allgemeiner gilt:

3. *Ist f beschränkt und stückweise monoton (d.h. es gibt eine Partition des Intervalls so, dass f auf jedem Teilintervall monoton ist), so ist f Riemann-integrierbar.*
4. *Ist f beschränkt und stückweise stetig (dann hat f nur endlich viele Sprungstellen im Intervall), so ist f Riemann-integrierbar.*

3.5.6 Beispiel. Wir definieren die Funktion

$$q\colon [0,1] \to \mathbb{R}\colon x \mapsto \begin{cases} 1 & \text{falls } x \in \mathbb{Q}, \\ 0 & \text{sonst.} \end{cases}$$

Diese Funktion ist *nicht* Riemann-integrierbar.

Beweis. Zur Erinnerung: Die Menge $\mathbb{Q}$ der rationalen Zahlen liegt dicht in $\mathbb{R}$; es gibt zu je zwei reellen Zahlen eine rationale Zahl zwischen diesen beiden. Umgekehrt gibt es auch zwischen je zwei reellen Zahlen eine nicht rationale. Die Funktion q nimmt also in jedem beliebigen Intervall sowohl den Wert 1 als auch den Wert 0 an.

Sei $P = \{x_0, \ldots, x_n\}$ eine beliebige Partition von $[0,1]$. Für $1 \leqq k \leqq n$ finden wir jeweils $\xi_k, \zeta_k \in [x_{k-1}, x_k]$ so, dass $\xi_k \in \mathbb{Q}$ und $\zeta_k \notin \mathbb{Q}$. Dann gilt $q(\xi_k) = 1$ und $q(\zeta_k) = 0$ und damit $S_k = 1$ und $I_k = 0$, also

$$\begin{aligned} \underline{S}(q,P) &= \sum_{k=1}^{n} I_k \cdot (x_k - x_{k-1}) &= \sum_{k=1}^{n} 0 &= 0, \\ \bar{S}(q,P) &= \sum_{k=1}^{n} S_k \cdot (x_k - x_{k-1}) &= \sum_{k=1}^{n} x_k - x_{k-1} &= x_n - x_0 = 1. \end{aligned}$$

Damit konvergieren die Obersummen gegen 1, aber die Untersummen gegen 0, es gilt $\overline{S} \neq \underline{S}$ und die Funktion q hat kein Riemann-Integral. □

3.5.7 Linearität und Monotonie des Riemann-Integrals.
Die Funktionen $f, g\colon [a,b] \to \mathbb{R}$ seien Riemann-integrierbar.

1. *Für alle $\alpha, \beta \in \mathbb{R}$ gilt:*

$$\int_a^b \big(\alpha f(x) + \beta g(x)\big)\,\mathrm{d}x = \alpha \int_a^b f(x)\,\mathrm{d}x + \beta \int_a^b g(x)\,\mathrm{d}x.$$

2. *Gilt $f(x) \leqq g(x)$ für alle $x \in [a,b]$, so gilt auch:*

$$\int_a^b f(x)\,\mathrm{d}x \leqq \int_a^b g(x)\,\mathrm{d}x.$$

3. *Die Funktion $|f|\colon [a,b] \to \mathbb{R}\colon x \mapsto |f(x)|$ ist Riemann-integrierbar, es gilt:*

$$\left|\int_a^b f(x)\,\mathrm{d}x\right| \leqq \int_a^b \big|f(x)\big|\,\mathrm{d}x$$

(Integral-Variante der Dreiecksungleichung).

3.5.8 Produkte und Quotienten.

1. *Mit f und g ist auch $f \cdot g$ Riemann-integrierbar.*
2. *Gilt $\inf\big\{|g(x)| \,\big|\, x \in [a,b]\big\} > 0$, so ist mit f und g auch f/g Riemann-integrierbar.*

3.5.9 Integrale über Teilintervalle. Für jede Riemann-integrierbare Funktion $f\colon [a,b] \to \mathbb{R}$ und jede Stelle $z \in (a,b)$ sind auch die Einschränkungen von f auf die Intervalle $[a,z]$ und $[z,b]$ Riemann-integrierbar, und es gilt

$$\int_a^b f(x)\,\mathrm{d}x = \int_a^z f(x)\,\mathrm{d}x + \int_z^b f(x)\,\mathrm{d}x\,.$$

Die Funktion f ist damit auf jedem Teilintervall von $[a,b]$ integrierbar.

3.5.10 Bemerkungen. Neben dem Riemann-Integral gibt es weitere Integralbegriffe wie etwa das Lebesgue-Integral oder das Riemann-Stieltjes-Integral. Wir beschränken uns hier auf Riemann-Integrale und werden fortan statt „Riemann-integrierbar“ einfach nur „integrierbar“ sagen.

3.6 Hauptsatz der Differential- und Integralrechnung

3.6.1 Definition. Es sei $f\colon [a,b] \to \mathbb{R}$ integrierbar. Die Funktion

$$F\colon [a,b] \to \mathbb{R}\colon x \mapsto \int_a^x f(t)\,\mathrm{d}t$$

heißt *Flächenfunktion* zu f bezüglich $[a,b]$.

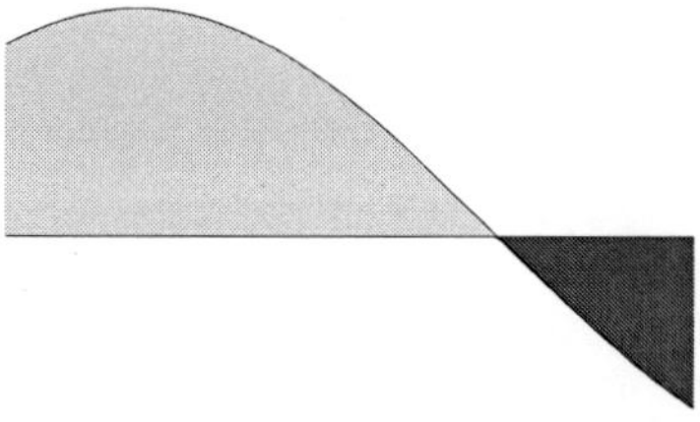

Diese Flächenfunktion misst *orientierte* Flächen:

Flächenteile, die unterhalb der x-Achse liegen, gehen mit *negativem Vorzeichen* ein.

3.6.2 Mittelwertsatz der Integralrechnung.
Sei $f\colon [a,b] \to \mathbb{R}$ stetig. Dann existiert $\xi \in [a,b]$ mit

$$\int_a^b f(x)\,\mathrm{d}x = f(\xi)\,(b-a)\,.$$

Beweis. Weil f stetig ist, existieren

$$\begin{aligned} m &:= \min\{f(x) \mid x \in [a,b]\} \\ \text{und} \quad M &:= \max\{f(x) \mid x \in [a,b]\}\,, \end{aligned}$$

und es gilt

$$m \cdot (b-a) = \underline{S}(f,\{a,b\}) \leqq \int_a^b f(x)\,\mathrm{d}x \leqq \overline{S}(f,\{a,b\}) = M \cdot (b-a)\,,$$

also $m \leqq \frac{\int_a^b f(x)\,\mathrm{d}x}{b-a} \leqq M$.

Der Zwischenwertsatz 1.13.6 liefert $\xi \in [a,b]$ mit $f(\xi) = \frac{\int_a^b f(x)\,\mathrm{d}x}{b-a}$, und die Behauptung folgt. □

3.6.3 Hauptsatz der Differential- und Integralrechnung.
Sei $f\colon [a,b] \to \mathbb{R}$ stetig. Dann ist die Flächenfunktion

$$F(x) := \int_a^x f(t)\,\mathrm{d}t$$

differenzierbar, und es gilt $\quad F'(x) = f(x)$.

Beweis. Nach dem Mittelwertsatz 3.6.2 gibt es zu jedem $h \in [0, b-x]$ ein $\xi_h \in [x, x+h]$ so, dass gilt:

$$F(x+h) - F(x) = \int_x^{x+h} f(x)\,\mathrm{d}x = f(\xi_h) \cdot h\,.$$

Damit ergibt sich der rechtsseitige Funktionsgrenzwert

$$\lim_{h \searrow 0} \frac{F(x+h) - F(x)}{h} = \lim_{h \searrow 0} f(\xi_h) = f(x)\,.$$

Analog ergibt sich der linksseitige Funktionsgrenzwert ebenfalls als (existent und gleich) $f(x)$; damit also $F'(x) = f(x)$, wie behauptet. □

3.6.4 Erweiterter Mittelwertsatz.
Es seien f und g stetige Funktionen von $[a,b]$ nach $\mathbb{R}$. Für alle $x \in [a,b]$ sei $g(x) \geqq 0$. Dann gibt es $\xi \in [a,b]$ mit

$$\int_a^b f(x)\,g(x)\,\mathrm{d}x = f(\xi) \int_a^b g(x)\,\mathrm{d}x\,.$$

Beweis. Wir setzen

$$\begin{aligned} m &:= \min\{f(x) \mid x \in [a,b]\} \\ \text{und} \quad M &:= \max\{f(x) \mid x \in [a,b]\} \,. \end{aligned}$$

Dann gilt

$$m \int_a^b g(x)\,\mathrm{d}\,x \leqq \int_a^b f(x)\,g(x)\,\mathrm{d}\,x \leqq M \int_a^b g(x)\,\mathrm{d}\,x\,,$$

und der Zwischenwertsatz 1.13.6 liefert die Behauptung. □

Natürlich gilt der erweiterte Mittelwertsatz auch für Funktionen $g\colon [a,b] \to \mathbb{R}$ mit $g(x) \leqq 0$ für alle $x \in [a,b]$: Man ersetzt im Beweis $g(x)$ durch $-g(x)$.

3.6.5 Bemerkung. Bisher haben wir bei der Schreibweise

$$\int_a^b f(x)\,\mathrm{d}\,x$$

für Riemann-Integrale stets vorausgesetzt, dass $[a,b]$ ein Intervall sei, dass also $a < b$ gilt.

Wir erweitern den Gebrauch des Symbols, indem wir für $b < a$ setzen:

$$\int_a^b f(x)\,\mathrm{d}\,x := -\int_b^a f(x)\,\mathrm{d}\,x\,.$$

Für $b = a$ ist sinnvollerweise

$$\int_a^a f(x)\,\mathrm{d}\,x := 0\,.$$

3.7 Uneigentliche Integrale

Unsere Definition des Riemann-Integrals setzt mindestens voraus, dass die zu integrierende Funktion beschränkt und auch in den Randpunkten des Integrationsintervalls definiert ist.

Wir wollen die Frage der Existenz von Integralen diskutieren, bei denen diese Voraussetzungen nicht erfüllt sind. Insbesondere sollen auch Integrationsintervalle der Form

$$(a,b]\,, \quad [a,b) \quad \text{und} \quad (a,b)$$

betrachtet werden. Dabei kann man am offenen Ende des Intervalls auch $a = -\infty$ oder $b = +\infty$ zulassen.

3.7.1 Definition. Es sei $-\infty < a < b \leqq +\infty$. Die Funktion $f\colon [a,b) \to \mathbb{R}$ sei in jedem Teilintervall $[a,\beta] \subsetneqq [a,b)$ integrierbar. Dann heißt f *uneigentlich integrierbar* in $[a,b)$, falls der Grenzwert

$$\lim_{\beta\to b-0} \int_a^\beta f(x)\,\mathrm{d}x$$

existiert (als *reelle* Zahl!). Man schreibt dann

$$\int_a^b f(x)\,\mathrm{d}x := \int_a^{b-0} f(x)\,\mathrm{d}x := \lim_{\beta\to b-0} \int_a^\beta f(x)\,\mathrm{d}x\,.$$

Analog definiert man für $-\infty \leqq a < b < +\infty$

$$\int_a^b f(x)\,\mathrm{d}x := \int_{a+0}^b f(x)\,\mathrm{d}x := \lim_{\alpha\to a+0} \int_\alpha^b f(x)\,\mathrm{d}x\,.$$

Für $-\infty \leqq a < b \leqq +\infty$ nennt man $f\colon (a,b) \to \mathbb{R}$ *uneigentlich integrierbar* in (a,b), falls es irgendein $z \in (a,b)$ so gibt, dass die beiden uneigentlichen Integrale

$$\int_{a+0}^z f(x)\,\mathrm{d}x \quad \text{und} \quad \int_z^{b-0} f(x)\,\mathrm{d}x$$

existieren. Man setzt dann

$$\int_a^b f(x)\,\mathrm{d}x := \int_{a+0}^z f(x)\,\mathrm{d}x + \int_z^{b-0} f(x)\,\mathrm{d}x\,.$$

[Unsere Voraussetzung, dass f auf allen Teilintervallen $[\alpha,z] \subsetneqq (a,z]$ und $[z,\beta] \subsetneqq [z,b)$ integrierbar ist, sichert die Unabhängigkeit dieser Definition von der Auswahl der Stelle z.]

3.7.2 Beispiel. Das uneigentliche Integral

$$\int_0^{1-0} \frac{1}{\sqrt{1-x}}\,\mathrm{d}x$$

konvergiert: Es gilt

$$\int_0^{1-0} \frac{1}{\sqrt{1-x}}\,\mathrm{d}x = \lim_{\beta\to 1-0} \int_0^{\beta} \frac{1}{\sqrt{1-x}}\,\mathrm{d}x = \lim_{\beta\to 1-0} \left[-2\sqrt{1-x}\right]_0^{\beta} = \lim_{\beta\to 1-0} \left(-2\sqrt{1-\beta} + 2\sqrt{1}\right) = 2.$$

3.7.3 Beispiel. Die Funktion $f\colon (0,1] \to \mathbb{R}\colon x \mapsto \frac{1}{x}$ ist in $(0,1]$ *nicht* uneigentlich integrierbar, denn es gilt:

$$\lim_{\alpha\to 0+0} \int_{\alpha}^{1} \frac{1}{x}\,\mathrm{d}x = \lim_{\alpha\to 0+0} [\ln|x|]_{\alpha}^{1} = \ln 1 - \lim_{\alpha\to 0+0} \ln\alpha = +\infty.$$

3.7.4 Beispiel. Das uneigentliche Integral

$$\int_{-\infty}^{+\infty} |x|\,\mathrm{e}^{-x^2}\,\mathrm{d}x$$

konvergiert: Um dies einzusehen, muss man z wählen und die Konvergenz von

$$\int_{-\infty}^{z} |x|\,\mathrm{e}^{-x^2}\,\mathrm{d}x \quad \text{und} \quad \int_{z}^{+\infty} |x|\,\mathrm{e}^{-x^2}\,\mathrm{d}x$$

beweisen. Wir wählen $z = 0$ und erhalten

$$\int_0^{+\infty} |x|\,\mathrm{e}^{-x^2}\,\mathrm{d}x = \lim_{\beta\to+\infty} \int_0^{\beta} |x|\,\mathrm{e}^{-x^2}\,\mathrm{d}x = \lim_{\beta\to+\infty} \left[-\frac{1}{2}\,\mathrm{e}^{-x^2}\right]_0^{\beta} = \lim_{\beta\to+\infty} \frac{1}{2}\left(-\mathrm{e}^{-\beta^2} + 1\right) = \frac{1}{2}.$$

Aus Symmetriegründen liefert das linke uneigentliche Integral denselben Grenzwert, und wir erhalten

$$\int_{-\infty}^{+\infty} |x|\,\mathrm{e}^{-x^2}\,\mathrm{d}x = \int_{-\infty}^{0} |x|\,\mathrm{e}^{-x^2}\,\mathrm{d}x + \int_0^{+\infty} |x|\,\mathrm{e}^{-x^2}\,\mathrm{d}x = 1.$$

3.7.5 Majoranten-Kriterium. *Die Funktion* $f\colon [a,b) \to \mathbb{R}$ *sei in jedem Teilintervall* $[a,\beta] \subsetneqq [a,b)$ *integrierbar. Es gelte* $0 \leqq f(x) \leqq g(x)$ *für alle* $x \in [a,b)$.

1. *Aus der Existenz von* $\int_a^{b-0} g(x)\,\mathrm{d}x$ *folgt die Existenz von* $\int_a^{b-0} f(x)\,\mathrm{d}x$, *und es gilt*
$$\int_a^{b-0} f(x)\,\mathrm{d}x \leqq \int_a^{b-0} g(x)\,\mathrm{d}x\,.$$
Man nennt g *eine integrierbare Majorante oder* $\int_a^{b-0} g(x)\,\mathrm{d}x$ *eine konvergente Majorante.*

2. *Umgekehrt folgt aus der Nichtexistenz von* $\int_a^{b-0} f(x)\,\mathrm{d}x$ *die Nichtexistenz von* $\int_a^{b-0} g(x)\,\mathrm{d}x$*: Man nennt* $\int_a^{b-0} f(x)\,\mathrm{d}x$ *eine divergente Minorante.*

Jetzt sei $f\colon [a,b) \to \mathbb{R}$ *beliebig.*

3. *Existiert* $\int_a^{b-0} |f(x)|\,\mathrm{d}x$, *so existiert auch* $\int_a^{b-0} f(x)\,\mathrm{d}x$, *und es gilt*
$$\left|\int_a^{b-0} f(x)\,\mathrm{d}x\right| \leqq \int_a^{b-0} |f(x)|\,\mathrm{d}x\,.$$

3.7.6 Bemerkung. Wenn $\int_a^b |f(x)|\,\mathrm{d}x$ existiert, nennt man das Integral *absolut konvergent* (analog zur Begriffsbildung für Reihen).
Man kann das Majoranten-Kriterium damit auch so zusammenfassen:
Die Funktion $f\colon [a,b) \to \mathbb{R}$ *sei in jedem Teilintervall* $[a,\beta] \subsetneqq [a,b)$ *integrierbar. Gilt* $|f(x)| \leqq g(x)$ *im Intervall* $[a,b)$ *und existiert* $\int_a^{b-0} g(x)\,\mathrm{d}x$, *so ist* $\int_a^{b-0} f(x)\,\mathrm{d}x$ *absolut konvergent.*

3.7.7 Bemerkung. Das Majoranten-Kriterium gilt völlig analog bezüglich eines links halboffenen Intervalls $(a,b]$ bzw. eines offenen Intervalls (a,b), also für
$$\int_{a+0}^{b} f(x)\,\mathrm{d}x \qquad \text{bzw.} \qquad \int_{a+0}^{b-0} f(x)\,\mathrm{d}x\,.$$

Beweis des Majoranten-Kriteriums. Wir betrachten eine monoton steigende Folge $(t_j)_{j\in\mathbb{N}}$, die in $[a,b)$ liegt und gegen b konvergiert. Außerdem setzen wir $t_0 := a$. Wegen $f(x) \geqq 0$ ist die durch
$$s_j := \int_a^{t_j} f(x)\,\mathrm{d}x$$

definierte Folge $(s_j)_{j\in\mathbb{N}_0}$ ebenfalls *monoton steigend*. Wegen

$$\int_a^{t_j} f(x)\,\mathrm{d}x \leqq \int_a^{t_j} g(x)\,\mathrm{d}x \leqq \int_a^b g(x)\,\mathrm{d}x$$

ist die Folge $(s_j)_{j\in\mathbb{N}_0}$ *beschränkt*. Nach dem Satz von Bolzano und Weierstraß 1.6.5 konvergiert jede solche Folge. Also existiert

$$\lim_{\beta\to b-0} \int_a^{\beta} f(x)\,\mathrm{d}x = \int_a^{b-0} f(x)\,\mathrm{d}x\,,$$

und die erste Behauptung ist bewiesen.
Die zweite Behauptung folgt durch Negation der ersten.

Zum Beweis der dritten Behauptung fassen wir

$$s_j = s_j - s_0 = \sum_{k=0}^{j-1} \left(s_{k+1} - s_k\right) = \sum_{k=0}^{j-1} \int_{t_k}^{t_{k+1}} f(x)\,\mathrm{d}x$$

als Partialsumme der Reihe

$$\sum_{k=0}^{\infty} \int_{t_k}^{t_{k+1}} f(x)\,\mathrm{d}x$$

auf: Aus der absoluten Konvergenz des uneigentlichen Integrals folgt dann die absolute Konvergenz dieser Reihe, und damit die Konvergenz der Reihe (siehe 1.9.10). Daraus ergibt sich die Konvergenz des uneigentlichen Integrals. □

3.7.8 Beispiel. Das uneigentliche Integral

$$\int_1^{+\infty} \frac{1}{x^{\gamma}}\,\mathrm{d}x$$

konvergiert genau dann, wenn $\gamma > 1$ ist.

⌈Für $\gamma > 1$ gilt

$$\lim_{\beta\to+\infty}\left[\frac{1}{1-\gamma}\,x^{1-\gamma}\right]_1^\beta = \lim_{\beta\to+\infty}\left(\frac{1}{1-\gamma}\,\left(\beta^{1-\gamma}-1\right)\right) = \frac{1}{\gamma-1}\,.$$

Für $\gamma = 1$ gilt

$$\lim_{\beta\to+\infty}\int_1^\beta \frac{1}{x}\,\mathrm{d}\,x = \lim_{\beta\to+\infty}\ln\beta - \ln 1 = +\infty\,.$$

Für $\gamma < 1$ gilt

$$\lim_{\beta\to+\infty}\left[\frac{1}{1-\gamma}\,x^{1-\gamma}\right]_1^\beta = \lim_{\beta\to+\infty}\left(\frac{1}{1-\gamma}\,\left(\beta^{1-\gamma}-1\right)\right) = +\infty\,.$$
⌋

Für den letzten Fall $\gamma < 1$ wäre auch $\int_1^{+\infty}\frac{1}{x}\,\mathrm{d}\,x$ als divergente Minorante brauchbar.

3.7.9 Beispiel. Das uneigentliche Integral

$$\int_{0+0}^1 \frac{1}{x^\gamma}\,\mathrm{d}\,x$$

konvergiert genau dann, wenn $\gamma < 1$ ist.

⌈Man substituiert $u = \frac{1}{x}$ in Beispiel 3.7.8: Mit $\frac{\mathrm{d}\,u}{\mathrm{d}\,x} = -x^{-2}$ ergibt sich

$$\begin{aligned}\int_\alpha^1 x^{-\gamma}\,\mathrm{d}\,x &= -\int_\alpha^1 x^{-\gamma+2}(-x^{-2})\,\mathrm{d}\,x\\ &= -\int_{x=\alpha}^{x=1} u(x)^{\gamma-2}\,\frac{\mathrm{d}\,u}{\mathrm{d}\,x}\,\mathrm{d}\,x = -\int_{u=1/\alpha}^{u=1/1} u^{\gamma-2}\,\mathrm{d}\,u\\ &= \int_1^{1/\alpha}\frac{1}{u^{2-\gamma}}\,\mathrm{d}\,u\,.\end{aligned}$$

Nach 3.7.8 konvergiert unser uneigentliches Integral genau dann, wenn $2-\gamma > 1$, also wenn $\gamma < 1$ ist.⌋

Die Beispiele 3.7.8 und 3.7.9 liefern oft brauchbare konvergente Majoranten bzw. divergente Minoranten.

3.7.10 Beispiel. Für alle $x \in \mathbb{R}$ gilt

$$\frac{\cos x}{x^2+1} \leqq \frac{|\cos x|}{x^2+1} \leqq \frac{1}{x^2}\,.$$

Das Integral $\int_1^{+\infty} \frac{1}{x^2}\,\mathrm{d}x$ konvergiert nach 3.7.8 (wir setzen $\gamma = 2$). Nach dem Majoranten-Kriterium 3.7.5.3 konvergiert auch das Integral $\int_1^{+\infty} \frac{\cos x}{x^2+1}\,\mathrm{d}x$ (sogar absolut).

3.7.11 Grenzwertkriterium. *Die Funktionen f und g seien im Intervall $[a,b)$ stetig und positiv, außerdem gelte*

$$\lim_{x\to b-0} \frac{f(x)}{g(x)} = C \in \mathbb{R}\,.$$

1. *Im Fall $C > 0$ haben*

$$\int_a^{b-0} f(x)\,\mathrm{d}x \quad \textit{und} \quad \int_a^{b-0} g(x)\,\mathrm{d}x$$

das gleiche Konvergenzverhalten (aber evtl. verschiedene Grenzwerte).

2. *Im Fall $C = 0$ folgt aus der Konvergenz von $\int_a^{b-0} g(x)\,\mathrm{d}x$ die Konvergenz von $\int_a^{b-0} f(x)\,\mathrm{d}x$.*

Diese Aussagen gelten analog für links halboffene Intervalle.

Beweis. Sei zuerst $C > 0$, dann gibt es zu $\varepsilon := \frac{C}{2}$ ein $k \in [a,b)$ mit

$$\forall\, x \in [k,b): \quad C - \varepsilon < \frac{f(x)}{g(x)} < C + \varepsilon\,.$$

Folglich gilt

$$\forall\, x \in [k,b): \quad \frac{C}{2}\,g(x) < f(x) < \frac{3\,C}{2}\,g(x)\,.$$

Das Majoranten-Kriterium 3.7.5 liefert nun

$$\begin{aligned}\int_k^{b-0} f(x)\,\mathrm{d}\,x \text{ konvergent} &\implies \frac{C}{2}\int_k^{b-0} g(x)\,\mathrm{d}\,x \text{ konvergent}\\ \implies \int_k^{b-0} g(x)\,\mathrm{d}\,x \text{ konvergent} &\implies \frac{3\,C}{2}\int_k^{b-0} g(x)\,\mathrm{d}\,x \text{ konvergent}\\ &\implies \int_k^{b-0} f(x)\,\mathrm{d}\,x \text{ konvergent.}\end{aligned}$$

Also konvergiert das Integral über f *genau dann*, wenn das Integral über g konvergiert.
Jetzt betrachten wir den Fall $C = 0$. Zu $\varepsilon := 1$ finden wir $k \in [a, b)$ mit

$$\forall\, x \in [k, b): \quad \frac{f(x)}{g(x)} < 1\,, \qquad \text{also} \quad f(x) < g(x)\,.$$

Aus dem Majoranten-Kriterium 3.7.5 folgt nun

$$\int_k^{b-0} g(x)\,\mathrm{d}\,x \text{ konvergent} \implies \int_k^{b-0} f(x)\,\mathrm{d}\,x \text{ konvergent.}$$

Unsere Stetigkeitsvoraussetzung sichert die Existenz von

$$\int_a^k g(x)\,\mathrm{d}\,x \quad \text{und} \quad \int_a^k f(x)\,\mathrm{d}\,x\,.$$

Damit folgt die Behauptung. □

3.7.12 Beispiel. Das Integral

$$\int_{0+0}^{+\infty} \mathrm{e}^{-t}\, t^{\alpha-1}\,\mathrm{d}\,t$$

konvergiert genau dann, wenn $\alpha > 0$ gilt.

Man zerlegt das Integral in

$$I_1 := \int_{0+0}^{1} e^{-t}\, t^{\alpha-1}\, d\,t \quad \text{und} \quad I_2 := \int_{1}^{+\infty} e^{-t}\, t^{\alpha-1}\, d\,t$$

und benutzt

$$\lim_{t\to 0+0} \frac{e^{-t}\, t^{\alpha-1}}{t^{\alpha-1}} = \lim_{t\to 0+0} e^{-t} = 1\,.$$

Das Grenzwertkriterium 3.7.11 besagt, dass I_1 und $\int_{0+0}^{1} t^{\alpha-1}\, d\,t$ das gleiche Konvergenzverhalten haben. Nach 3.7.9 existiert also I_1 genau dann, wenn $\alpha > 0$.

Das Integral I_2 konvergiert für jedes $\alpha \in \mathbb{R}$: Für $N \in \mathbb{N}$ mit $N \geqq \alpha + 1$ liefert 2.5.6:

$$0 \leqq \lim_{t\to+\infty} \frac{e^{-t}\, t^{\alpha-1}}{t^{-2}} = \lim_{t\to+\infty} \frac{e^{-t}\, t^{\alpha+1}}{1} = \lim_{t\to+\infty} \frac{t^{\alpha+1}}{e^{t}} \leqq \lim_{t\to+\infty} \frac{t^{N}}{e^{t}} = 0\,.$$

Das Grenzwertkriterium und 3.7.8 liefern die Konvergenz.

Obwohl die Graphen für $\alpha = 0$ und $\alpha = \frac{1}{2}$ recht ähnlich aussehen, ist das Konvergenzverhalten der uneigentlichen Integrale verschieden, vgl. Abb. 3.1.

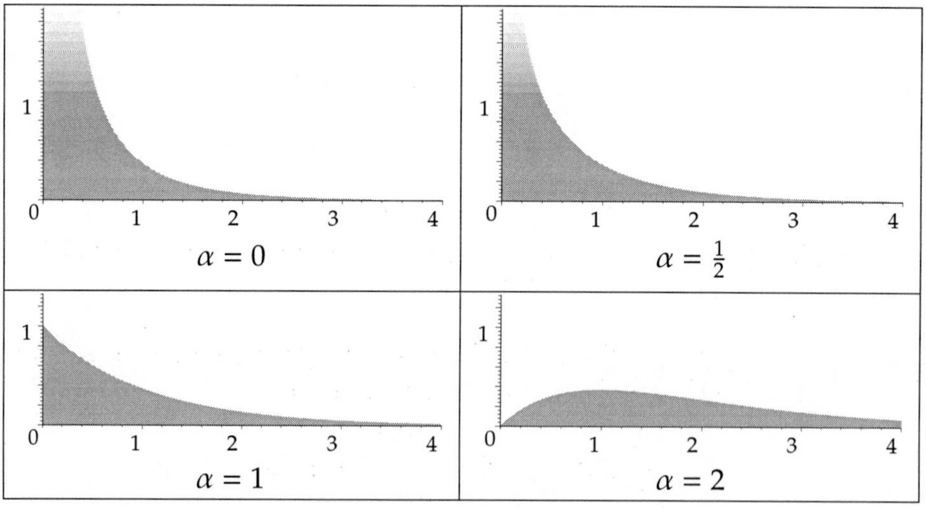

Abbildung 3.1: Die Funktion $t \mapsto e^{-t}\, t^{\alpha-1}$ für $\alpha \in \{0, \frac{1}{2}, 1, 2\}$

3.7.13 Bemerkung. Für $\alpha > 0$ ist nach 3.7.12 durch

$$\Gamma(\alpha) := \int_{0+0}^{+\infty} \mathrm{e}^{-t}\, t^{\alpha-1}\, \mathrm{d}\, t$$

eine reelle Zahl definiert, wir erhalten damit eine Funktion

$$\Gamma\colon (0,+\infty) \to \mathbb{R}\colon x \mapsto \Gamma(x)\,.$$

Diese *Gamma-Funktion* ist eine (leicht verschobene) Fortsetzung der Fakultät: Es gilt

$$\forall\, n \in \mathbb{N}_0\colon \quad \Gamma(n+1) = n!$$

Allgemein erfüllt die Γ-Funktion die Funktionalgleichung

$$\forall\, x \in (0,+\infty)\colon \quad \Gamma(x+1) = x\,\Gamma(x)$$

[Das sieht man durch partielle Integration].

3.8 Reihen, Potenzreihen und Integrale

Die geometrische Definition 3.5.4 des Riemann-Integrals führt das Integral zurück auf Grenzwerte von Reihen (die als Ober- oder Untersummen zu sukzessive verfeinerten Partitionen entstehen).

Umgekehrt kann man jede Reihe als uneigentliches Integral interpretieren:

$$\sum_{n=0}^{\infty} a_n = \int_0^{+\infty} T(x)\, \mathrm{d}\, x$$

für die durch

$$T(x) := a_n \quad \text{falls } n \leqq x < n+1$$

definierte „Treppenfunktion" T. Auf jedem beschränkten Intervall ist die Funktion T integrierbar (nach 3.5.5).

3.8.1 Integral-Vergleichskriterium. Die Funktion $f\colon [m,+\infty) \to \mathbb{R}$ sei positiv und monoton fallend, dabei sei $m \in \mathbb{N}$. Dann haben

$$\sum_{k=m}^{\infty} f(k) \quad \text{und} \quad \int_m^{+\infty} f(x)\, \mathrm{d}\, x$$

das gleiche Konvergenzverhalten.

Beweis. Für alle $k \geqq m$ und alle $x \in [k, k+1]$ gilt:

$$\begin{aligned}
& f(k) \geqq f(x) \geqq f(k+1)\,, \\
\text{also} \quad & f(k) \geqq \int_k^{k+1} f(x)\,\mathrm{d}x \geqq f(k+1)\,. \\
\text{Damit gilt} \quad & \sum_{k=m}^{N} f(k) \geqq \int_m^{N+1} f(x)\,\mathrm{d}x \geqq \sum_{k=m+1}^{N+1} f(k) \\
\text{und} \quad & \sum_{k=m}^{\infty} f(k) \geqq \int_m^{+\infty} f(x)\,\mathrm{d}x \geqq \sum_{k=m+1}^{\infty} f(k) \quad \text{folgt.} \quad \square
\end{aligned}$$

3.8.2 Beispiel. Für $\alpha > 1$ konvergiert die Reihe $\sum\limits_{k=1}^{\infty} \frac{1}{k^\alpha}$, weil das Integral $\int_1^{+\infty} \frac{1}{x^\alpha}\,\mathrm{d}x$ konvergiert (siehe 3.7.8).

Vorsicht: Die Grenzwerte $\sum\limits_{k=1}^{\infty} \frac{1}{k^\alpha}$ und $\int_1^{+\infty} \frac{1}{x^\alpha}\,\mathrm{d}x$ sind verschieden!

[Z. B. wissen wir für $\alpha = 2$: Es ist einerseits $\sum\limits_{k=1}^{\infty} \frac{1}{k^2} = \frac{\pi^2}{6}$ (vgl. 1.8.3),
aber andererseits gilt $\int\limits_1^{+\infty} \frac{1}{x^2}\,\mathrm{d}x = \lim\limits_{\beta \to +\infty} \left[\frac{-1}{x}\right]_1^\beta = \lim\limits_{\beta \to +\infty} \frac{-1}{\beta} - (-1) = 1$.]

3.8.3 Bemerkung. Das Grenzwertkriterium 3.7.11 überträgt sich mit 3.8.1 auf Reihen.

Besonders wichtige Reihen sind Potenzreihen.

3.8.4 Satz. *Es sei*

$$f(x) = \sum_{k=0}^{\infty} a_k\,(x - x_0)^k$$

eine Potenzreihe mit Konvergenzradius ρ. Dann darf f in $(x_0 - \rho, x_0 + \rho)$ gliedweise integriert bzw. differenziert werden:
Für alle $x \in (x_0 - \rho, x_0 + \rho)$ gilt

$$\begin{aligned}
\int_{x_0}^{x} f(t)\,\mathrm{d}t &= \sum_{k=0}^{\infty} \frac{a_k}{k+1}\,(x - x_0)^{k+1} = \sum_{j=1}^{\infty} \frac{a_{j-1}}{j}\,(x - x_0)^j \\
\textit{bzw.} \qquad f'(x) &= \sum_{k=1}^{\infty} k\,a_k\,(x - x_0)^{k-1} = \sum_{\ell=0}^{\infty} (\ell+1)\,a_{\ell+1}\,(x - x_0)^\ell\,.
\end{aligned}$$

Zum Beweis nutzt man die gleichmäßige Konvergenz der Potenzreihe, wir überlassen dies den Mathematikern.

3.8.5 Beispiel. Die Funktion $f(x) = \mathrm{e}^{-x^2}$ hat die Potenzreihendarstellung

$$\mathrm{e}^{-x^2} = \sum_{k=0}^{\infty} \frac{(-x^2)^k}{k!} = \sum_{k=0}^{\infty} \frac{(-1)^k}{k!} x^{2k},$$

die Koeffizienten sind also

$$a_n = \begin{cases} \frac{(-1)^{\frac{n}{2}}}{\frac{n}{2}!} & \text{falls } n \text{ gerade,} \\ 0 & \text{sonst.} \end{cases}$$

Nach Satz 3.8.4 gilt

$$\int_0^x f(t)\,\mathrm{d}t = \sum_{k=0}^{\infty} \frac{(-1)^k}{k!\,(2k+1)} x^{2k+1}.$$

3.8.6 Bemerkungen. Die Funktion e^{-x^2} ist *nicht elementar integrierbar*: Man kann die Stammfunktion (die wir in 3.8.5 als Potenzreihe beschrieben haben) nicht darstellen durch eine algebraische Kombination der „elementaren Funktionen" (Polynome, exp, ln, Winkelfunktionen).

Die Potenzreihen in 3.8.5 sind die Taylorreihen der entsprechenden Funktionen im Entwicklungspunkt $x_0 = 0$.

3.8.7 Beispiel. Eine weitere nicht elementar integrierbare Funktion ist $\frac{\sin x}{x}$. Die Stammfunktion hat einen eigenen Namen: Der *Integralsinus* Si ist gegeben durch

$$\mathrm{Si}\,x := \int_0^x \frac{\sin t}{t}\,\mathrm{d}t = \sum_{k=0}^{\infty} \frac{(-1)^k}{(2k+1)!\,(2k+1)} x^{2k+1}.$$

[Um zu sehen, dass $\mathrm{Si}\,x$ eine Stammfunktion von $\frac{\sin x}{x}$ ist, beschreibt man $\sin x$ durch eine Potenzreihe:

$$\sin x = \sum_{k=0}^{\infty} \frac{(-1)^k}{(2k+1)!} x^{2k+1}, \quad \text{also} \quad \frac{\sin x}{x} = \sum_{k=0}^{\infty} \frac{(-1)^k}{(2k+1)!} x^{2k}.$$

Man vergewissert sich [vgl. 1.14.20], dass der Konvergenzradius dieser Reihen $\rho = +\infty$ ist.

Jetzt liefert gliedweise Integration die Behauptung.]

Die Funktion

$$\mathrm{si}\colon \mathbb{R} \to \mathbb{R}\colon x \mapsto \frac{\sin x}{x}$$

verwendet man zur Beschreibung des Interferenzmusters eines idealen unendlich langen Beugungsgitters.
Die Graphen von si und Si zeigt die nebenstehende Skizze (die Achsen sind unterschiedlich skaliert, weil man sonst wenig sieht).

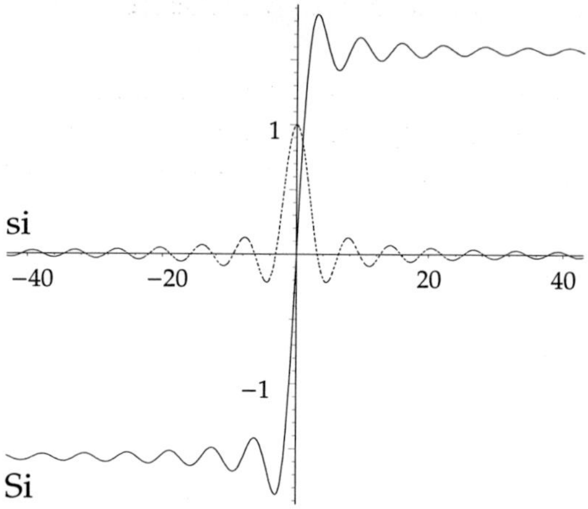

3.8.8 Beispiel. Die *geometrische Reihe* beschreibt die Funktion

$$\frac{1}{1-x} = \sum_{k=0}^{\infty} x^k \quad \text{für } |x| < 1\,.$$

Gliedweise Differentiation der rechten Seite und einfaches Ableiten der linken Seite liefern

$$\begin{aligned} \frac{1}{(1-x)^2} &= \sum_{k=1}^{\infty} k\,x^{k-1} \qquad \text{für } |x| < 1 \\ &= \sum_{j=0}^{\infty} (j+1)\,x^j\,. \end{aligned}$$

Dieses Vorgehen eignet sich also (manchmal), um den Grenzwert einer Reihe zu bestimmen.

3.9 Quadraturformeln

Integrale werden zur Flächenberechnung benutzt, einer alter Name dafür ist „*Quadratur*“ (wie in „Quadratur des Kreises“: Man stellt sich vor, dass die krummlinig begrenzte Fläche durch ein Quadrat ersetzt wird).

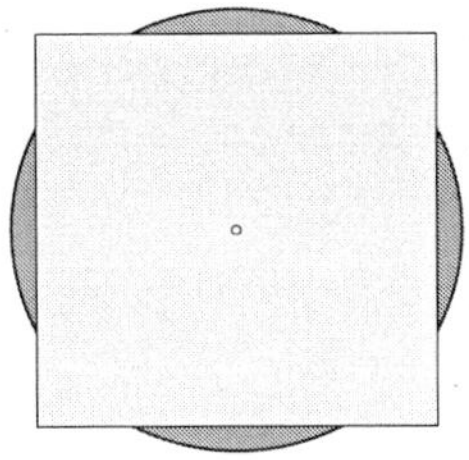

Zur *näherungsweisen* Berechnung werden Flächen ersetzt durch geeignete, leicht zu berechnende Stücke (Quadrate, Rechtecke, Dreiecke, Trapeze, ...)

In der Praxis wird man Integrale häufig nicht über Stammfunktionen oder als Grenzwert von Ober- und Untersummen berechnen, sondern die Fläche unter der Kurve durch geeignete Trapeze ersetzen:

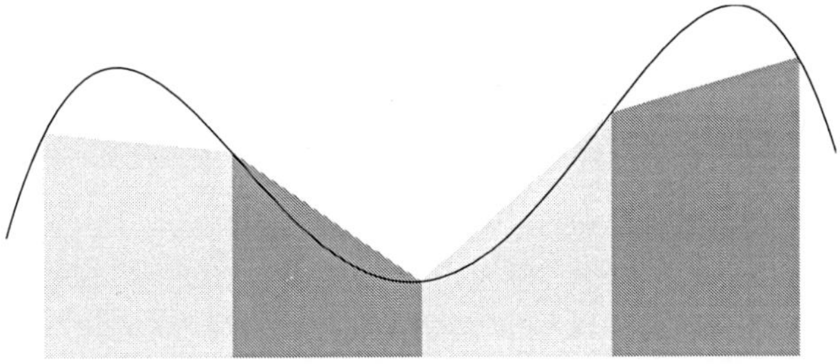

Es empfiehlt sich, die gezeigten Trapeze noch zu verfeinern

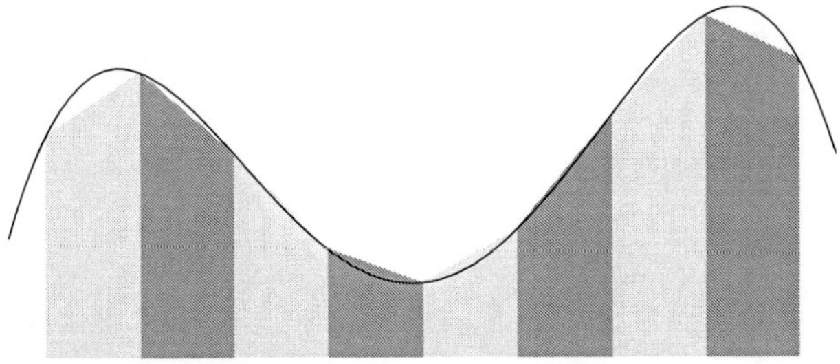

oder noch weiter zu verfeinern ...

3.9.1 Definition. Es sei $f\colon [a,b] \to \mathbb{R}$ eine Funktion.
Wir legen im Intervall $[a,b]$ *Stützstellen* $x_0 := a < x_1 < \ldots < x_{z-1} < x_z := b$ fest.
Die Fläche des Trapezes über $[x_{j-1}, x_j]$ mit Ecken $\left(x_{j-1}, f(x_{j-1})\right)$ und $\left(x_j, f(x_j)\right)$ ist

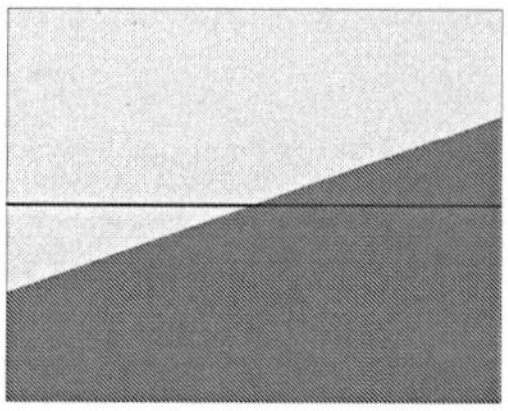

$$T_j := (x_j - x_{j-1}) \cdot \frac{f(x_{j-1}) + f(x_j)}{2}.$$

Also ergibt sich für die Fläche aller z Trapeze zusammen:

$$F = T_1 + \cdots + T_z = \sum_{j=1}^{z} (x_j - x_{j-1}) \cdot \frac{f(x_{j-1}) + f(x_j)}{2}.$$

Diese Formel lässt sich erheblich vereinfachen, indem man *äquidistante Unterteilungen* benutzt, bei denen $h := x_j - x_{j-1}$ konstant ist.

3.9.2 Trapezregel — genauer: Sehnentrapezregel. Wir wählen die Zahl z der Trapeze und unterteilen $[a,b]$ äquidistant, also in Intervalle der Länge $h := \frac{b-a}{z}$:

$$x_0 := a, \quad x_1 := a + h, \quad \ldots \quad x_j := a + jh \quad \ldots \quad x_z := a + zh = b.$$

Um gegebenenfalls die Unterteilung ohne großen Aufwand *verfeinern* zu können, wählt man $z := 2^n$ und erhält mit $h_n := \frac{b-a}{2^n}$:

$$\begin{aligned} F_n &= \sum_{j=1}^{2^n} h_n \frac{f(a + (j-1)\,h_n) + f(a + j\,h_n)}{2} \\ &= h_n \left(\frac{f(a)}{2} + f(a+h) + \cdots + f(a + (2^n - 1)\,h) + \frac{f(b)}{2} \right). \end{aligned}$$

Die Verfeinerung F_{n+1} erhalten wir aus $F_{n+1} = \frac{1}{2}(F_n + M_n)$ mit

$$\begin{aligned} M_n &:= h_n \sum_{k=1}^{2^n} f\left(a + \tfrac{2k-1}{2} h_n\right) \\ &= h_n \left(f\left(a + \tfrac{1}{2} h_n\right) + f\left(a + \tfrac{3}{2} h_n\right) + \cdots + f\left(a + \tfrac{2^{n+1}-1}{2} h_n\right) \right). \end{aligned}$$

Man kann also bei jedem Verfeinerungsschritt die bis dahin benutzte Information weiter verwenden.

Statt die Fläche durch Trapeze (also durch Flächen unter Geraden) zu approximieren, kann man auch quadratische Polynome (also Flächen unter Parabeln) verwenden:

Dabei werden immer drei Stützstellen benutzt, um die Parabel festzulegen. Im gezeigten Beispiel ist das offenbar sehr gut geeignet für den mittleren Bereich zwischen den Stützstellen x_1 und x_3, etwas weniger gut zwischen x_0 und x_2 bzw. zwischen x_2 und x_4.

3.9.3 Simpsonregel. Wir unterteilen das Integrationsintervall $[a, b]$ äquidistant in eine *gerade* Anzahl von Teilintervallen:

$$\begin{aligned} I_1 := [a, a+h], \quad I_2 &:= [a+h, a+2h], \quad \cdots \\ I_j &:= [a+(j-1)h, a+jh], \quad \cdots \\ I_z &:= [a+(z-1)h, a+zh] = [a+(z-1)h, b], \end{aligned}$$

wobei $h := \frac{b-a}{z}$. Auf jedem Teilintervall I_j suchen wir ein Polynom $g_j(x) := \alpha_j x^2 + \beta_j x + \gamma_j$ derart, dass g_j und f an den Stellen

$$a+(j-1)h, \quad a+\frac{2j-1}{2}h \quad \text{und} \quad a+jh$$

übereinstimmen. Dann dient

$$\sum_{j=1}^{z} \int_{a+(j-1)h}^{a+jh} g_j(x)\,\mathrm{d}x$$

als Näherung für das Integral $\int_a^b f(x)\,\mathrm{d}x$.

3.9.4 Bemerkungen. Die Koeffizienten α_j, β_j und γ_j für die Simpsonregel erhält man durch Lösen linearer Gleichungssysteme. Es gilt

$$\sum_{j=1}^{z} \int_{a+(j-1)h}^{a+jh} g_j(x)\,\mathrm{d}x = \sum_{j=1}^{z} \left[\frac{\alpha_j}{3} x^3 + \frac{\beta_j}{2} x^2 + \gamma_j x \right]_{a+(j-1)h}^{a+jh}$$

$$= \frac{h}{6} \sum_{j=1}^{z} \left(f(a+(j-1)h) + 4 f\left(a + \frac{2j-1}{2} h\right) + f(a+jh) \right)$$

Als Spezialfall der Simpsonregel ergibt sich:

3.9.5 Keplersche Fassregel. Ersetzt man die Funktion $f\colon [a,b] \to \mathbb{R}$ durch eine Parabel, die durch die Punkte

$$(a, f(a)), \quad \left(\frac{a+b}{2}, f\left(\frac{a+b}{2}\right) \right), \quad (b, f(b))$$

verläuft, so ersetzt man das Integral

$$\int_a^b f(x)\,\mathrm{d}x \quad \text{durch} \quad \frac{b-a}{6} \left(f(a) + 4 f\left(\frac{a+b}{2}\right) + f(b) \right).$$

3.9.6 Bemerkung. Die in der Praxis wirklich eingesetzten Verfahren sind wesentlich ausgefuchster: Man verfolgt neben dem Ziel, das Integral hinreichend *exakt* zu berechnen, auch das Ziel, dies *schnell* und *effizient* (in Bezug etwa auf Speicherbedarf) zu tun.

Details lernt man im Rahmen der Numerik.

4 Differentialrechnung für Funktionen mehrerer Veränderlicher

4.1 Funktionen in mehreren Veränderlichen

Die meisten technischen oder physikalischen Größen hängen von mehreren Variablen ab: Etwa vom Ort (das sind schon drei Koordinaten) und zusätzlich von der Zeit.

Auch grundlegende mathematische Begriffe verwenden oft mehrere Veränderliche: Man denke etwa an geometrische Begriffe wie den Abstand zweier Punkte im Raum:

$$|x - y| = \sqrt{(x_1 - y_1)^2 + (x_2 - y_2)^2 + (x_3 - y_3)^2}$$

hängt von den *sechs* Variablen $x_1, x_2, x_3, y_1, y_2, y_3$ ab.

Das bestimmte Integral

$$\int_a^b f(x)\,\mathrm{d}\,x$$

hängt (bei fester Funktion f) von den zwei Variablen a, b ab.

4.1.1 Definition. Unter einer *Funktion in n Veränderlichen* versteht man eine Abbildung

$$f\colon D \to X \qquad \text{mit } D \subseteq \mathbb{R}^n .$$

Die Funktion f heißt *reellwertig* oder *skalar*(-wertig), wenn $X = \mathbb{R}$ ist. Funktionen mit Zielbereich $X = \mathbb{R}^k$ und $k > 1$ nennt man *vektorwertig*.

Die Veränderlichen (oder *Variablen*) sind also die Komponenten $x_1, \ldots, x_n$ von $x = (x_1, \ldots, x_n)^\mathsf{T} \in D$. Funktionen in mehreren Veränderlichen werden oft auch als *Felder* bezeichnet.

Damit auch wirklich jeder der Variablen Platz zum Variieren zusteht, wird man meist verlangen, dass D wenigstens eine Umgebung

$$U_\rho(m) = \left\{ x \in \mathbb{R}^n \,\middle|\, |x - m| < \rho \right\}$$

enthält.

4.1.2 Beispiele. **1.** *Temperaturverteilung* (abhängig von Ort und Zeit):

$$D \subsetneqq \mathbb{R}^4, \qquad T\colon D \to \mathbb{R}\colon (x_1, x_2, x_3, t)^{\mathsf{T}} \mapsto T(x_1, x_2, x_3, t)\,.$$

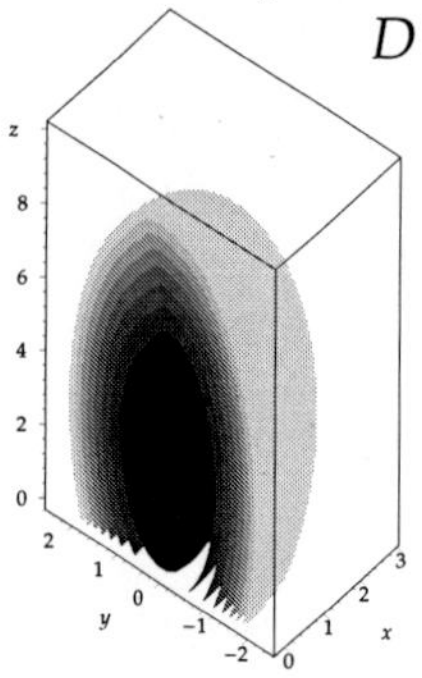

Es liegt ein *skalares Feld* vor.

Der Definitionsbereich D wäre hier sinnvollerweise das kartesische Produkt $\Omega \times I$ des Bereichs Ω, in dem uns die Temperaturverteilung interessiert (etwa das Innere einer Brennkammer), mit einem *Zeitintervall* I.

Die Skizze links deutet das Feld

$$T\colon [-3,3] \times [-3,3] \times [0,10] \times [0,1] \to \mathbb{R}\colon \begin{pmatrix} x \\ y \\ z \\ t \end{pmatrix} \mapsto \frac{t}{x^2/2 + y^2 + (z-3)^2/9}$$

zum Zeitpunkt $t = 1$ an: Gleiche Farbe bedeutet dieselbe Temperatur.

2. Eine vektorwertige Funktion ist etwa das *zeitabhängige Vektorfeld*, das eine *Deformation* beschreibt:

$$D \subsetneqq \mathbb{R}^4, \quad u\colon D \to \mathbb{R}^3\colon \begin{pmatrix} x_1 \\ x_2 \\ x_3 \\ t \end{pmatrix} \mapsto u\begin{pmatrix} x_1 \\ x_2 \\ x_3 \\ t \end{pmatrix} = \begin{pmatrix} u_1(x_1, x_2, x_3, t) \\ u_2(x_1, x_2, x_3, t) \\ u_3(x_1, x_2, x_3, t) \end{pmatrix}$$

Konkreter könnte hier etwa für jedes feste t eine Drehung vorliegen, deren Drehwinkel (und -achse) von t abhängen. Wir beschreiben die Drehung zum Zeitpunkt t durch die Matrix A_t, fassen die Raumkomponenten zusammen zu $x = (x_1, x_2, x_3)^{\mathsf{T}}$ und erhalten

$$u\colon D \to \mathbb{R}^3\colon \begin{pmatrix} x \\ t \end{pmatrix} \mapsto u\begin{pmatrix} x \\ t \end{pmatrix} = A_t\, x\,.$$

3. Der (vom Ort und der Zeit abhängige) *Spannungstensor*

$$\sigma\colon D \to \mathbb{R}^{3\times 3}\colon$$
$$\begin{pmatrix} x_1 \\ x_2 \\ x_3 \\ t \end{pmatrix} \mapsto \begin{pmatrix} \sigma_{11}(x_1, x_2, x_3, t) & \sigma_{12}(x_1, x_2, x_3, t) & \sigma_{13}(x_1, x_2, x_3, t) \\ \sigma_{21}(x_1, x_2, x_3, t) & \sigma_{22}(x_1, x_2, x_3, t) & \sigma_{23}(x_1, x_2, x_3, t) \\ \sigma_{31}(x_1, x_2, x_3, t) & \sigma_{32}(x_1, x_2, x_3, t) & \sigma_{33}(x_1, x_2, x_3, t) \end{pmatrix}:$$

Hier liegt ein *Tensorfeld* vor.

4.1.3 Veranschaulichung. Auch für reellwertige Funktionen mehrerer Veränderlicher kann man den *Graph* „betrachten": Zu[1]

$$f\colon D \to \mathbb{R}\colon x = (x_1, \ldots, x_n)^\top \mapsto f(x) = f(x_1, \ldots, x_n) \qquad \text{mit } D \subseteqq \mathbb{R}^n$$

setzen wir

$$\begin{aligned}\Gamma(f) &:= \left\{ \left(x, f(x)\right)^\top \;\middle|\; x \in D \right\} \\ &= \left\{ \left(x_1, \ldots, x_n, f(x_1, \ldots, x_n)\right)^\top \;\middle|\; (x_1, \ldots, x_n)^\top \in D \right\} \\ &\subseteqq \mathbb{R}^n \times \mathbb{R} = \mathbb{R}^{n+1}\,.\end{aligned}$$

Für $n = 2$ kann man sich $\Gamma(f)$ vorstellen als ein „Gebirge", das sich über der Teilmenge D der x-y-Ebene erhebt: Die Funktion f gibt die Höhe des Gebirges an.

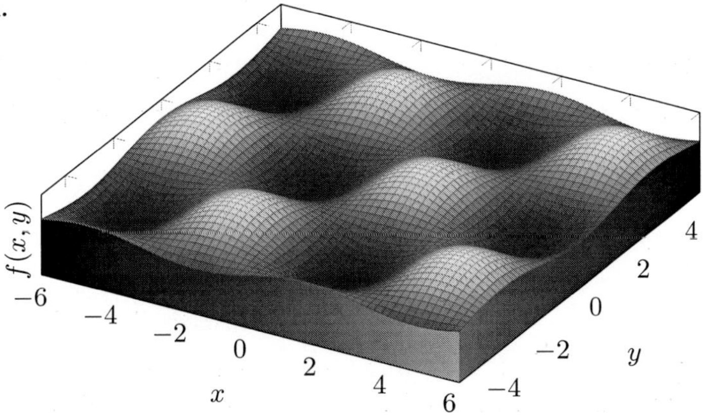

Die Abbildung zeigt über dem Definitionsgebiet

$$D = \{\tbinom{x}{y} \in \mathbb{R}^2 \mid -6 \leqq x \leqq 6, -5 \leqq y \leqq 5\}$$

den Graph $\Gamma(f)$ der Funktion $f\colon D \to \mathbb{R}\colon \tbinom{x}{y} \mapsto 2 + (\sin x)(\cos y)$.

Zur Unterstützung der Anschauung kann man die folgenden Linien verwenden (für jeweils feste Werte von x_0, y_0 bzw. t):

- $\{(x, y_0, f(x, y_0))^\top \mid x \in \mathbb{R}, (x, y_0) \in D\}$ (*achsenparalleler Schnitt*)
- $\{(x_0, y, f(x_0, y)) \mid {}^\top\} \, y \in \mathbb{R}, (x_0, y) \in D$
- $\{(x, y)^\top \in D \mid f(x, y) = t\}$ (*Niveaumenge* oder *Niveaulinie*)

[1] Der typographischen Übersichtlichkeit wegen ist es auch gebräuchlich, statt $f(x) = f\left((x_1, \ldots, x_n)^\top\right)$ mit der Spalte $x = (x_1, \ldots, x_n)^\top$ einfacher (aber eigentlich schlampig) $f(x) = f(x_1, \ldots, x_n)$ zu schreiben.

4.1.4 Beispiel. Wir sehen hier Niveaulinien der Funktion

$$f\colon \{\binom{x}{y} \in \mathbb{R}^2 \mid \ -6 \leqq x \leqq 6, -5 \leqq y \leqq 5 \ \} \to \mathbb{R}\colon \binom{x}{y} \mapsto 2 + (\sin x)(\cos y) \ :$$

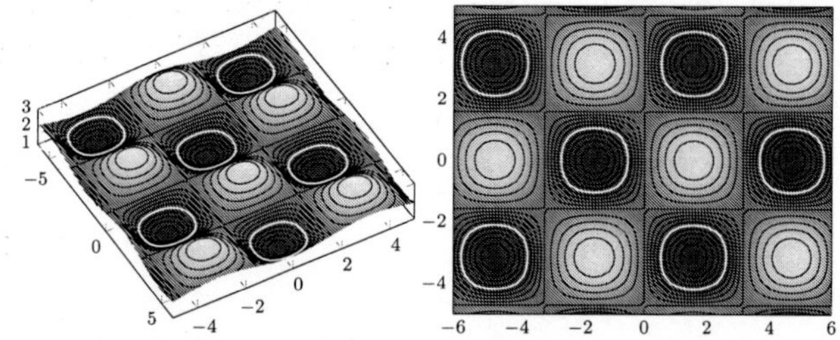

Hervorgehoben (sechs helle Kringel) ist die Niveaumenge zum Niveau 1,5. Sehr interessant sind bei dieser Funktion die im Graph enthaltenen Geraden, die man in den Niveaumengen zum Niveau 2 findet.Man beachte die numerischen Ungenauigkeiten, die man insbesondere in der rechten Darstellung der Niveaulinien deutlich erkennen kann: Die Niveaumengen zum Niveau 2 sollten aus Geraden parallel zu den Achsen zusammengesetzt sein!

4.1.5 Beispiel. Die Funktion

$$f\colon \mathbb{R}^2 \setminus \left\{\binom{0}{0}\right\} \to \mathbb{R}\colon \binom{x}{y} \mapsto \frac{x+y}{x^2+y^2}$$

hat als Niveaulinien die (durch die Definitionslücke unterbrochene) Gerade $y = -x$ (zum Niveau $c = 0$) sowie die Kreise durch $\binom{0}{0}$ mit Mittelpunkt auf der Geraden $y = x$ (ebenfalls durch die Definitionslücke unterbrochen).

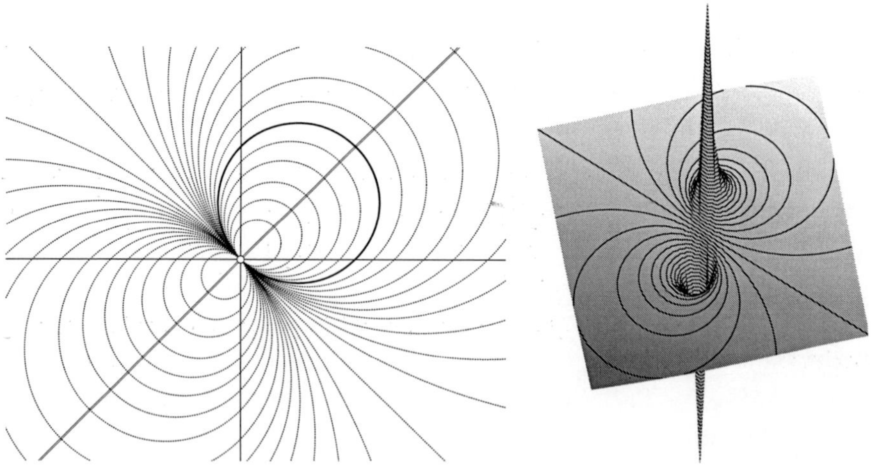

4.2 Folgen in $\mathbb{R}^n$, Stetigkeit

4.2.1 Definition. Eine *Folge* in $\mathbb{R}^n$ ordnet wieder jeder natürlichen Zahl $k \in \mathbb{N}$ ein *Folgenglied* a_k zu: Es ist jetzt aber $a_k = (a_{k1}, a_{k2}, \ldots, a_{kn})^\top \in \mathbb{R}^n$, man sollte die Nummer k des Folgenglieds nicht mit den Indizes der Komponenten verwechseln!

Konvergenz von Folgen in $\mathbb{R}^n$ definiert man wieder über *Umgebungen* $U_\varepsilon(a) := \left\{x = (x_1, \ldots, x_n)^\top \in \mathbb{R}^n \,\middle|\, |x - a| < \varepsilon\right\}$, dabei bezeichnet $|v| = \sqrt{v_1^2 + \cdots + v_n^2}$ die *euklidische Länge* des Vektors $v \in \mathbb{R}^n$.

Für $n = 3$ sind diese Umgebungen offene Kugeln (der *Rand*

$$\partial U_\varepsilon(a) := \left\{x \in \mathbb{R}^n \,\middle|\, |x - a| = \varepsilon\right\}$$

gehört nicht dazu!), für $n = 2$ offene Kreisscheiben, für $n = 1$ offene Intervalle.

4.2.2 Definition. Eine Folge $(a_k)_{k \in \mathbb{N}}$ in $\mathbb{R}^n$ *konvergiert* gegen $z \in \mathbb{R}^n$, wenn gilt:

$$\forall \varepsilon > 0 \quad \exists K \in \mathbb{N} \quad \forall k > K: \quad a_k \in U_\varepsilon(z).$$

Die Folge heißt *divergent*, wenn sie gegen *kein* $z \in \mathbb{R}^n$ konvergiert.

Dies ist die unmittelbare Erweiterung des Konvergenzbegriffs in $\mathbb{R}$. Man kann die Konvergenz in $\mathbb{R}^n$ leicht auf die Konvergenz reeller Folgen zurückführen:

4.2.3 Lemma. *Es sei* $z \in \mathbb{R}^n$ *und* $(a_k)_{k \in \mathbb{N}}$ *eine Folge in* $\mathbb{R}^n$. *Die folgenden Aussagen sind gleichwertig:*

1. *Die Folge* $(a_k)_{k \in \mathbb{N}}$ *konvergiert gegen* z.
2. *Die Folge* $(|a_k - z|)_{k \in \mathbb{N}}$ *konvergiert gegen* 0.
3. *Für jedes* $j \in \{1, \ldots, n\}$ *konvergiert die Komponentenfolge* $(a_{kj})_{k \in \mathbb{N}}$ *gegen* z_j.

Beweis. Die Äquivalenz der ersten beiden Aussagen ergibt sich direkt aus der Definition. Die zweite und dritte Aussage sind gleichwertig, weil die Folge

$$\Big(|a_k - z|\Big)_{k \in \mathbb{N}} = \Big(\sqrt{(a_{k1} - z_1)^2 + \ldots + (a_{kn} - z_n)^2}\Big)_{k \in \mathbb{N}}$$

genau dann gegen 0 konvergiert, wenn jede der Folgen $(a_{kj} - z_j)_{k \in \mathbb{N}}$ gegen 0 konvergiert. □

4.2.4 Beispiele.

1. Die durch $a_k := \begin{pmatrix} k^{1/k} \\ \sqrt{k+1} - \sqrt{k} \end{pmatrix}$ definierte Folge $(a_k)_{k\in\mathbb{N}}$ ist konvergent, es gilt

$$\lim_{k\to\infty} a_k = \begin{pmatrix} \lim\limits_{k\to\infty} k^{1/k} \\ \lim\limits_{k\to\infty} \left(\sqrt{k+1} - \sqrt{k} \right) \end{pmatrix} = \begin{pmatrix} 1 \\ 0 \end{pmatrix}.$$

[Den Grenzwert für die erste Komponente kennen wir aus 1.5.10, den für die zweite Komponente aus 1.4.3.]

2. Die durch $b_k := \begin{pmatrix} 1/k \\ \sin k \end{pmatrix}$ definierte Folge $(b_k)_{k\in\mathbb{N}}$ ist divergent, weil die zweite Komponentenfolge nicht konvergiert.

Genau wie im eindimensionalen Fall gilt allgemein:

4.2.5 Konvergenzkriterium von Cauchy. *Eine Folge $(a_k)_{k\in\mathbb{N}}$ in $\mathbb{R}^n$ konvergiert genau dann, wenn sie eine Cauchy-Folge ist, wenn also gilt:*

$$\forall\, \varepsilon > 0 \quad \exists\, k_0 \in \mathbb{N} \quad \forall\, k, \ell > k_0: \quad |a_k - a_\ell| < \varepsilon\,.$$

Stetigkeit können wir wie im eindimensionalen Fall mit Umgebungen oder mit Folgen definieren. Wir ziehen die leichter zu handhabende Definition über Umgebungen vor:

4.2.6 Definition. Es sei $D \subseteq \mathbb{R}^n$, und $x_0 \in D$. Eine Funktion $f\colon D \to \mathbb{R}^k$ heißt *stetig* in x_0, wenn gilt:

$$\forall\, \varepsilon > 0 \quad \exists\, \delta > 0 \quad \forall\, x \in D: \quad \big(|x - x_0| < \delta \implies |f(x) - f(x_0)| < \varepsilon\big).$$

Die Funktion f heißt *stetig auf D*, falls sie in jedem Punkt von D stetig ist.

4.2.7 Lemma. *Es sei $D \subseteq \mathbb{R}^n$ und $x_0 \in D$. Eine Funktion $f\colon D \to \mathbb{R}^k$ ist genau dann stetig in x_0, wenn für jede gegen x_0 konvergente Folge $(x_j)_{j\in\mathbb{N}}$ in D die Folge $\big(f(x_j)\big)_{j\in\mathbb{N}}$ der Funktionswerte gegen $f(x_0)$ konvergiert.*

Wie im eindimensionalen Fall gilt:

4.2.8 Satz. *Summen, Produkte, Quotienten (soweit definiert) von reellwertigen stetigen Funktionen sind wieder stetig.*

Für vektorwertige Funktionen kann man immerhin noch Summen und skalare Vielfache bilden.

In jedem Fall sind Kompositionen stetiger Funktionen wieder stetig.

4.2.9 Beispiel. Für $1 \leqq j \leqq n$ ist die *Projektion*

$$\pi_j \colon \mathbb{R}^n \to \mathbb{R} \colon (x_1, \ldots, x_n)^\top \mapsto x_j$$

stetig.

⌈Wir wollen die Stetigkeit bei $a \in \mathbb{R}^n$ nachweisen. Zu $\varepsilon > 0$ müssen wir $\delta > 0$ so finden, dass gilt:

$$|x - a| < \delta \implies |\pi_j(x) - \pi_j(a)| < \varepsilon .$$

Wegen
$$\begin{aligned} |x - a| &= \sqrt{(x_1 - a_1)^2 + \cdots + (x_n - a_n)^2} \\ &\geqq \sqrt{(x_j - a_j)^2} = |x_j - a_j| = |\pi_j(x) - \pi_j(a)| \end{aligned}$$
können wir $\delta = \varepsilon$ verwenden.⌋

Konstante Funktionen sind offensichtlich stetig. Aus 4.2.9 und 4.2.8 erhalten wir:

4.2.10 Lemma.

1. *Jede Polynomfunktion*

$$p \colon \mathbb{R}^n \to \mathbb{R} \colon (x_1, \ldots, x_n)^\top \mapsto \sum_{\alpha \in J} a_\alpha x_1^{\alpha_1} \cdots x_n^{\alpha_n} = \sum_{\alpha \in J} a_\alpha x^\alpha$$

in n Variablen ist stetig. Hier ist $J \subsetneqq \mathbb{N}_0^n$ eine endliche Menge von Multi-Indizes $\alpha = (\alpha_1, \ldots, \alpha_n)$ und $x^\alpha := x_1^{\alpha_1} \cdots x_n^{\alpha_n}$.

2. *Jede gebrochen rationale Funktion*

$$f \colon D \to \mathbb{R} \colon (x_1, \ldots, x_n)^\top \mapsto \frac{p(x_1, \ldots, x_n)}{q(x_1, \ldots, x_n)}$$

(mit Polynomen p und q) in n Variablen ist stetig auf

$$D := \left\{ (x_1, \ldots, x_n)^\top \in \mathbb{R}^n \,\middle|\, q(x_1, \ldots, x_n) \neq 0 \right\} .$$

Mit der Schreibweise $|\alpha| = \sum_{j=1}^{n} \alpha_j$ kann man auch über alle α mit $|\alpha| \leqq N$ summieren; hier ist $N = \max\left\{|\alpha| \;\middle|\; \alpha \in J, a_\alpha \neq 0\right\}$ der *Totalgrad* des Polynoms.

4.2.11 Beispiel. Das Polynom

$$f(x_1, x_2, x_3) := x_1^2 + 2\,x_1\,x_3 - 4\,x_2^4\,x_3 + 17 = \sum_{\alpha\in J} a_\alpha\, x_1^{\alpha_1}\, x_2^{\alpha_2}\, x_3^{\alpha_3}$$

benutzt die Menge $J = \{(2,0,0), (1,0,1), (0,4,1), (0,0,0)\}$ von Multi-Indizes, die Koeffizienten sind $a_{(2,0,0)} = 1$, $a_{(1,0,1)} = 2$, $a_{(0,4,1)} = -4$, $a_{(0,0,0)} = 17$. Der Totalgrad ist $\max\left\{|(2,0,0)|, |(1,0,1)|, |(0,4,1)|, |(0,0,0)|\right\} = \max\{2,2,5,0\} = 5$.

4.2.12 Beispiel. Das Polynom

$$q(x,y,u,v) := (x-u)^2 + (y-v)^2$$

beschreibt das Quadrat des euklidischen Abstands zwischen (x,y) und (u,v). Wir können es formal schreiben als

$$q(x,y,u,v) = \sum_{\alpha\in J} a_\alpha\, x^{\alpha_x}\, y^{\alpha_y}\, u^{\alpha_u}\, v^{\alpha_v}\,,$$

dann sind die Koeffizienten

$$\begin{array}{lclclcl} a_{(2,0,0,0)} &=& 1, & a_{(1,0,1,0)} &=& -2, & a_{(0,0,2,0)} &=& 1,\\ a_{(0,2,0,0)} &=& 1, & a_{(0,1,0,1)} &=& -2, & a_{(0,0,0,2)} &=& 1. \end{array}$$

Der euklidische Abstand d wird beschrieben durch die Komposition des Polynoms q mit der (stetigen) Wurzelfunktion: Also ist

$$d\colon \mathbb{R}^2 \times \mathbb{R}^2 \triangleq \mathbb{R}^4 \to \mathbb{R}\colon \big((x,y),(u,v)\big) \mapsto \sqrt{q(x,y,u,v)}$$

eine stetige Funktion.

4.2.13 Beispiel. Die bereits in 4.1.5 betrachtete gebrochen rationale Funktion

$$f\colon \mathbb{R}^2 \smallsetminus \left\{\binom{0}{0}\right\} \to \mathbb{R}\colon \binom{x}{y} \mapsto \frac{x+y}{x^2+y^2}$$

ist stetig. Es gibt aber keine stetige Fortsetzung an der Stelle $\binom{0}{0}$:

Die durch $a_n := \begin{pmatrix} 1/n \\ -1/n \end{pmatrix}$ bzw. $b_n := \begin{pmatrix} 1/n \\ 0 \end{pmatrix}$ definierten Folgen konvergieren beide gegen $\binom{0}{0}$, aber es gilt

$$\lim_{n\to\infty} f(a_n) = \lim_{n\to\infty} 0 = 0 \neq +\infty = \lim_{n\to\infty} n = \lim_{n\to\infty} f(b_n)\,.$$

(Die Folge $(f(b_n))_{n\in\mathbb{N}}$ von Funktionswerten reicht alleine schon aus, um die stetige Fortsetzung zu verhindern.)

Als Definitionsgebiete für Funktionen mehrerer Veränderlicher kommen zuerst *achsenparallele Quader* (wie etwa $[-1,4] \times [2,178] \times [0,1] \subseteqq \mathbb{R}^3$) oder offene Umgebungen $U_\rho(z)$ in Frage. Wir brauchen aber auch kompliziertere Mengen. Um der Vielfalt einigermaßen Herr zu werden, führen wir einige *topologische Begriffe* ein:

4.2.14 Definitionen. Es sei $M \subseteqq \mathbb{R}^n$.

1. Ein Punkt $a \in M$ heißt *innerer Punkt* von M, wenn es $\varepsilon > 0$ mit $U_\varepsilon(a) \subseteqq M$ gibt. Wir schreiben M° für die Menge aller inneren Punkte von M.
2. Ein Punkt $a \in \mathbb{R}^n$ heißt *Randpunkt* von M, wenn jede Umgebung $U_\varepsilon(a)$ sowohl ein Element von M als auch ein Element von $\mathbb{R}^n \setminus M$ enthält. Wir schreiben ∂M für die Menge aller Randpunkte von M.
3. Die Menge $\overline{M} := M \cup \partial M$ heißt der *Abschluss* von M.
4. Ein Punkt $a \in M$ heißt *isolierter* Punkt von M, wenn es $\varepsilon > 0$ so gibt, dass $U_\varepsilon(a) \cap M = \{a\}$.

Offenbar gilt stets $M^\circ \subseteqq M \subseteqq \overline{M}$. Man beachte, dass innere und isolierte Punkte auf jeden Fall zu M gehören, während dies bei Randpunkten nicht der Fall zu sein braucht.

4.2.15 Beispiele.

1. Jeder Punkt einer ε-Umgebung ist innerer Punkt: $(U_\varepsilon(z))^\circ = U_\varepsilon(z)$. Es gilt $\overline{U_\varepsilon(z)} = \left\{x \in \mathbb{R}^n \,\middle|\, |x-z| \leqq \varepsilon\right\}$ und $\partial\,(U_\varepsilon(z)) = \left\{x \in \mathbb{R}^n \,\middle|\, |x-z| = \varepsilon\right\}$.
2. Es sei
$$\Gamma := \left\{\binom{x}{\sin(1/x)} \,\middle|\, x > 0\right\} \subseteqq \mathbb{R}^2$$
der Graph der Funktion $\sin(1/x)$.
Dann gilt
$$\left\{\binom{0}{y} \,\middle|\, -1 \leqq y \leqq 1\right\} \subseteqq \partial\Gamma .$$

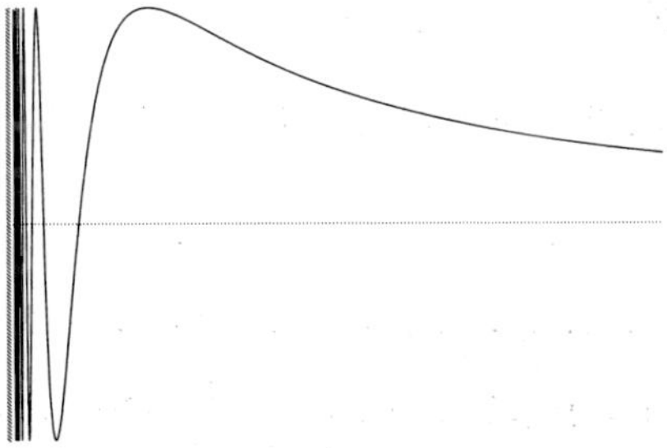

3. Die Menge
$$M := \left\{\binom{x}{y} \in \mathbb{R}^2 \,\middle|\, \tfrac{1}{4}x^2 + y^2 > 1\right\} \cup \mathbb{Z}^2$$

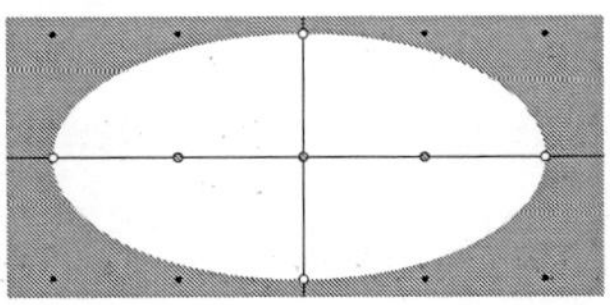

besteht aus den Punkten außerhalb der Ellipse

$$E := \left\{ \binom{x}{y} \in \mathbb{R}^2 \,\middle|\, \tfrac{1}{4}x^2 + y^2 = 1 \right\}$$

zusammen mit den isolierten Punkten $\binom{-1}{0}$, $\binom{0}{0}$ und $\binom{1}{0}$.
Die Punkte $\binom{-2}{0}$, $\binom{2}{0}$, $\binom{0}{1}$ und $\binom{0}{-1}$ sind Randpunkte, alle anderen Punkte von M sind innere Punkte. Außerdem sind alle Punkte der Ellipse E Randpunkte von M (die meisten von diesen gehören *nicht* selbst zur Menge M).

4. Für $M := \mathbb{Q}^n$ (also die Menge aller Punkte mit rationalen Koordinaten in $\mathbb{R}^n$) gilt $\overline{M} = \mathbb{R}^n$ und $M^\circ = \emptyset$.

4.2.16 Definitionen. Es sei $M \subseteq \mathbb{R}^n$.

1. Die Menge M heißt *beschränkt*, wenn es eine Zahl $S \in \mathbb{R}$ so gibt, dass $M \subseteq U_S(0)$ gilt.
2. Die Menge M heißt *offen*, wenn $M^\circ = M$.
3. Die Menge M heißt *abgeschlossen*, wenn $\overline{M} = M$.
4. Die Menge M heißt *kompakt*, wenn sie abgeschlossen und beschränkt ist.

In der Karikatur (aus: P. L. Giovannetti, *Max*, Rowohlt 1975) ist offenbar der Kopf des Hamsters Max beschränkt. Durch Vergrößern von S sehen wir, dass der ganze Hamster beschränkt ist.

Es gilt:

- Die Menge M ist genau dann offen, wenn $\mathbb{R}^n \setminus M$ abgeschlossen ist.
- Für jede stetige Funktion $f\colon \mathbb{R}^n \to \mathbb{R}^k$ ist die Nullstellenmenge $\{x \in \mathbb{R}^n \mid f(x) = 0\}$ abgeschlossen in $\mathbb{R}^n$.

Wir geben eine Variante des Satzes von Bolzano und Weierstraß 1.6.5:

4.2.17 Satz von Bolzano und Weierstraß.
Jede beschränkte Folge in $\mathbb{R}^n$ besitzt mindestens einen Häufungspunkt (mit anderen Worten: Es gibt eine konvergente Teilfolge).

4.2.18 Satz vom Minimum und Maximum.
Es sei $D \subseteq \mathbb{R}^n$ kompakt, und es sei $f\colon D \to \mathbb{R}^k$ stetig. Dann ist $f(D)$ ebenfalls kompakt.
Im Fall $k = 1$ nimmt f auf D ein Maximum und ein Minimum an.

Die Beziehung zum eindimensionalen Satz (vgl. 1.13.12) wird erst auf den zweiten Blick offenbar: Dort wird ausgesagt, dass das Bild eines beschränkten und abgeschlossenen (also kompakten!) Intervalls in $\mathbb{R}^1$ unter einer stetigen Funktion wieder beschränkt und abgeschlossen (also kompakt) ist.

4.2.19 Satz. *Ist $D \subseteqq \mathbb{R}^n$ kompakt und $f\colon D \to \mathbb{R}^k$ stetig, so ist f gleichmäßig stetig auf D, das heißt:*

$$\forall\, \varepsilon > 0 \quad \exists\, \delta > 0 \quad \forall\, x, y \in D\colon \quad \Big(|x - y| < \delta \implies |f(x) - f(y)| < \varepsilon \Big).$$

Die *Verschärfung* im Vergleich zur Stetigkeit in jedem Punkt besteht darin, dass für alle Stellen *dasselbe* δ (abhängig nur von ε) gewählt werden kann.

Die Funktion $x \mapsto \frac{1}{x}$ auf dem (nicht kompakten!) Intervall $(0, +\infty)$ ist ein Beispiel für eine nicht gleichmäßig stetige Funktion: Je näher man mit x und y an die Null rückt, desto kleiner muss man δ machen, um $|f(x) - f(y)| = \left|\frac{1}{x} - \frac{1}{y}\right| < \varepsilon$ zu sichern!

4.2.20 Kennzeichnung vektorwertiger stetiger Abbildungen.
Es sei $D \subseteqq \mathbb{R}^n$. Eine Abbildung

$$f\colon D \to \mathbb{R}^k\colon x \mapsto \begin{pmatrix} f_1(x) \\ \vdots \\ f_k(x) \end{pmatrix}$$

ist genau dann stetig, wenn für jedes $j \leqq k$ die Komponentenfunktion $f_j\colon D \to \mathbb{R}$ (also die Komposition $\pi_j \circ f$ mit der Projektion π_j, vgl. 4.2.9) stetig ist.

4.3 Partielle Ableitungen

Es sei $D \subseteqq \mathbb{R}^n$ und $a = (a_1, \ldots, a_n)^\top \in D^\circ$. Für jede Gerade $G = a + \mathbb{R}\,v$ durch a enthält dann der Schnitt $G \cap D$ ein ganzes Intervall $\{a + h\,v \mid h \in (-\varepsilon, +\varepsilon)\}$.

Wir konzentrieren uns auf den Fall, dass v einer der Basisvektoren e_j der Standardbasis von $\mathbb{R}^n$ ist. Dann liegt die Gerade G parallel zur entsprechenden Koordinatenachse: Es gilt

$$G = \left\{ \Big(a_1, \ldots, a_{j-1}, x_j, a_{j+1}, \ldots, a_n\Big)^\top \;\middle|\; x_j \in \mathbb{R} \right\}.$$

Das eben gefundene Intervall hat dann die Gestalt

$$\left\{ \left(a_1, \ldots, a_{j-1}, x_j, a_{j+1}, \ldots, a_n\right)^{\mathsf{T}} \,\middle|\, x_j \in (a_j - \varepsilon, a_j + \varepsilon) \right\} .$$

Für jede Funktion $f\colon D \to \mathbb{R}$ ist die Zuordnung

$$\begin{aligned} f_G\colon \quad (a_j - \varepsilon, a_j + \varepsilon) \to \mathbb{R}\colon \quad t \quad &\mapsto \quad f\big(a + (t - a_j)\,e_j\big) \\ &= \quad f\big(a_1, \ldots, a_{j-1}, t, a_{j+1}, \ldots, a_n\big) \end{aligned}$$

dann eine Abbildung in *einer* Veränderlichen.
Den Graph von f_G können wir uns als einen Teil des Graphen von f vorstellen: als Teil der Kurve, die als Schnitt des Graphen von f mit der vertikalen Ebene durch die Gerade $G = a + \mathbb{R}\,e_j$ entsteht.

4.3.1 Definition. Ist die Funktion f_G *differenzierbar* in a_j, so heißt ihre Ableitung

$$\frac{\mathrm{d}}{\mathrm{d}\,t}\, f_G(t)\Big|_{t\,=\,a_j} \quad =: \quad \frac{\partial}{\partial\, x_j}\, f(x)\Big|_{x\,=\,a} \quad =: \quad \frac{\partial\, f}{\partial\, x_j}\,(a)$$

die *partielle Ableitung* von f nach x_j im Punkt a.
In diesem Fall nennt man die Funktion f *partiell nach* x_j *differenzierbar* im Punkt a.

Man erhält die partielle Ableitung auch als Grenzwert (*Differentialquotient*)

$$\frac{\partial f}{\partial x_j}(a) \quad = \quad \lim_{h \to 0} \frac{f(a + h\,e_j) - f(a)}{h} \qquad .$$

Das Symbol „∂" statt „d" soll signalisieren, dass wir alle Variablen bis auf eine festhalten.
Weitere übliche Bezeichnungen für partielle Ableitungen sind $\partial_j\, f(a)$ oder $f_{x_j}(a)$ statt $\frac{\partial\, f}{\partial\, x_j}\,(a)$.

4.3.2 Definition. Ist f in jedem inneren Punkt von D partiell nach x_j differenzierbar, so nennt man die Funktion

$$f_{x_j}: D^\circ \to \mathbb{R}: \quad x \mapsto f_{x_j}(x)$$

die *partielle Ableitung* von f *nach* x_j.

Wenn die Variablen der Funktion f statt mit $x_1, x_2, \ldots$ mit x, y, z, t bezeichnet werden, schreibt man auch f_x, f_y, f_z, f_t für die partiellen Ableitungen. Diese Bezeichnungen sind vor allem dann hilfreich, wenn man die partiellen Ableitungen erneut partiell differenziert.

4.3.3 Beispiel. Der Graph der Funktion

$$f: \quad \mathbb{R}^2 \to \mathbb{R}: \quad \begin{pmatrix} x \\ y \end{pmatrix} \mapsto -x^2 - y^2 + 3$$

ist ein nach unten geöffnetes Rotationsparaboloid. Die partiellen Ableitungen sind

$$f_x\binom{x}{y} = -2\,x\,, \qquad f_y\binom{x}{y} = -2\,y\,.$$

[Beim Ableiten nach x ist y als Konstante zu behandeln!]

Die Einschränkung der Funktion f auf die Gerade $G = \binom{0}{0} + \mathbb{R}\binom{1}{0}$ (das ist die x-Achse) liefert

$$f_G(t) = f\binom{t}{0} = -t^2 + 3\,,$$

die Ableitung $f_x\binom{0}{0} = f_G'(0) = 0$ dieser Funktion gibt die Steigung der Geraden in der x-z-Ebene an, die den Graphen von f (also das Paraboloid) im Punkt $\left(0, 0, f\binom{0}{0}\right)^{\mathsf{T}}$ berührt.

Für die Parallele $H = \binom{1}{-1} + \mathbb{R}\binom{0}{1}$ zur y-Achse durch $\binom{1}{-1}$ ergibt sich

$$f_H(t) = f\binom{1}{t} = -t^2 + 2\,.$$

Die Steigung der Tangente an das Paraboloid in der zur y-z-Ebene parallelen Ebene durch $(1, -1, 0)^{\mathsf{T}}$ im Punkt $\left(1, -1, f\binom{1}{-1}\right)^{\mathsf{T}}$ erhalten wir als

$$f_y\binom{1}{-1} = f_H'(-1) = 2\,.$$

Die Skizze zeigt einen Ausschnitt des Paraboloids, die x-y-Ebene (dunkelgrau), die x-z-Ebene (als Gitter) und die Parallele zur y-z-Ebene durch den Punkt $(1,-1,0)^{\mathsf{T}}$.

Außerdem sind die Geraden G und H sowie die darüber liegenden Tangenten samt ihren Berührpunkten eingezeichnet.

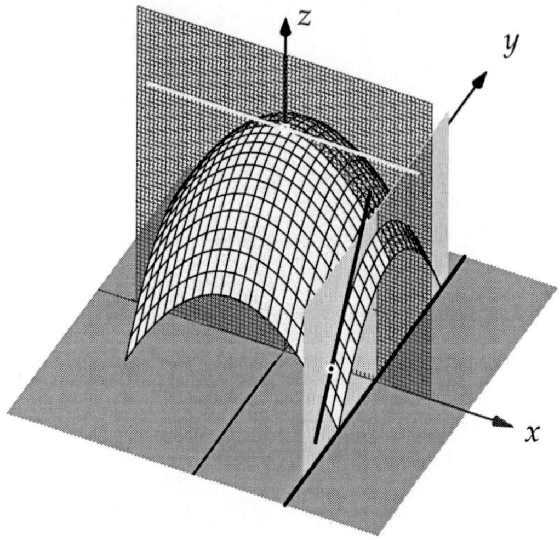

4.3.4 Beispiel. Für $f(x,y,z) = \sin(x\,y) + \cos(y\,z)$ erhalten wir

$$\begin{array}{lllllllll} f_x(x,y,z) & = & y\cos(x\,y) & + & 0 & = & y\cos(x\,y) & & \\ f_y(x,y,z) & = & x\cos(x\,y) & + & z\,(-\sin(y\,z)) & = & x\cos(x\,y) & - & z\sin(y\,z) \\ f_z(x,y,z) & = & 0 & + & y\,(-\sin(y\,z)) & = & & - & y\sin(y\,z)\,. \end{array}$$

4.3.5 Beispiel. Die durch $h(x_1,x_2,x_3) := x_1\,x_2^2\,\sqrt[3]{x_3}$ definierte Funktion

$$h\colon \mathbb{R}^3 \to \mathbb{R}$$

hat die partiellen Ableitungen

$$\begin{array}{lcll} h_{x_1}(x_1,x_2,x_3) & = & x_2^2\,\sqrt[3]{x_3} & \left[x_2,\, x_3 \text{ sind hier Konstanten}\right] \\ h_{x_2}(x_1,x_2,x_3) & = & x_1\,\sqrt[3]{x_3}\,2\,x_2 & \left[\text{jetzt sind } x_1,\, x_3 \text{ konstant}\right] \\ h_{x_3}(x_1,x_2,x_3) & = & \dfrac{x_1\,x_2^2}{3\,\sqrt[3]{x_3^2}} & . \end{array}$$

Insbesondere ist h nur in den Stellen partiell nach x_3 differenzierbar, die zu $\mathbb{R}^3 \setminus \{x \in \mathbb{R}^3 \mid x_3 = 0 \neq x_1 x_2\}$ gehören.

4.3.6 Beispiel. Es sei

$$g\colon \mathbb{R}^n \to \mathbb{R}: \quad x = (x_1, x_2, \ldots, x_n) \mapsto \prod_{j=1}^{n} x_j = x_1 \cdot x_2 \cdots x_n .$$

Die partielle Ableitung nach x_k ist

$$g_{x_k}(x) = \prod_{j \neq k} x_j .$$

4.3.7 Definition. Es sei $D \subsetneqq \mathbb{R}^n$. Die Funktion $f\colon D \to \mathbb{R}$ sei nach jeder Variablen partiell differenzierbar. Dann heißt

$$\operatorname{grad} f(x) := \left(f_{x_1}(x), f_{x_2}(x), \ldots, f_{x_n}(x)\right)^{\mathsf{T}}$$

der *Gradient*[2] von f an der Stelle $x \in D$.
Man schreibt auch $\nabla f(x) := \operatorname{grad} f(x)$, dieses Symbol wird „Nabla" ausgesprochen[3].

Der Gradient liefert eine Abbildung

$$\operatorname{grad} f\colon D \to \mathbb{R}^n .$$

Wenn die Funktion f_{x_j} wieder partiell differenzierbar ist, schreiben wir kurz

$$f_{x_j x_\ell}(x) := \left(f_{x_j}\right)_{x_\ell}(x) .$$

Allgemeiner:

$$f_{x_{j_1} x_{j_2} \cdots x_{j_k}}(x)$$

[2] Beim Gradienten legen wir *ausdrücklich* Wert darauf, dass er als *Spalte* geschrieben wird.
[3] William Robertson Smith, letter to Peter Guthrie Tait, dated November 10, 1870:
„My dear Sir, The name I propose for ∇ is, as you will remember, Nabla. There are, however, variations in the form. In Greek, the leading form is *νάβλα* which, in spite of the short a at the end, is merely a transcription I suppose of the Aramean [...]
As to the thing, it is a sort of harp and is said by Hieronymus and other authorities to have had the figure of ∇ (an inverted Δ) [...]"

entsteht durch wiederholtes partielles Differenzieren (zuerst nach x_{j_1}, dann nach x_{j_2} usw., zuletzt nach x_{j_k}). Dabei sind Wiederholungen in der Folge x_{j_1}, x_{j_2}, $x_{j_3} \ldots$ natürlich erlaubt!

Die Funktion $f_{x_{j_1} x_{j_2} \cdots x_{j_k}}$ nennt man eine *k-te partielle Ableitung* von f. Man beachte, dass es mehrere k-te Ableitungen gibt: Es kommt hier ja auf die Wahl der Folge $x_{j_1}, x_{j_2}, x_{j_3} \ldots$ an.

Häufig sind zur Bezeichnung höherer partieller Ableitungen *Multi-Indizes* nützlich: Unter einem solchen Multi-Index verstehen wir (wie in 4.2.10) eine Liste $\alpha = (\alpha_1, \ldots, \alpha_n) \in \mathbb{N}_0^n$ von n Zahlen. Man schreibt $|\alpha| := \alpha_1 + \cdots + \alpha_n$ und dann

$$\mathrm{D}^\alpha f(x) := \frac{\partial^{|\alpha|}}{(\partial x_1)^{\alpha_1} \cdots (\partial x_n)^{\alpha_n}} f(x_1, \ldots, x_n) := \left(\frac{\partial}{\partial x_1}\right)^{\alpha_1} \cdots \left(\frac{\partial}{\partial x_n}\right)^{\alpha_n} f(x).$$

Bei einer Funktion in 4 Variablen wäre also z. B.

$$\mathrm{D}^{(3,0,2,1)} f(x) = \frac{\partial^6}{(\partial x_1)^3 \, (\partial x_3)^2 \, (\partial x_4)} f(x_1, \ldots, x_n) = f_{x_4 x_3 x_3 x_1 x_1 x_1}(x)$$

eine sechste partielle Ableitung von f: Zuerst einmal nach der vierten, dann zweimal nach der dritten und schließlich noch dreimal nach der ersten Variablen abgeleitet.

(Dass wir nicht noch kompliziertere Bezeichnungen einführen müssen, liegt am Satz von Schwarz 4.3.10).

4.3.8 Definition. Es sei $D \subseteqq \mathbb{R}^n$. Die Funktion $f \colon D \to \mathbb{R}$ heißt *k-mal partiell differenzierbar*, wenn *alle* k-ten partiellen Ableitungen existieren (d.h. für alle $(x_{j_1}, x_{j_2}, \ldots, x_{j_k})$ mit $1 \leqq j_\ell \leqq n$ — insbesondere verlangen wir die Existenz von $\mathrm{D}^\alpha f$ für alle Multi-Indizes $\alpha \in \mathbb{N}_0^n$ mit $|\alpha| \leqq k$).

Man nennt die Funktion *k-mal stetig partiell differenzierbar*, wenn sie k-mal partiell differenzierbar ist und für *alle* ℓ mit $0 \leqq \ell \leqq k$ auch *jede* ℓ-te partielle Ableitung stetig ist.

Die Menge aller (mindestens) k-mal stetig partiell differenzierbaren Funktionen von D nach $\mathbb{R}$ wird mit $C^k(D)$ bezeichnet. Insbesondere ist $C^0(D)$ die Menge aller stetigen Funktionen auf D.

Es gilt offensichtlich $C^{k+1}(D) \subseteqq C^k(D) \subseteqq \cdots \subseteqq C^1(D) \subseteqq C^0(D)$.

4.3.9 Beispiel. Wir betrachten $D := (0, +\infty) \times \mathbb{R} \subsetneqq \mathbb{R}^2$ und

$$f\colon D \to \mathbb{R}\colon \quad \begin{pmatrix} x \\ y \end{pmatrix} \mapsto x^2\, y^3\, \ln x\,.$$

Es ergibt sich

$$\begin{aligned}
f_x\tbinom{x}{y} &= 2\,x\,y^3\,\ln x + x^2\,y^3\,\tfrac{1}{x} &&= x\,(2\,\ln x + 1)\,y^3\,,\\
f_y\tbinom{x}{y} & &&= 3\,(x^2\,\ln x)\,y^2\,,\\
f_{xx}\tbinom{x}{y} &= \tfrac{\partial}{\partial x}\Big(x\,(2\,\ln x + 1)\,y^3\Big) &&= \Big((2\,\ln x + 1) + x\,\tfrac{2}{x}\Big)\,y^3\\
& &&= (2\,\ln x + 3)\,y^3\,,\\
f_{xy}\tbinom{x}{y} &= \tfrac{\partial}{\partial y}\Big(x\,(2\,\ln x + 1)\,y^3\Big) &&= 3\,x\,(2\,\ln x + 1)\,y^2\,,\\
f_{yx}\tbinom{x}{y} &= \tfrac{\partial}{\partial x}\Big(3\,(x^2\,\ln x)\,y^2\Big) &&= 3\,\Big(2\,x\,\ln x + x^2\,\tfrac{1}{x}\Big)\,y^2\\
& &&= 3\,x\,(2\,\ln x + 1)\,y^2\,,\\
f_{yy}\tbinom{x}{y} &= \tfrac{\partial}{\partial y}\Big(3\,(x^2\,\ln x)\,y^2\Big) &&= 6\,(x^2\,\ln x)\,y\,.
\end{aligned}$$

Dass im eben betrachteten Beispiel die partiellen Ableitungen f_{xy} und f_{yx} übereinstimmen, ist kein Zufall:

4.3.10 Satz von Schwarz über die Vertauschbarkeit partieller Ableitungen. *Es sei $D \subsetneqq \mathbb{R}^n$ und $f \in C^2(D)$. Dann gilt für alle $a \in D^\circ$ und alle $j, \ell \in \{1, \ldots, n\}$:*

$$f_{x_j x_\ell}(a) = f_{x_\ell x_j}(a)\,.$$

Vorsicht: Wenn man unsere Voraussetzung $f \in C^2(D)$ (also die Existenz und *Stetigkeit* der nullten, ersten und zweiten Ableitungen) abschwächt zu „zweimal partiell differenzierbar", ist die Vertauschbarkeit der partiellen Ableitungen im Allgemeinen nicht mehr gegeben.

Beweis des Satzes von Schwarz. Es genügt, den Satz für $n = 2$ zu beweisen [wir müssen ja nur die Variablen betrachten, nach denen wir auch ableiten]. Wir bezeichnen die Variablen mit x und y, und betrachten die folgenden Hilfsfunktionen:

$$\begin{aligned} h\binom{u}{v} &:= f\binom{x+u}{y+v} - f\binom{x+u}{y} - f\binom{x}{y+v} + f\binom{x}{y}, \\ p\binom{u}{v} &:= f\binom{x+u}{y+v} - f\binom{x+u}{y}, \\ q\binom{u}{v} &:= f\binom{x+u}{y+v} - f\binom{x}{y+v}. \end{aligned}$$

Diese sind stetig, und es gilt

$$\begin{aligned} h\binom{u}{v} &= p\binom{u}{v} - p\binom{0}{v} \\ &= q\binom{u}{v} - q\binom{u}{0}. \end{aligned}$$

Der Mittelwertsatz der Differentialrechnung 2.4.4 (in einer Veränderlichen) liefert die Existenz von ξ bzw. η im Intervall $(0,1)$ mit

$$h\binom{u}{v} = u\, p_x\binom{\xi u}{v}, \tag{1}$$

$$h\binom{u}{v} = v\, q_y\binom{u}{\eta v}. \tag{2}$$

Aus (1) erhalten wir durch Einsetzen

$$h\binom{u}{v} = u\left(f_x\binom{x+\xi u}{y+v} - f_x\binom{x+\xi u}{y}\right).$$

Auf die jetzt entstandene Differenz von Werten der Funktion $y \mapsto f_x\binom{x+\xi u}{y}$ wenden wir wieder den Mittelwertsatz an und erhalten die Existenz von $\beta \in (0,1)$ mit

$$h\binom{u}{v} = u\, v\, f_{xy}\binom{x+\xi u}{y+\beta v}. \tag{3}$$

Analog ergibt sich aus (2):

$$h\binom{u}{v} = u\, v\, f_{yx}\binom{x+\alpha u}{y+\eta v}, \tag{4}$$

mit $\alpha \in (0,1)$. Mit $\binom{u}{v} \longrightarrow \binom{0}{0}$ konvergieren auch ξu, ηv, αu und βv gegen 0.

Wegen der Stetigkeit der zweifachen partiellen Ableitungen existieren die Grenzwerte

$$\lim_{\binom{u}{v}\to\binom{0}{0}} f_{xy}\binom{x+\xi u}{y+\beta v} = f_{xy}\binom{x}{y}$$

und

$$\lim_{\binom{u}{v}\to\binom{0}{0}} f_{yx}\binom{x+\alpha u}{y+\eta v} = f_{yx}\binom{x}{y}.$$

Mit Hilfe der Gleichungen (3) und (4) ergibt sich

$$f_{xy}\binom{x}{y} \underset{(3)}{=} \lim_{\binom{u}{v}\to\binom{0}{0}} \frac{h\binom{u}{v}}{u\,v} \underset{(4)}{=} f_{yx}\binom{x}{y}.$$

Damit ist die Behauptung des Satzes bewiesen. □

Die partiellen Ableitungen sind „Ableitungen in Richtung der Koordinatenachsen". Wir verallgemeinern dies zu Ableitungen in beliebige Richtungen:

4.3.11 Definition. Es seien $D \subseteq \mathbb{R}^n$, ein innerer Punkt $a \in D^\circ$ und eine Funktion $f\colon D \to \mathbb{R}$ gegeben. Wir betrachten einen Vektor $v \in \mathbb{R}^n$.

Wenn der Grenzwert

$$\lim_{h\to 0} \frac{f(a+h\,v) - f(a)}{h}$$

existiert, so nennt man ihn die *Ableitung längs* v von f im Punkt a. Wir bezeichnen die Ableitung längs v mit $\partial_v f(a)$.

Wenn v die Länge 1 hat, nennt man $\partial_v f(a)$ die *Richtungsableitung* (oder den *Anstieg*) von f in Richtung v im Punkt a.

Die Ableitung längs v hängt tatsächlich nicht nur von der Richtung, sondern auch vom Betrag von v ab: Es gilt $\partial_{tv} f(x) = t\,\partial_v f(x)$.

[Das sieht man, indem man im definierenden Grenzwert v durch $t\,v$ und h durch h/t ersetzt.]

Für den Standardbasisvektor e_j gilt

$$\partial_{e_j} f(a) = \frac{\partial}{\partial x_j} f(a).$$

Partielle Ableitungen sind also tatsächlich spezielle Richtungsableitungen.

Allgemein beschreibt die *Richtungsableitung* $\partial_v f(a)$ die Steigung der Tangenten im Punkt $(a, f(a))^\top$ an den Graphen von f in der Ebene, die aufgespannt wird von v und der „vertikalen Achse" (auf der wir die Funktionswerte abtragen).

Damit sich diese Steigung richtig ergibt, ist die Voraussetzung $|v| = 1$ wichtig!

4.3.12 Satz. *Es sei $f \in C^1(D)$. Für jeden Vektor $v = (v_1, \ldots, v_n)^\top$ und für jeden inneren Punkt $a \in D^\circ$ gilt:*

$$\partial_v f(a) = \operatorname{grad} f(a) \bullet v = \sum_{j=1}^{n} f_{x_j}(a)\, v_j .$$

Hier bezeichnet das Verknüpfungssymbol $\bullet$ das Skalarprodukt in $\mathbb{R}^n$. Wir werden das im Rahmen der Analysis mehrerer Veränderlicher so beibehalten.

4.4 Lineare Approximation und die Taylor-Formel

Die Taylorformel 2.6.1 haben wir in der eindimensionalen Analysis benutzt, um Funktionen durch affin lineare Funktionen oder Polynome von höherem Grad zu approximieren. Wir wollen dies auch für Funktionen mehrerer Veränderlicher tun. Zur Beschreibung der Approximationsqualität benutzen wir den folgenden Begriff:

4.4.1 Definition. Es sei $D \subseteq \mathbb{R}^n$ und $a \in D^\circ$. Außerdem sei $k \in \mathbb{N}$. Für Funktionen f und g von D nach $\mathbb{R}^\ell$ schreibt man

$$(*) \qquad f(x) = g(x) + o\left(|x-a|^k\right),$$

wenn $\lim\limits_{x \to a} \dfrac{|f(x) - g(x)|}{|x-a|^k} = 0$ gilt.

Ist $(*)$ mit $k = 1$ erfüllt, so sagt man, die Funktion g *approximiert* f *linear* (an der Stelle a).

Im Fall $k = 2$ spricht man von *quadratischer Approximation.*

Das eben eingeführte Symbol „klein o" ist eines der *Landau-Symbole*; man sollte es nicht mit „groß O" verwechseln: Wir schreiben

$$f(x) = g(x) + O\left(|x-a|^k\right),$$

wenn es eine reelle Konstante c so gibt, dass in einer geeignet gewählten Umgebung von a gilt: $|f(x) - g(x)| \leqq c\,|x-a|^k$.

Je höher k in $(*)$ gewählt werden kann, desto besser ist die Approximation. Für Details sei auch hier auf die Numerik verwiesen.

4.4.2 Beispiel. Es sei $D \subsetneqq \mathbb{R}$ ein offenes Intervall und $f\colon D \to \mathbb{R}$ eine Funktion (einer Veränderlicher). Ist f zweimal stetig differenzierbar in $a \in D$, so gilt

$$f(x) = f(a) + f'(a)(x-a) + o(|x-a|^1)\,.$$

[Nach dem Satz von Taylor 2.6.1 gilt

$$\begin{aligned} \frac{f(x) - f(a) - f'(a)(x-a)}{|x-a|} &= \frac{f(x) - T_1(f,x,a)}{|x-a|} \\ &= \frac{R_1(f,x,a)}{|x-a|} \\ &= \frac{f''\,(a + \vartheta\,(x-a))\,(x-a)^2}{2\,|x-a|} \underset{x\to a}{\longrightarrow} 0\,. \end{aligned}$$
]

Im eben betrachteten Beispiel dient die Annahme $f \in C^2(D)$ nur der Bequemlichkeit: Die Aussage $f(x) = T_1(f,x,a) + o(|x-a|)$ bleibt auch richtig, wenn wir nur einfache Differenzierbarkeit voraussetzen. Man braucht zum Beweis dann eine feinere Fassung des Satzes von Taylor.

Wir drehen den Spieß um und erheben die lineare Approximierbarkeit zur allgemeinen Definition von Differenzierbarkeit:

4.4.3 Definition. Sei $D \subsetneqq \mathbb{R}^n$ offen, und sei $a \in D$. Eine Funktion $f\colon D \to \mathbb{R}$ heißt *(total) differenzierbar in* a, wenn es einen Vektor $v(a) \in \mathbb{R}^n$ derart gibt, dass gilt:

$$f(x) = f(a) + v(a) \bullet (x-a) + o\,(|x-a|)\,.$$

Man nennt in diesem Fall die Funktion auch *linear approximierbar*. Der Vektor $v(a)$ heißt die *totale Ableitung* von f in a.

4.4.4 Satz. *Es sei* $D \subsetneqq \mathbb{R}^n$ *offen, und es sei* $f \in C^1(D)$. *Dann ist* f *in jedem Punkt* $a \in D$ *total differenzierbar, wobei* $v(a) = \operatorname{grad} f(a)$:

$$f(x) = f(a) + \operatorname{grad} f(a) \bullet (x-a) + o\,(|x-a|)\,.$$

Umgekehrt gilt: Ist f *in* a *total differenzierbar, so existieren alle partiellen Ableitungen, und es gilt* $\operatorname{grad} f(a) = v(a)$.

4.4.5 Bemerkungen.

1. Die reine *Existenz* der partiellen Ableitungen sichert noch nicht die totale Differenzierbarkeit: Wir brauchen auch die *Stetigkeit* der Funktion und ihrer partiellen Ableitungen.
2. Auch bei Funktionen in mehreren Veränderlichen folgt aus der (totalen!) Differenzierbarkeit die Stetigkeit der Funktion.

In der eindimensionalen Analysis liefert die Taylorformel auch Approximationen höheren Grades (unter der Voraussetzung höherer Differenzierbarkeit). Um die Taylorformel auch für Funktionen mehrerer Veränderlicher formulieren zu können, brauchen wir weitere Begriffe und Schreibweisen:

4.4.6 Definition. Eine Teilmenge $D \subseteq \mathbb{R}^n$ heißt *konvex*, wenn zu je zwei Punkten $a, b \in D$ die gesamte Verbindungsstrecke $\overline{a\,b}$ in D enthalten ist.

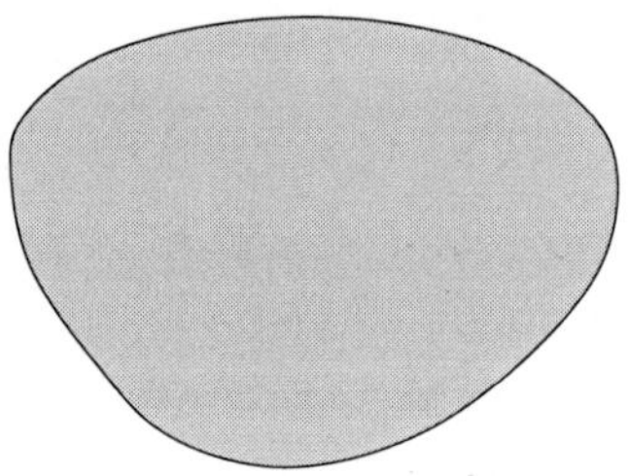

konvex (?)

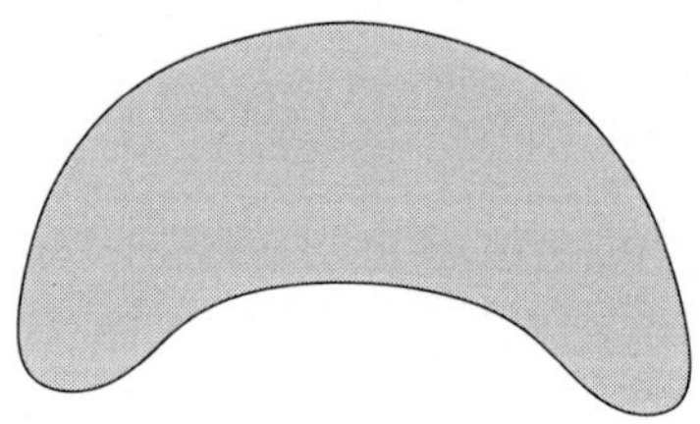

nicht konvex.

4.4.7 Beispiele. Jede offene Kugel $U_r(m)$ ist konvex. Jeder Quader ist konvex.

Ist M konvex, so ist auch der Abschluss $\overline{M}$ konvex.

Der Schnitt konvexer Mengen ist wieder konvex, aber die Vereinigung im Allgemeinen nicht mehr.

4.4.8 Bemerkung. Es sei $j \in \mathbb{N}$. Die Menge $C^j(D)$ bildet (mit den üblichen, werteweisen Verknüpfungen) einen reellen Vektorraum. Für $f \in C^j(D)$ und $v \in \mathbb{R}^n \setminus \{0\}$ gehört $\partial_v f : D \to \mathbb{R} : x \mapsto \partial_v f(x)$ zu $C^{j-1}(D)$. Wir können also ∂_v auffassen als eine Abbildung von $C^j(D)$ nach $C^{j-1}(D)$. Diese Abbildung ist *linear*!

Wir schreiben ∂_v^k für die k-fache Anwendung von ∂_v: Das ist dann eine lineare Abbildung von $C^j(D)$ nach $C^{j-k}(D)$.

4.4.9 Beispiel. Wir wollen $\partial_v^2 f(a)$ noch etwas expliziter bestimmen (die höheren Potenzen von ∂_v werden recht kompliziert, und finden selten explizite Anwendung). Wir schreiben für den Moment (vgl. 4.3.12)

$$g(x) := \partial_v f(x) = v \bullet \operatorname{grad} f(x) = \sum_{j=1}^{n} v_j f_{x_j}(x).$$

Dann gilt

$$\begin{aligned}
\partial_v^2 f(a) &= \partial_v g(a) = \begin{pmatrix} g_{x_1}(a) \\ \vdots \\ g_{x_n}(a) \end{pmatrix} \bullet v = \begin{pmatrix} \left(\sum_{j=1}^n v_j f_{x_j}\right)_{x_1}(a) \\ \vdots \\ \left(\sum_{j=1}^n v_j f_{x_j}\right)_{x_n}(a) \end{pmatrix} \bullet v \\
&= \begin{pmatrix} \sum_{j=1}^n v_j f_{x_j x_1}(a) \\ \vdots \\ \sum_{j=1}^n v_j f_{x_j x_n}(a) \end{pmatrix} \bullet v = \sum_{k=1}^n \left(\sum_{j=1}^n v_j f_{x_j x_k}(a)\right) v_k .
\end{aligned}$$

Dies können wir interpretieren als Matrixprodukt[4]:

$$\partial_v^2 f(a) = v^{\mathsf{T}} \begin{pmatrix} f_{x_1 x_1}(a) & \cdots & f_{x_1 x_n}(a) \\ \vdots & & \vdots \\ f_{x_n x_1}(a) & \cdots & f_{x_n x_n}(a) \end{pmatrix} v .$$

4.4.10 Definition. Es sei $a \in D$ und $D \subseteqq \mathbb{R}^n$ offen sowie $f \in C^2(D)$. Die Matrix

$$\mathrm{H}f(a) := \begin{pmatrix} f_{x_1 x_1}(a) & \cdots & f_{x_1 x_n}(a) \\ \vdots & & \vdots \\ f_{x_n x_1}(a) & \cdots & f_{x_n x_n}(a) \end{pmatrix}$$

nennt man die *Hesse-Matrix* von f im Punkt a.

4.4.11 Bemerkungen. Wir haben vorausgesetzt, dass f zweimal stetig partiell differenzierbar ist. Nach dem Satz von Schwarz 4.3.10 ist die Hesse-Matrix $\mathrm{H}f(a)$ *symmetrisch*.

[4] Nachdem wir im Rahmen der Analysis bisher eher lax mit der Frage umgegangen sind, ob die Elemente des $\mathbb{R}^n$ als Zeilen oder Spalten aufzufassen sind, müssen wir jetzt Farbe bekennen: Wie in den einschlägigen Teilen der Linearen Algebra wollen wir eigentlich mit Spalten rechnen, der linke Faktor im Matrixprodukt muss aber eine Zeile sein. Deswegen muss dort v transponiert werden.

Diese symmetrische Matrix ist die angemessene Beschreibung der *quadratischen Form* $v \mapsto \partial_v^2 f(a)$. Diese quadratische Form beschreibt eine Quadrik, die nahe bei a den Graphen von f qualitativ beschreibt und zusammen mit der linearen Approximation durch das Taylorpolynom der Stufe 1 brauchbar approximiert (die Schmiegquadrik, vgl. 4.4.15).
Wenn man die Überlegungen aus 4.4.9 iteriert, erhält man

$$\begin{aligned} \partial_v^3 f(a) &= \textstyle\sum_{\ell=1}^n \sum_{k=1}^n \sum_{j=1}^n \; f_{x_j x_k x_\ell}(a)\, v_j v_k v_\ell \\ \partial_v^4 f(a) &= \textstyle\sum_{m=1}^n \sum_{\ell=1}^n \sum_{k=1}^n \sum_{j=1}^n \; f_{x_j x_k x_\ell x_m}(a)\, v_j v_k v_\ell v_m \end{aligned}$$

und so weiter ...

4.4.12 Satz von Taylor in mehreren Veränderlichen.
Es sei $D \subsetneqq \mathbb{R}^n$ konvex und offen. Weiter sei $f \in C^{k+1}(D)$ und $a \in D$. Dann gilt für alle $v \in \mathbb{R}^n$, die $a + v \in D$ erfüllen:

$$f(a+v) = f(a) + \partial_v f(a) + \frac{1}{2!}\,\partial_v^2 f(a) + \cdots + \frac{1}{k!}\,\partial_v^k f(a) + R_k(a,v)\,,$$

wobei das Restglied sich schreiben lässt als

$$R_k(a,v) = \frac{1}{(k+1)!}\,\partial_v^{k+1} f(a + \vartheta_k\, v)$$

mit geeignetem $\vartheta_k \in [0,1]$.

4.4.13 Definition. Man nennt

$$\begin{aligned} T_k(f,x,a) &:= f(x) - R_k(a, x-a) \\ &= f(a) + \partial_{x-a} f(a) + \tfrac{1}{2}\,\partial_{x-a}^2 f(a) + \cdots + \tfrac{1}{k!}\,\partial_{x-a}^k f(a) \end{aligned}$$

das *Taylorpolynom* der Stufe k von f um a.

Man erhält $T_k(f,x,a)$ durch Einsetzen von $v = x - a$ in $f(x) - R_k(a,v)$.
Es ist wahr, dass $T_k(f,x,a)$ ein Polynom in den Veränderlichen $x_1 - a_1$, $x_2 - a_2$, ..., $x_n - a_n$ ist. [Für $k \geqq 3$ sieht man das, indem man 4.4.9 iteriert.]

4.4.14 Bemerkungen.

1. Das Taylorpolynom der Stufe k erfüllt $f(x) = T_k(f,x,a) + o\left(|x-a|^k\right)$.
2. Das Taylorpolynom der Stufe 1 ist gerade die lineare Approximation:

$$T_1(f,x,a) = f(a) + \partial_{x-a} f(a) = f(a) + (x-a) \bullet \operatorname{grad} f(a).$$

3. Das Taylorpolynom der Stufe 2 ergibt sich mit Hilfe der Hesse-Matrix $\mathrm{H}f(a)$ als

$$\begin{aligned} T_2(f,x,a) &= f(a) + \partial_{x-a} f(a) + \tfrac{1}{2}\,\partial^2_{x-a} f(a) \\ &= f(a) + (x-a) \bullet \operatorname{grad} f(a) + \tfrac{1}{2}\,(x-a)^{\mathsf{T}}\,\mathrm{H}f(a)\,(x-a). \end{aligned}$$

Mit anderen Worten: Der Graph von $T_1(f,x,a)$ ist ein affiner Teilraum, der den Graphen von f an der Stelle a linear approximiert. Bei einer Funktion in zwei Variablen ist der Graph von $T_1\left(f, \binom{x_1}{x_2}, \binom{a_1}{a_2}\right)$, also die *Tangentialebene* im Punkt $(a_1, a_2, f(a))^{\mathsf{T}}$ an den Graphen von f: Diese Tangentialebene hat die Gleichung

$$x_3 = T_1\left(f, \tbinom{x_1}{x_2}, \tbinom{a_1}{a_2}\right).$$

Das Taylorpolynom der Stufe 2 beschreibt eine (quadratische) Approximation des Graphen von f durch eine Quadrik:

4.4.15 Spezialfall. Es sei $D \subsetneqq \mathbb{R}^2$ und $f \in C^3(D)$. Als Taylorpolynom der Stufe 2 im Punkt $a = (a_1, a_2)^{\mathsf{T}}$ ergibt sich

$$\begin{aligned} T_2(f,x,a) &= T_2(f, \tbinom{x_1}{x_2}, \tbinom{a_1}{a_2}) \\ &= f\tbinom{a_1}{a_2} + (x_1 - a_1)\, f_{x_1}\tbinom{a_1}{a_2} + (x_2 - a_2)\, f_{x_2}\tbinom{a_1}{a_2} \\ &\quad + \tfrac{1}{2}\,(x_1 - a_1)^2\, f_{x_1 x_1}\tbinom{a_1}{a_2} \\ &\quad + (x_1 - a_1)(x_2 - a_2)\, f_{x_1 x_2}\tbinom{a_1}{a_2} \\ &\quad + \tfrac{1}{2}\,(x_2 - a_2)^2\, f_{x_2 x_2}\tbinom{a_1}{a_2}. \end{aligned}$$

In $\mathbb{R}^3$ wird durch die Gleichung

$$x_3 = T_2\left(f, \binom{x_1}{x_2}, a\right)$$

eine Quadrik beschrieben, die man die *Schmiegquadrik* an den Graph

$$\Gamma_f = \left\{ \left(x_1, x_2, f\binom{x_1}{x_2}\right)^{\mathsf{T}} \;\middle|\; (x_1, x_2) \in D \right\}$$

im Punkt a nennt.

Beispiele von Schmiegquadriken zeigt Abbildung 4.1.

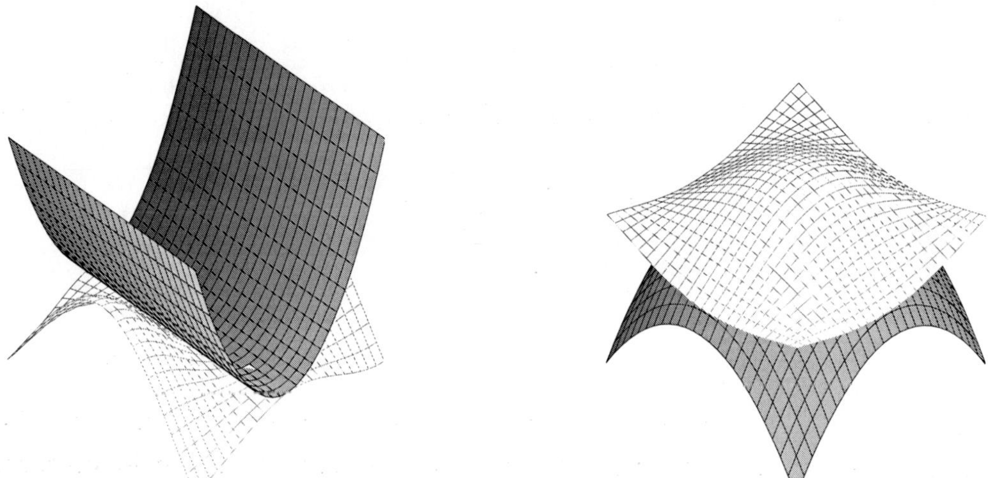

$f\binom{x}{y} = x \sin x \cos y$,
Schmiegquadrik $z = x^2$
(im Punkt $\binom{0}{0}$)

$f\binom{x}{y} = \cos x \cos y$,
Schmiegquadrik $z = 1 - \frac{1}{2}(x^2 + y^2)$
(im Punkt $\binom{0}{0}$)

Abbildung 4.1: Beispiele von Schmiegquadriken

4.4.16 Spezialfall. Wir betrachten wieder $f \in C^3(D)$ für eine Funktion in zwei Variablen (also $D \subseteq \mathbb{R}^2$).

1. Ist $\mathrm{H}f(a) \neq 0$, so ist die Schmiegquadrik ein Paraboloid oder ein parabolischer Zylinder.
2. Ist $\mathrm{H}f(a) = 0$, so ist die Schmiegquadrik zu einer Ebene ausgeartet.

4.4.17 Definition. Man nennt den Punkt $\left(a_1, a_2, f\binom{a_1}{a_2}\right)^\mathsf{T}$ auf dem Graphen Γ_f

1. *flach*, wenn die Schmiegquadrik Q eine Ebene ist,
2. *elliptisch*, wenn Q ein elliptisches Paraboloid ist,
3. *hyperbolisch*, wenn Q ein hyperbolisches Paraboloid ist,
4. *parabolisch*, wenn Q ein parabolischer Zylinder ist.

Als einen Spezialfall des Satzes von Taylor 4.4.12 (nämlich für $k = 0$) erhalten wir ein wichtiges Ergebnis:

4.4.18 Mittelwertsatz der Differentialrechnung in n Veränderlichen. *Es sei $D \subseteq \mathbb{R}^n$ konvex, $a \in D^\circ$ und $f \in C^1(D)$. Dann gibt es zu jedem $x \in D^\circ$ ein $\vartheta \in (0,1)$ mit*

$$f(x) = f(a) + \operatorname{grad} f(\tilde{x}) \bullet (x - a) \qquad \text{für} \qquad \tilde{x} := a + \vartheta\,(x - a)\,.$$

4.4.19 Eindeutigkeit der Taylorentwicklung. *Jede* Approximation der Form

$$\begin{aligned} f(x) \;=\; & c_0 + \sum_{j=1}^{n} c_j\,(x_j - a_j) + \sum_{j,\ell=1}^{n} c_{j\ell}\,(x_j - a_j)\,(x_\ell - a_\ell) + \cdots \\ & \cdots + \sum_{j_1, j_2, \ldots, j_k = 1}^{n} c_{j_1 j_2 \cdots j_k}\,(x_{j_1} - a_{j_1}) \cdots (x_{j_k} - a_{j_k}) \\ & + o\left(|x - a|^k\right) \end{aligned}$$

stimmt mit der Approximation durch das Taylorpolynom der Stufe k überein. Insbesondere kann man Taylorpolynome aus Reihenentwicklungen ablesen:

4.4.20 Beispiel. Wir wollen die Funktion

$$f\colon \mathbb{R}^2 \to \mathbb{R}\colon \quad \binom{x}{y} \mapsto \mathrm{e}^{x+y}$$

im Punkt $a = \binom{0}{0}$ quadratisch approximieren.
Mit $f\binom{0}{0} = 1$ undgrad $f\binom{0}{0} = \binom{1}{1}$ sowie $\mathrm{H}f\binom{0}{0} = \begin{pmatrix}1&1\\1&1\end{pmatrix}$ erhalten wir:

$$\begin{aligned} f\begin{pmatrix}x\\y\end{pmatrix} &= 1 + (1,1)\begin{pmatrix}x\\y\end{pmatrix} + \tfrac{1}{2}\,(x,y)\left(\mathrm{H}f\tbinom{0}{0}\right)\begin{pmatrix}x\\y\end{pmatrix} + o\left(|(x,y) - (0,0)|^2\right) \\ &= 1 + x + y + \tfrac{1}{2}\,(x^2 + 2\,x\,y + y^2) + o\left(|(x,y)|^2\right). \end{aligned}$$

Man erhält dies auch, indem man $z = x + y$ in die Exponentialreihe $\exp z = \sum_{j=0}^{\infty} \frac{z^j}{j!}$ einsetzt, und die niedrigen Potenzen von z ausmultipliziert.

4.5 Extrema

Wie im eindimensionalen Fall verstehen wir unter einer *lokalen Extremalstelle* einer Funktion f eine Stelle x_0, an der f ein *lokales Extremum* hat: Es muss also eine Umgebung U von x_0 so geben, dass für $x \in U \cap D$ stets $f(x) \geqq f(x_0)$ (lokales Minimum) oder aber stets $f(x) \leqq f(x_0)$ gilt (lokales Maximum). Kann man $U = D$ wählen, so nennt man das Extremum wieder *global* (oder *absolut*).

Wir verallgemeinern zunächst das notwendige Kriterium der waagrechten Tangenten:

4.5.1 Satz. *Es sei $D \subsetneqq \mathbb{R}^n$ offen, und es sei $f \in C^1(D)$. Wenn der Punkt $x_0 \in D$ eine Extremalstelle von f ist, dann gilt jedenfalls* $\operatorname{grad} f(x_0) = 0$.

4.5.2 Definition. Jeder Punkt x_0 mit $\operatorname{grad} f(x_0) = 0$ heißt *kritische Stelle* von f, den Punkt $(x_0, f(x_0))$ auf dem Graphen von f nennt man dann *kritischen Punkt* von f.

Die waagrechte Tangential(hyper)ebene ist ein notwendiges, aber nicht hinreichendes Kriterium für die Existenz eines Extremums: Nicht jede kritische Stelle ist Extremalstelle!

Mit Hilfe der Hesse-Matrix ergeben sich hinreichende Bedingungen für Extrema. Diese Bedingungen verallgemeinern die Betrachtung der zweiten Ableitung im eindimensionalen Fall.

Die Hesse-Matrix ist symmetrisch, und beschreibt eine quadratische Form. Die folgenden Begriffe werden benötigt:

4.5.3 Definition. Es sei $A \in \mathbb{R}^{n \times n}$ eine symmetrische Matrix. Die zugehörige quadratische Form ist

$$q_A \colon \mathbb{R}^n \to \mathbb{R}: \quad x \mapsto x^{\mathsf{T}} A\, x .$$

Die Form q_A heißt

- *positiv definit*, falls $\forall\, x \in \mathbb{R}^n \setminus \{0\}: \quad q_A(x) > 0$,
- *negativ definit*, falls $\forall\, x \in \mathbb{R}^n \setminus \{0\}: \quad q_A(x) < 0$,
- *indefinit*, wenn q_A sowohl positive als auch negative Werte annimmt.

Man beachte, dass diese Fälle nicht alle Möglichkeiten abdecken: Die Matrizen

$$S := \begin{pmatrix} 1 & 0 \\ 0 & 0 \end{pmatrix} \quad \text{bzw.} \quad T := \begin{pmatrix} 1 & 1 \\ 1 & 1 \end{pmatrix}$$

beschreiben Formen $q_S(x,y) = x^2$ bzw. $q_T(x,y) = (x+y)^2$, die zwar nie negative Werte annehmen, aber trotzdem nicht positiv definit sind.

Jede reelle symmetrische Matrix A lässt sich nach einem Resultat aus der linearen Algebra *orthogonal diagonalisieren*: Es gibt also eine quadratische Matrix F so, dass $F^\mathsf{T} F$ die Einheitsmatrix und $F^\mathsf{T} A F$ eine Diagonalmatrix ist. Die Diagonaleinträge $\lambda_1, \ldots, \lambda_n$ von $F^\mathsf{T} A F$ sind dann gerade die *Eigenwerte* von A. Es gilt $q_A(F x) = q_{F^\mathsf{T} A F}(x)$. Wir erhalten:

4.5.4 Lemma. *Die Form q_A ist*

- *positiv definit, falls alle Eigenwerte von A positiv sind,*
- *negativ definit, falls alle Eigenwerte von A negativ sind,*
- *indefinit, wenn A sowohl positive als auch negative Eigenwerte besitzt.*

Die oben betrachteten Formen q_S und q_T fallen unter keinen der drei Fälle: Die Matrizen S und T haben die Eigenwerte 0 und 1 bzw. 0 und 2.

4.5.5 Definitheitskriterium für Extremalstellen.
Es sei $D \subseteq \mathbb{R}^n$ offen, es sei $f \in C^2(D)$, und es sei a eine kritische Stelle. Dann gilt:

1. *Die Funktion f besitzt in a ein lokales Maximum, wenn die Hesse-Matrix $\mathrm{H}f(a)$ negativ definit ist.*
2. *Die Funktion f besitzt in a ein lokales Minimum, wenn die Hesse-Matrix $\mathrm{H}f(a)$ positiv definit ist.*
3. *Die Funktion f besitzt in a kein Extremum, wenn $\mathrm{H}f(a)$ indefinit ist.*

4.5.6 Definition. Kritische Punkte, an denen keine lokalen Extrema vorliegen, heißen *Sattelpunkte*.

Kritische Punkte mit indefiniter Hesse-Matrix sind jedenfalls Sattelpunkte. In den Fällen, in denen die Hesse-Matrix weder positiv noch negativ definit und auch nicht indefinit ist, kann man mit 4.5.5 keine Entscheidung fällen.

Beweis des Definitheitskriteriums für Extremalstellen. Wir benutzen das Taylorpolynom (siehe 4.4.13) der Stufe 1 mit Restglied, vgl. 4.4.14 und 4.4.9:

$$f(x) = f(a) + \operatorname{grad} f(a) \bullet (x-a) + \frac{1}{2}(x-a)^{\mathsf{T}}\ (\mathrm{H}f(\tilde{x}))\ (x-a),$$

wobei $\tilde{x} = a + \vartheta(x-a)$ mit $\vartheta \in [0,1]$.
Nach Voraussetzung gilt $\operatorname{grad} f(a) = 0$, und wir erhalten

$$(*) \qquad f(x) - f(a) = \frac{1}{2}(x-a)^{\mathsf{T}}\ (\mathrm{H}f(\tilde{x}))\ (x-a).$$

Wir nehmen zunächst an, dass $\mathrm{H}f(a)$ positiv definit sei.

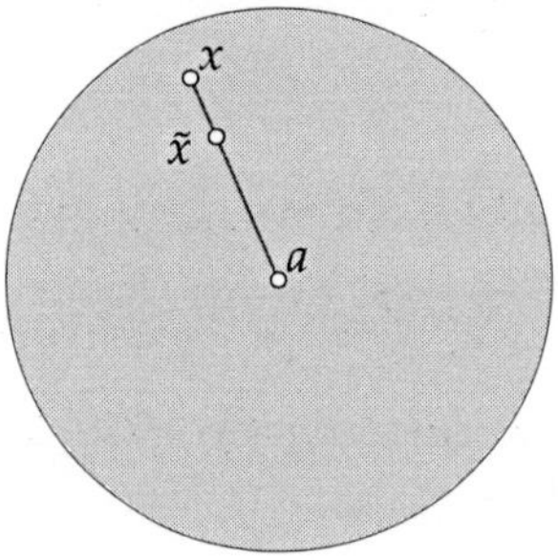

Wegen der Stetigkeit der Abbildung $u \mapsto \mathrm{H}f(u)$ bleibt $\mathrm{H}f(u)$ positiv definit für alle u in einer hinreichend kleinen Umgebung $U_\varepsilon(a)$.
Für $x \in U_\varepsilon(a)$ gilt nun auch $\tilde{x} = a + \vartheta(x-a) \in U_\varepsilon(a)$, und die rechte Seite von (∗) ist nicht negativ.
Also gilt $f(x) \geqq f(a)$ in der Umgebung $U_\varepsilon(a)$, und es liegt ein lokales Minimum bei a vor.

Analog schließt man auf ein lokales Maximum, wenn $\mathrm{H}f(a)$ negativ definit ist.

Ist $\mathrm{H}f(a)$ indefinit, so gibt es in *jeder* Umgebung von a, die ganz in D enthalten ist, sowohl solche Vektoren, für die die rechte Seite von (∗) positiv ist, als auch solche, für die die rechte Seite von (∗) negativ ist. Daher liegt jetzt bei a weder ein lokales Maximum noch ein lokales Minimum vor: also ein *Sattelpunkt*! □

4.5.7 Spezialfall. Wir betrachten das Definitheitskriterium speziell für den Fall einer Funktion $f \in C^2(D)$ in zwei Veränderlichen:

$$f\colon D \to \mathbb{R}\colon \binom{x}{y} \mapsto f\binom{x}{y} \qquad \text{mit } D \subseteqq \mathbb{R}^2.$$

Die Hesse-Matrix ist dann $\mathrm{H}f(a) = \begin{pmatrix} f_{xx}(a) & f_{xy}(a) \\ f_{xy}(a) & f_{yy}(a) \end{pmatrix}$.

Es sei $a \in D^\circ$ eine kritische Stelle, und es seien λ_1 und λ_2 die beiden Eigenwerte von $\mathrm{H}f(a)$. Wir wissen aus der linearen Algebra[5]:

$$\lambda_1 + \lambda_2 = \mathrm{Sp}(\mathrm{H}f(a)) \qquad \text{und} \qquad \lambda_1\lambda_2 = \det(\mathrm{H}f(a)).$$

Der Eigenwert 0 tritt genau dann auf, wenn die Determinante 0 ist:

$$0 \in \{\lambda_1, \lambda_2\} \iff \det(\mathrm{H}f(a)) = 0.$$

In diesem Fall erlaubt die Hesse-Matrix keine Entscheidungüber den Typ der kritischen Stelle a.

Im Fall $\det(\mathrm{H}f(a)) < 0$ haben die beiden Eigenwerteverschiedenes Vorzeichen, damit beschreibt die Hesse-Matrix eine indefinitequadratische Form und es liegt bei a ein Sattelpunktvor.

Es bleibt der Fall $\det(\mathrm{H}f(a)) > 0$. Jetzt haben die beiden Eigenwerte gleiches Vorzeichen, und dieses ist auch das Vorzeichen von $\mathrm{Sp}(\mathrm{H}f(a)) = \lambda_1 + \lambda_2$. Es liegt also im Fall positiver Determinante genau dann ein lokales Maximum vor, wenn die Spur von $\mathrm{H}f(a)$ negativ ist; ein lokales Minimum liegt genau dann vor, wenn diese Spur positiv ist.

4.5.8 Zusammenfassung: Kritische Punkte mit regulärer Hesse-Matrix. *Es sei $D \subseteq \mathbb{R}^2$ offen, $f \in C^2(D)$, und es sei $a \in D$ eine kritische Stelle. Dann gilt:*

$$\begin{array}{lcl} \det(\mathrm{H}f(a)) < 0 & \Longrightarrow & \textit{bei a liegt ein Sattelpunktvor,} \\ \det(\mathrm{H}f(a)) > 0 \wedge \mathrm{Sp}(\mathrm{H}f(a)) > 0 & \Longrightarrow & \textit{bei a liegt ein lokales Minimumvor,} \\ \det(\mathrm{H}f(a)) > 0 \wedge \mathrm{Sp}(\mathrm{H}f(a)) < 0 & \Longrightarrow & \textit{bei a liegt ein lokales Maximumvor.} \end{array}$$

Im Fall $\det(\mathrm{H}f(a)) = 0$ *kann man mit der Hesse-Matrix allein keine Entscheidung fällen.*

4.5.9 Bemerkung. Es ist tatsächlich so, dass bei positiver Determinante der Hesse-Matrix $\mathrm{H}f(a)$ auch die beiden Diagonaleinträge stets dasselbe Vorzeichen haben — man kann also das Vorzeichen der Spur (und damit der Eigenwerte) schon an einem einzigen Diagonaleintrag direkt ablesen:

[5] Man kann diese beiden Relationen auch schnell durch Vergleich der Koeffizienten in $\det(\mathrm{H}f(a) - \lambda\,\mathrm{E}_2) = (\lambda - \lambda_1)(\lambda - \lambda_2)$ verifizieren.

Für $f_{xx}(a) > 0$ liegt ein lokales Minimum, für $f_{xx}(a) < 0$ liegt ein lokales Maximum vor.

Dies ist ein Spezialfall eines allgemeinen Satzes: Man kann die positive Definitheit einer reellen symmetrischen Matrix beliebiger Größe allein an der Positivität der so genannten *Hauptminoren* ablesen.

4.5.10 Beispiel. Die Funktion

$$f\colon \mathbb{R}^2 \to \mathbb{R}\colon \binom{x}{y} \mapsto x^2 + y^2 + x$$

ist beliebig oft stetig partiell differenzierbar.

Notwendiges Kriterium für ein lokales Extremum in $a = \binom{x}{y}$ ist

$$\begin{pmatrix} 0 \\ 0 \end{pmatrix} = \operatorname{grad} f(a) = \begin{pmatrix} 2x+1 \\ 2y \end{pmatrix}$$

dies ist genau für $a = \binom{-1/2}{0}$ erfüllt. Mit $f_{xx}(a) = 2 = f_{yy}(a)$ und $f_{xy}(a) = 0$ erhalten wir

$$\mathrm{H}f\begin{pmatrix} -1/2 \\ 0 \end{pmatrix} = \begin{pmatrix} 2 & 0 \\ 0 & 2 \end{pmatrix}.$$

Die Hesse-Matrix ist positiv definit, es liegt in $\binom{-1/2}{0}$ also ein lokales Minimum $\left(\left(-\frac{1}{2}, 0\right), -\frac{1}{4}\right)^{\mathsf{T}}$ vor. Dieses Minimum ist sogar global: Wegen

$$x^2 + x + \tfrac{1}{4} + y^2 = \left(x + \tfrac{1}{2}\right)^2 + y^2 \geqq 0$$

gilt

$$f\binom{x}{y} = x^2 + y^2 + x \geqq -\tfrac{1}{4} = f\binom{-1/2}{0}$$

für alle $\binom{x}{y} \in \mathbb{R}^2$.

4.5.11 Beispiel. Die Funktion

$$f\colon \mathbb{R}^2 \to \mathbb{R}\colon \binom{x}{y} \mapsto x\,y\,(1-x^2-y^2)$$

ist ebenfalls auf ganz $\mathbb{R}^2$ beliebig oft stetig partiell differenzierbar.
Die kritischen Stellen ergeben sich aus der Bedingung

$$\begin{pmatrix} 0 \\ 0 \end{pmatrix} = \operatorname{grad} f\begin{pmatrix} x \\ y \end{pmatrix} = \begin{pmatrix} y - 3\,x^2\,y - y^3 \\ x - x^3 - 3\,x\,y^2 \end{pmatrix} = \begin{pmatrix} y\,(1-3\,x^2-y^2) \\ x\,(1-x^2-3\,y^2) \end{pmatrix}$$

Mit Hilfe von Fallunterscheidungen (je nachdem, ob x oder y gleich Null sind oder nicht), findet man die neun kritischen Stellen

$$P_1 = \begin{pmatrix} 1 \\ 0 \end{pmatrix}, \quad P_2 = \begin{pmatrix} -1 \\ 0 \end{pmatrix}, \quad P_3 = \begin{pmatrix} 0 \\ 0 \end{pmatrix},$$
$$P_4 = \begin{pmatrix} 0 \\ 1 \end{pmatrix}, \quad P_5 = \begin{pmatrix} 0 \\ -1 \end{pmatrix},$$
$$P_6 = \begin{pmatrix} 1/2 \\ 1/2 \end{pmatrix}, \quad P_7 = \begin{pmatrix} 1/2 \\ -1/2 \end{pmatrix}, \quad P_8 = \begin{pmatrix} -1/2 \\ 1/2 \end{pmatrix}, \quad P_9 = \begin{pmatrix} -1/2 \\ -1/2 \end{pmatrix}.$$

Mit $f_{xx}\binom{u}{v} = -6\,u\,v$, $f_{xy}\binom{u}{v} = 1 - 3\,u^2 - 3\,v^2$, $f_{yy}\binom{u}{v} = -6\,u\,v$ ergibt sich als Hesse-Matrix

$$\mathrm{H}f\begin{pmatrix} u \\ v \end{pmatrix} = \begin{pmatrix} -6\,u\,v & 1-3\,u^2-3\,v^2 \\ 1-3\,u^2-3\,v^2 & -6\,u\,v \end{pmatrix},$$

mit Determinante

$$d\binom{u}{v} = 36\,u^2\,v^2 - (1-3\,u^2-3\,v^2)^2\,.$$

Für $P_1, \ldots, P_5$ gilt $d(P_j) < 0$. Also liegen an diesen Stellen *Sattelpunkte* vor. Für $P_6, \ldots, P_9$ gilt dagegen $d(P_j) = 2 > 0$. Wir berechnen

$$f_{xx}\,(P_6) = f_{xx}\begin{pmatrix} 1/2 \\ 1/2 \end{pmatrix} = -\frac{6}{4} = f_{xx}\begin{pmatrix} -1/2 \\ -1/2 \end{pmatrix} = f_{xx}\,(P_9)$$

und

$$f_{xx}\,(P_7) = f_{xx}\begin{pmatrix} 1/2 \\ -1/2 \end{pmatrix} = \frac{6}{4} = f_{xx}\begin{pmatrix} -1/2 \\ 1/2 \end{pmatrix} = f_{xx}\,(P_8)\,.$$

Demnach sind $(P_6, f(P_6))$ und $(P_9, f(P_9))$ *lokale Maxima*, dagegen liegen bei P_7 und P_8 *lokale Minima* vor.

4.5.12 Bemerkung. Den Typ der kritischen Stellen in 4.5.11 hätte man auch ohne Probleme durch eine Diskussion des Vorzeichens der Funktionswerte bestimmen können.

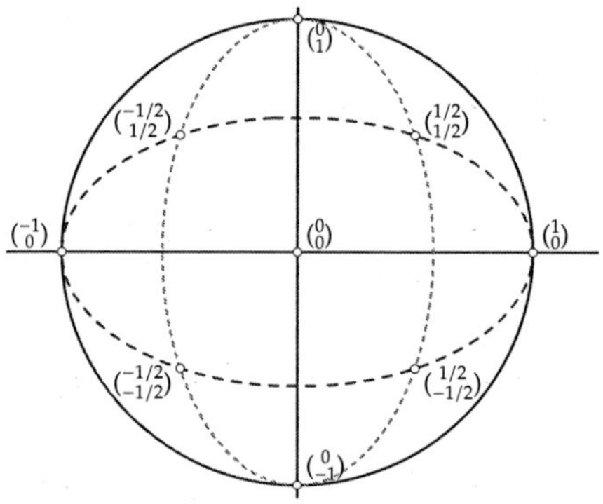

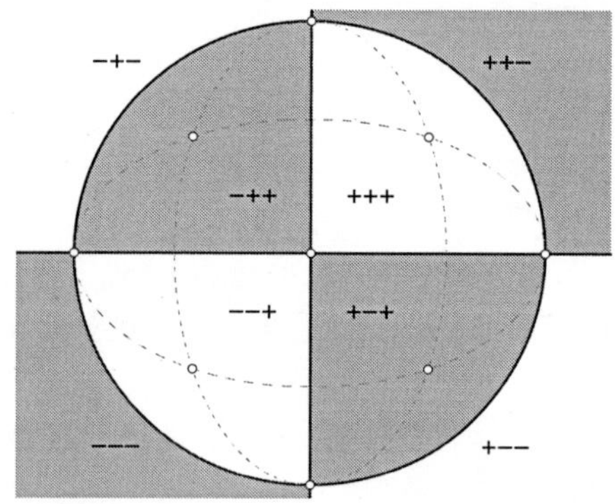

Die durchgezogenen Linien bilden die Niveaumenge zum Niveau 0; die beiden gestrichelten Ellipsen sind die Nullstellenmengen der „interessanten" Faktoren in f_x bzw f_y.
Das Vorzeichen von $f\binom{x}{y} = x\,y\,(1 - x^2 - y^2)$ ergibt sich aus den Vorzeichen der drei Faktoren (in der Skizze angedeutet durch „$+ + +$" etc.)

4.5.13 Beispiel. Die Funktion

$$f\colon \mathbb{R}^2 \to \mathbb{R}\colon \binom{x}{y} \mapsto \sin(x\,y)$$

hat den Gradienten

$$\operatorname{grad} f\binom{x}{y} = \begin{pmatrix} y\cos(x\,y) \\ x\cos(x\,y) \end{pmatrix};$$

als kritische Stellen erhalten wir neben dem Ursprung $\binom{0}{0}$

alle Punkte der Form

$$\binom{x}{y} \quad \text{mit} \quad \cos(x\,y) = 0\,,$$

also

$$\binom{x}{y} \quad \text{mit} \quad x\,y \in \tfrac{\pi}{2} + \pi\,\mathbb{Z}\,.$$

Diese Punkte liegen auf Hyperbelästen, deren Asymptoten die Koordinatenachsen sind.

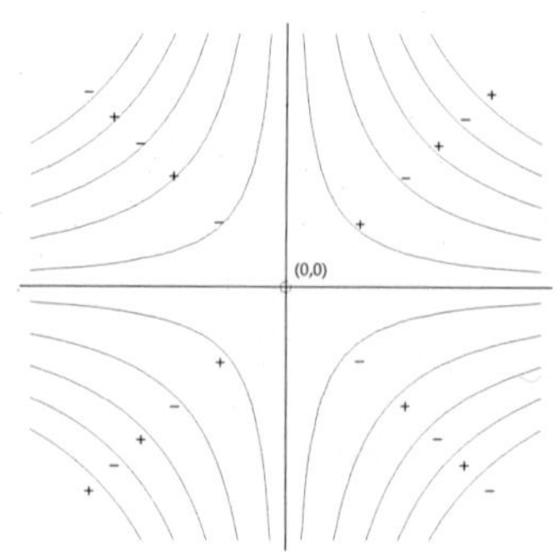

Die Hesse-Matrix

$$\mathrm{H}f\begin{pmatrix}x\\y\end{pmatrix} = \begin{pmatrix} -y^2\sin(x\,y) & -x\,y\sin(x\,y)+\cos(x\,y) \\ -x\,y\sin(x\,y)+\cos(x\,y) & -x^2\sin(x\,y) \end{pmatrix}$$

hat die Determinante

$$\begin{aligned}\det\left(\mathrm{H}f\left(\begin{smallmatrix}x\\y\end{smallmatrix}\right)\right) &= x^2\,y^2\sin(x\,y)^2 - (-x\,y\sin(x\,y)+\cos(x\,y))^2 \\ &= x^2\,y^2\sin(x\,y)^2 \\ &\quad -\left(x^2\,y^2\sin(x\,y)^2 - 2\,x\,y\sin(x\,y)\cos(x\,y)+\cos(x\,y)^2\right) \\ &= (2\,x\,y\sin(x\,y)-\cos(x\,y))\cos(x\,y)\,.\end{aligned}$$

Für den Ursprung ergibt sich $\det\left(\mathrm{H}f\left(\begin{smallmatrix}0\\0\end{smallmatrix}\right)\right) = -\cos(0)^2 = -1 < 0$, dort liegt also ein Sattelpunktvor.

An allen anderen kritischen Stellen b gilt $\det(\mathrm{H}f(b)) = 0$, unser Kriterium 4.5.8 liefert also keine Aussage

Man sieht in diesem Fall aber leicht: Die Hyperbeläste, die von den kritischen Stellen gebildet werden, gehören jeweils zu Niveaulinien zu den Niveaus $+1$ bzw. -1. Die Funktion nimmt auf diesen Niveaus offenbar (globale) Maxima und Minima an!

Bei der Suche nach Extrema haben wir uns bisher beschränkt auf Stellen *im Inneren* des Definitionsbereichs (oft implizit durch die Annahme, dass der Definitionsbereich offen sei). Nur unter dieser Annahme (neben der Differenzierbarkeit) ist es richtig, dass die Extrema an Stellen mit horizontaler Tangentialhyperebene (also bei *kritischen Stellen*) zu finden sind. Wenn der Definitionsbereich neben inneren Punkten auch *Randpunkte* enthält (oder gar nur aus solchen besteht) muss man diese gesondert untersuchen!

4.5.14 Beispiele.
Die Funktion

$$f\colon [0,1] \to \mathbb{R}\colon t \mapsto \cos(t)$$

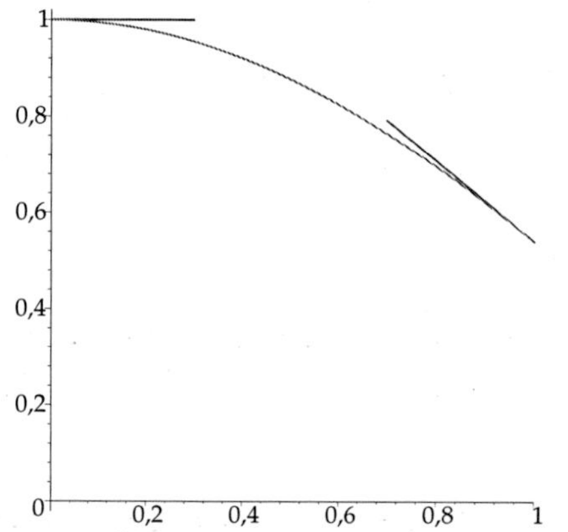

hat ein Maximum bei $t = 0$ (mit zufällig horizontaler Tangente) und ein Minimum bei $t = 1$ (an diesem Randpunkt ist die Tangente nicht horizontal).

Die Funktion

$$g\colon D := [-1,1]^2 \to \mathbb{R}\colon \begin{pmatrix} x \\ y \end{pmatrix} \mapsto x^2 + y^2$$

hat ein Minimum bei $(0,0)$:
Das ist ein innerer Punkt von D;
die Tangentialebene liegt horizontal.
Die Maxima liegen auf dem Rand; die Tangentialebenen sind dort nicht horizontal.

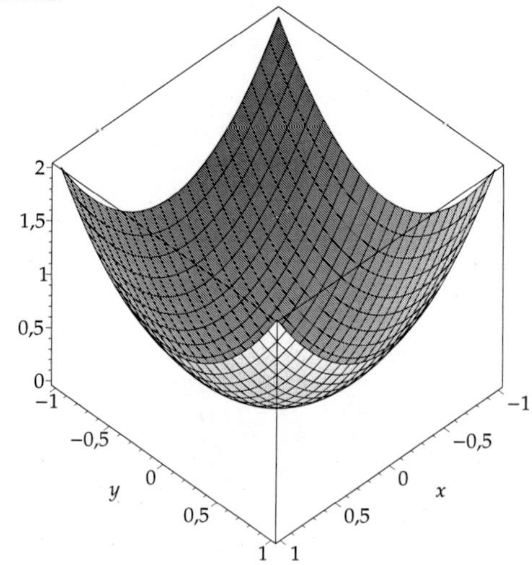

Wenn der Rand des Definitionsbereichs geeignet ist, kann man die Suche nach Extrema auf dem Rand mit den Methoden des nächsten Abschnitts betreiben.

4.6 Extrema unter Nebenbedingungen

Bei der Bestimmung von Extrema für Funktionen mehrerer Veränderlicher will man häufig die Suche beschränken auf eine „dünne" Teilmenge des Definitionsbereichs der Funktion (etwa auf die Oberfläche eines Körpers in $\mathbb{R}^3$, oder den Rand einer Teilmenge von $\mathbb{R}^2$).

4.6.1 Beispiel. Gegeben sei eine stetige Funktion $f\colon \mathbb{R}^2 \to \mathbb{R}$ sowie die Ellipse

$$E := \left\{ \begin{pmatrix} x_1 \\ x_2 \end{pmatrix} \,\middle|\, \frac{x_1^2}{\alpha^2} + \frac{x_2^2}{\beta^2} - 1 = 0 \right\}.$$

Wir interessieren uns für die folgenden Fragen:

1. Besitzt f Extrema *auf der Ellipse* E, d. h. Stellen $a \in E$ mit

$$\forall b \in E: \quad f(a) \geqq f(b)$$

bzw. $$\forall b \in E: \quad f(a) \leqq f(b) \quad ?$$

2. Wenn ja: *Wie lassen sich diese bestimmen?*

Die *Existenz* von Extrema folgt in diesem Fall aus dem Satz vom Minimum und Maximum 4.2.18 [weil E kompakt ist]. Das explizite Auffinden der Extrema gestaltet sich schwierig.

4.6.2 Bemerkung. Eine Möglichkeit wäre, die Ellipsen zu *parametrisieren* (also etwa die Gleichung der Ellipse nach x_1 auflösen und dann die Ellipse zu beschreiben als

$$\left\{ \begin{pmatrix} x_1 \\ g(x_1) \end{pmatrix} \,\middle|\, x_1 \in I \right\}$$

— das geht aber nicht auf einmal, man muss wegen der auftretenden Wurzel die Ellipse aus zwei Hälften zusammensetzen): Dann betrachten wir $\tilde{g}(t) := \binom{t}{g(t)}$ und können die Komposition $f \circ \tilde{g}\colon I \to \mathbb{R}$ auf Extrema untersuchen.

Eine bessere Parametrisierung der Ellipse erhält man als

$$p\colon [0, 2\pi] \to \mathbb{R}^2\colon t \mapsto \begin{pmatrix} \alpha \cos t \\ \beta \sin t \end{pmatrix}.$$

Um die Extrema einer differenzierbaren Funktion f auf der Ellipse zu finden, kann man also die Komposition $f \circ p$ untersuchen.

So schöne Parametrisierungen darf man aber bei beliebigen Rändern nicht erwarten!

Zur Bestimmung von Extrema unter Nebenbedingungen gibt es eine Methode, die die Parametrisierung der durch die Nebenbedingung festgelegten Menge vermeidet und dadurch zweckmäßiger ist.

Wir werden unsere *Nebenbedingung* als Nullstellenmenge einer Funktion g beschreiben und nach Extremalstellen für f in der Menge $\{x \in D \mid g(x) = 0\}$ suchen.

4.6.3 Multiplikatormethode nach Lagrange.
Es sei $D \subsetneqq \mathbb{R}^n$ *offen und* $f, g \in C^1(D)$. *Der Punkt* $a \in D$ *erfülle* $g(a) = 0$ *und* $\operatorname{grad} g(a) \neq 0$. *Dann gilt:*

Ist $(a, f(a))$ *ein relatives Extremum für die eingeschränkte Funktion*

$$f|_{\{x \in D \mid g(x)=0\}} : \{x \in D \mid g(x) = 0\} \to \mathbb{R} : x \mapsto f(x),$$

dann gibt es $\lambda \in \mathbb{R}$ *(den Lagrange-Multiplikator) so, dass gilt:*

$$\operatorname{grad} f(a) + \lambda \operatorname{grad} g(a) = 0 .$$

Mit anderen Worten: Für jede Variable x_k *(mit* $1 \leqq k \leqq n$*) gilt*

$$f_{x_k}(a) + \lambda\, g_{x_k}(a) = 0 .$$

Man nennt die Stellen, an denen die Nebenbedingung $g(x) = 0$ und die Multiplikator-Bedingung $\operatorname{grad} f(x) + \lambda \operatorname{grad} g(x) = 0$ erfüllt sind, wieder *kritische Stellen.*

4.6.4 Bemerkung. Die Multiplikatormethode gibt nur ein *notwendiges* Kriterium für das Vorliegen einer Extremalstelle. Man muss für jede kritische Stelle durch zusätzliche Überlegungen klären, ob tatsächlich ein (relatives) Extremum gefunden wurde.

4.6.5 Beispiel. Wir suchen Extrema der Funktion $f\colon \mathbb{R}^2 \to \mathbb{R}\colon \binom{x}{y} \mapsto x\,y^2$ auf der Ellipse $E = \left\{\binom{x}{y} \in \mathbb{R}^2 \,\middle|\, \frac{x^2}{3} + \frac{y^2}{4} = 1\right\}$, also unter der Nebenbedingung $g\binom{x}{y} = 0$ mit $g\colon \mathbb{R}^2 \to \mathbb{R}\colon \binom{x}{y} \mapsto \frac{x^2}{3} + \frac{y^2}{4} - 1$.
Wir berechnen

$$\operatorname{grad} f\binom{x}{y} = (y^2, 2\,x\,y)^{\mathsf{T}} \quad \text{und} \quad \operatorname{grad} g\binom{x}{y} = \left(\tfrac{2}{3}\,x, \tfrac{1}{2}\,y\right)^{\mathsf{T}} .$$

Kritische Stellen (also Kandidaten für Extremalstellen) ergeben sich als Lösungen des (nicht linearen) Gleichungssystems

$$\begin{array}{lrcll} (1) & \frac{x^2}{3} + \frac{y^2}{4} - 1 & = & 0 & \text{(Nebenbedingung)} \\ (2) & y^2 + \lambda\,\frac{2}{3}\,x & = & 0 & \text{(Multiplikator in der } x\text{-Komponente)} \\ (3) & 2\,x\,y + \lambda\,\frac{1}{2}\,y & = & 0 & \text{(Multiplikator in der } y\text{-Komponente)} \end{array}$$

Hier sind x, y und λ als Unbestimmte anzusehen!

Ist $y \neq 0$, so liefert Gleichung (3) die Beziehung $\lambda = -4\,x$. Setzt man dies in (2) ein, erhält man $y^2 - \frac{8}{3}\,x^2 = 0$. Zusammen mit (1) folgt $x^2 = 1$ und damit $y^2 = \frac{8}{3}$. Dies liefert die Kandidaten

$$\begin{aligned} P_1 &= \binom{1}{\frac{2}{3}\sqrt{6}}, & P_2 &= \binom{1}{-\frac{2}{3}\sqrt{6}}, \\ P_3 &= \binom{-1}{\frac{2}{3}\sqrt{6}}, & P_4 &= \binom{-1}{-\frac{2}{3}\sqrt{6}}. \end{aligned}$$

Es bleibt noch der Fall $y = 0$: Dann ist $x^2 = 3$ und $\lambda = 0$. Weitere Kandidaten sind also

$$P_5 = \binom{\sqrt{3}}{0}, \quad P_6 = \binom{-\sqrt{3}}{0}.$$

Die Menge E ist kompakt, und die Einschränkung $f|_E$ der Funktion f auf E ist stetig. Nach dem Satz vom Maximum und Minimum 4.2.18 besitzt $f|_E$ ein globales Maximum und ein globales Minimum auf E. Alle diese Extrema finden sich unter den eben als Kandidaten bestimmten kritischen Stellen:

	P_1	P_2	P_3	P_4	P_5	P_6
$f(P_j)$	$\frac{24}{9}$	$\frac{24}{9}$	$-\frac{24}{9}$	$-\frac{24}{9}$	0	0

Offenbar liegen bei P_1 und P_2 Maxima vor, bei P_3 und P_4 dagegen Minima.

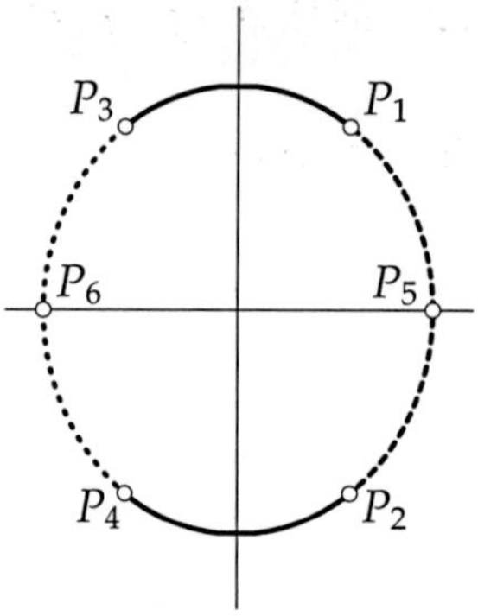

Die Punkte P_5 und P_6 sind *relative* Extremalstellen: Um dies einzusehen, beachtet man die *Reihenfolge* der kritischen Stellen *auf der Ellipse*: Auf dem Ellipsenbogen B, der von P_2 und P_1 begrenzt wird und P_5 enthält, liegt keine weitere kritische Stelle. Da auch B kompakt ist, nimmt die Einschränkung $f|_B$ ein Minimum an: Dies muss bei P_5 liegen.

Ebenso argumentiert man auf dem Bogen, der von P_3 und P_4 begrenzt wird und P_6 enthält.

4.6.6 Bemerkung. Erhält man mit Hilfe der Multiplikatormethode nur *endlich* viele kritische Stellen und ist die Menge $H := \{x \in D \mid g(x) = 0\}$ *kompakt*, so findet man die relativen Extrema wie in 4.6.5 durch Berechnung und Vergleich der Funktionswerte bei den kritischen Stellen. Gegebenenfalls muss man (nach der Klärung der absoluten Extrema) die Suche auch wieder auf geeignete Teile von H beschränken.

Die Multiplikatormethode 4.6.3 kann man auch anwenden, wenn die Nebenbedingung durch *mehrere* Gleichungen gegeben ist (man spricht dann von mehreren Nebenbedingungen):
Es sei $D \subsetneqq \mathbb{R}^n$ mit $D = D^\circ$. Wir wollen die Extrema der Funktion $f \in C^1(D)$ unter den Nebenbedingungen

$$g_j(x) = 0 \qquad \text{für } 1 \leqq j \leqq k$$

bestimmen. Dabei sei $k < n$ und $g_j \in C^1(D)$ für jedes j.
Für $a \in D$ schreiben wir (vgl. 4.7.1)

$$\mathrm{J}g\,(a) := \begin{pmatrix} \operatorname{grad} g_1(a)^\top \\ \vdots \\ \operatorname{grad} g_k(a)^\top \end{pmatrix},$$

dabei wird jeweils $\operatorname{grad} g_j(a)$ als ein *Spaltenvektor* (und damit $\operatorname{grad} g_j(a)^\top$ als *Zeile*) aufgefasst. Schließlich setzen wir

$$N := \left\{x \in D \,\middle|\, \forall j \leqq k\colon g_j(x) = 0\right\} = \bigcap_{j=1}^{k} \left\{x \in D \,\middle|\, g_j(x) = 0\right\}.$$

4.6.7 Satz. *Mit den eben festgelegten Bezeichnungen sei $a \in N$ (also ein Punkt von D, der allen Nebenbedingungen genügt). Außerdem habe die Matrix $\mathrm{J}g\,(a)$ den vollen Rang k.*

Ist nun $(a, f(a))$ ein relatives Extremum für die eingeschränkte Funktion

$$f|_N\colon N \to \mathbb{R}\colon x \mapsto f(x)\,,$$

dann gibt es Multiplikatoren $\lambda_1, \ldots, \lambda_k \in \mathbb{R}$ so, dass gilt:

$$0 = \operatorname{grad} f(a) + \sum_{j=1}^{k} \lambda_j \operatorname{grad} g_j(a)\,.$$

Radikal in ihre Bestandteile zerlegt, lautet die Bedingung:

$$\forall\, \ell \leqq n\colon \quad f_{x_\ell}(a) + \sum_{j=1}^{k} \lambda_j \left(g_j\right)_{x_\ell}(a) = 0\,.$$

4.6.8 Bemerkung. Die Multiplikatormethode spielt ihre Stärken in solchen Fällen aus, in denen man die durch die Nebenbedingung beschriebene Menge nicht oder nur schwer parametrisieren kann.

Dieser Fall tritt oft bei *Hyperflächen* von $\mathbb{R}^n$ mit $n > 2$ ein.

4.7 Differentiation vektorwertiger Funktionen

Schon bei der Frage nach der Stetigkeit einer vektorwertigen Funktion

$$f\colon D \to \mathbb{R}^k\colon x \mapsto f(x) = \begin{pmatrix} f_1(x) \\ \vdots \\ f_k(x) \end{pmatrix}$$

in n Variablen (also mit $D \subseteqq \mathbb{R}^n$) konnten wir uns auf die Komponentenfunktionen f_j für $1 \leqq j \leqq k$ zurückziehen (vgl. 4.2.20).

Ebenso betrachten wir für eine vektorwertige Funktion zunächst die partielle Differenzierbarkeit der Komponentenfunktionen. Wenn die partiellen

Ableitungen existieren, fassen wir die Transponierten der Gradienten der Komponentenfunktionen als Zeilen einer Matrix zusammen.

Es wird sich zeigen, dass diese Matrix die lineare Approximation an die betrachtete Funktion beschreibt, und dass sich auch die lineare Approximation einer Hintereinanderausführung durch Hintereinanderausführung der linearen Approximationen (und damit in das Produkt der entsprechenden Matrizen) übersetzt.

4.7.1 Definition. Für $D = D^\circ \subsetneqq \mathbb{R}^n$ und $f\colon D \to \mathbb{R}^k$ seien die Komponentenfunktionen $f_1, \dots, f_k$ sämtlich nach jeder Variablen partiell differenzierbar. Dann ist die *Jacobi-Matrix* (Funktionalmatrix) gegeben durch

$$\mathrm{J}f(a) := \begin{pmatrix} \operatorname{grad} f_1(a)^\mathsf{T} \\ \vdots \\ \operatorname{grad} f_k(a)^\mathsf{T} \end{pmatrix} = \begin{pmatrix} \frac{\partial f_1}{\partial x_1}(a) & \cdots & \frac{\partial f_1}{\partial x_n}(a) \\ \vdots & \ddots & \vdots \\ \frac{\partial f_k}{\partial x_1}(a) & \cdots & \frac{\partial f_k}{\partial x_n}(a) \end{pmatrix}$$

$$= \left(\frac{\partial f}{\partial x_1}(a), \cdots, \frac{\partial f}{\partial x_n}(a) \right).$$

Die Spalten können wir auffassen als partielle Ableitungen der vektorwertigen Funktion:

In der Tat ergibt sich die j-te Spalte als

$$\lim_{h\to 0} \frac{f(a+h\,e_j) - f(a)}{h} = \lim_{h\to 0} \begin{pmatrix} \frac{f_1(a+h\,e_j) - f_1(a)}{h} \\ \vdots \\ \frac{f_k(a+h\,e_j) - f_k(a)}{h} \end{pmatrix}$$

$$=: \frac{\partial f}{\partial x_j}(a),$$

weil man diesen Grenzwert komponentenweise bestimmt.

4.7.2 Satz. *Es sei* $D \subsetneqq \mathbb{R}^n$ *und* $f\colon D \to \mathbb{R}^k$ *eine stetige Funktion derart, dass alle partiellen Ableitungen* $\partial_j f_\ell(a)$ *(mit* $a \in D^\circ$ *und* $1 \leqq j \leqq n$ *sowie* $1 \leqq \ell \leqq k$*) existieren und stetig sind. Dann ist* f *linear approximierbar: Es gilt*

$$f(x) = f(a) + \mathrm{J}f\,(a)\;(x-a) + o(|x-a|)\,.$$

4.7.3 Bemerkung. Wenn eine Abbildung f linear approximierbar ist, ist die lineare Approximation im Punkt a eindeutig bestimmt: Gilt

$$f(x) = f(a) + A\,(x-a) + o(|x-a|) = f(a) + B\,(x-a) + o(|x-a|)$$

für alle x in einer Umgebung von a, so folgt $A = B$.
Wir werden linear approximierbare vektorwertige Funktionen auch *total differenzierbar* nennen, die (eindeutig bestimmte) lineare Approximation $\mathrm{J}f\,(a)$ heißt auch *totale Ableitung* von f in a.

Beweis der Eindeutigkeit der linearen Approximation.
Wir setzen $d_M(x) := f(x) - f(a) - M\,(x-a)$ und berechnen

$$(A-B)\,(x-a) = A\,(x-a) - B\,(x-a) = d_B(x) - d_A(x)\,.$$

Nach Definition des Symbols $o(|x-a|)$ folgt aus unserer Annahme:

$$\lim_{x\to a}\frac{|d_A(x)|}{|x-a|} = \lim_{x\to a}\frac{|f(x)-f(a)-A\,(x-a)|}{|x-a|} = 0 = \lim_{x\to a}\frac{|d_B(x)|}{|x-a|}\,.$$

Dies liefert $\lim\limits_{x\to a}\frac{d_A(x)}{|x-a|} = 0 = \lim\limits_{x\to a}\frac{d_B(x)}{|x-a|}$ (vgl. 4.2.3) und damit

$$0 = \lim_{x\to a}\left(\frac{d_A(x)}{|x-a|} - \frac{d_B(x)}{|x-a|}\right) = \lim_{x\to a}\frac{d_A(x)-d_B(x)}{|x-a|} = \lim_{x\to a}\frac{(A-B)\,(x-a)}{|x-a|}\,.$$

Wählt man jetzt x auf der Verbindungsgeraden $a + \mathbb{R}e_j$ von a und $a + e_j$ für einen der Standardbasisvektoren e_j, so ergibt sich $x - a = s\,e_j$ mit $s \in \mathbb{R}$ und $|x-a| = |s|$. Dies liefert

$$0 = \lim_{s\to 0}\frac{\big|(A-B)\,(s\,e_j)\big|}{|s|} = \lim_{s\to 0}\big|(-A+B)\,e_j\big|\,.$$

Damit haben wir nachgewiesen, dass jede Spalte $(A-B)\,e_j$ der Matrix $A - B$ gleich der Nullspalte ist: Also ist $A - B$ die Nullmatrix, und es gilt $A = B$. □

4.7.4 Spezialfälle.

1. Für $k = 1$ ist $\mathrm{J}f(a) = \operatorname{grad} f(a)^{\mathsf{T}}$ eine *Zeile*, und 4.7.2 reduziert sich auf 4.4.4.
2. Für $n = 1$ lässt sich f interpretieren als *Parametrisierung* einer *Kurve* in $\mathbb{R}^k$ (siehe 5.1.3).
   In diesem Fall ist $\mathrm{J}f(t) = f'(t)$ eine *Spalte*.
   Ist $t_0 \in D^\circ$ mit $|\mathrm{J}f(t_0)| \neq 0$, so erhält man die *Tangente* an diese Kurve im Punkt $f(t_0)$ als die Gerade
   $$f(t_0) + \mathbb{R}\,\mathrm{J}f(t_0) = f(t_0) + \mathbb{R}\,f'(t_0)\,.$$
   Den Vektor $f'(t)$ kann man interpretieren als die *Geschwindigkeit* (zur Zeit t) eines Punktes, dessen Bewegung auf der Kurve durch f beschrieben wird. Wenn f zweimal differenzierbar ist, beschreibt $f''(t)$ die *Beschleunigung*.

4.7.5 Beispiel. Es sei $f\colon \mathbb{R}^n \to \mathbb{R}^k$ eine *lineare* Abbildung. Mit anderen Worten: Es gibt eine $(k \times n)$-Matrix A derart, dass $f(x) = A\,x$. Dann ist f an jeder Stelle $a \in \mathbb{R}^n$ total differenzierbar, die Jacobi-Matrix stimmt mit A überein: $\mathrm{J}f(a) = A$.

[Da die Abbildung f selbst linear ist, stimmt sie mit ihrer linearen Approximation überein, vgl. 4.7.3.]

4.7.6 Beispiel: Polarkoordinaten.

Wir betrachten den (halben) Parallelstreifen

$$D := \left\{ \begin{pmatrix} r \\ \varphi \end{pmatrix} \,\middle|\, 0 \leqq r < +\infty, 0 \leqq \varphi < 2\pi \right\}$$

und die Abbildung

$$f\colon D \to \mathbb{R}^2\colon \begin{pmatrix} r \\ \varphi \end{pmatrix} \mapsto \begin{pmatrix} r\cos\varphi \\ r\sin\varphi \end{pmatrix}.$$

Der Wertebereich von f ist ganz $\mathbb{R}^2$, die Einschränkung auf

$$D \setminus \left\{ \begin{pmatrix} 0 \\ \varphi \end{pmatrix} \,\middle|\, 0 \leqq \varphi < 2\pi \right\}$$

liefert eine Bijektion auf $\mathbb{R}^2 \setminus \left\{ \left(\begin{smallmatrix} 0 \\ 0 \end{smallmatrix}\right) \right\}$.

(Diese Einschränkung nennt man die *Parametrisierung der gelochten Ebene durch Polarkoordinaten.*)

Die Abbildung f ist total differenzierbar, die Jacobi-Matrix ist

$$\mathrm{J}f\begin{pmatrix} r_0 \\ \varphi_0 \end{pmatrix} = \begin{pmatrix} \frac{\partial f}{\partial r}(r_0,\varphi_0) & \frac{\partial f}{\partial \varphi}(r_0,\varphi_0) \end{pmatrix} = \begin{pmatrix} \cos\varphi_0 & -r_0 \sin\varphi_0 \\ \sin\varphi_0 & r_0 \cos\varphi_0 \end{pmatrix}$$

$$= \begin{pmatrix} \cos\varphi_0 & -\sin\varphi_0 \\ \sin\varphi_0 & \cos\varphi_0 \end{pmatrix}\begin{pmatrix} 1 & 0 \\ 0 & r_0 \end{pmatrix}.$$

Die Parametrisierung durch Polarkoordinaten wird also linear approximiert durch eine Achsenstreckung (die Achse ist die erste Koordinatenachse, der Streckfaktor ist der Abstand des Bildpunkts vom Ursprung), gefolgt von einer Drehung (deren Drehwinkel der Winkel zwischen dem Bild und dem ersten Standardbasisvektor ist).

4.8 Differentiationsregeln

Aus den Differentiationsregeln für Funktionen einer Veränderlichen (vgl. 2.2.1) erhalten wir:

4.8.1 Lemma. *Es seien $f,g \in C^1(D)$ und $a \in D^\circ$. Dann gilt auch $f+g \in C^1(D)$ und $f\,g \in C^1(D)$. Hat g keine Nullstelle in D, so gilt auch $\frac{f}{g} \in C^1(D)$. Weiter gilt:*

1. $\operatorname{grad}(f+g)(a) = \operatorname{grad} f(a) + \operatorname{grad} g(a)$.
2. $\operatorname{grad}(f\,g)(a) = g(a)\operatorname{grad} f(a) + f(a)\operatorname{grad} g(a)$.
3. $\operatorname{grad}\left(\frac{f}{g}\right)(a) = \dfrac{g(a)\operatorname{grad} f(a) - f(a)\operatorname{grad} g(a)}{g(a)^2}$.

Man beachte: Bei Ausdrücken der Form $g(a)\operatorname{grad} f(a)$ wird der *Vektor* $\operatorname{grad} f(a)$ mit dem *Skalar* $g(a)$ multipliziert.

Beweis. Wir zeigen die zweite Aussage, das mag als Anleitung für die Anwendung der eindimensionalen Regeln auch in den anderen Fällen dienen: Die Produktregel liefert

$$(f\,g)_{x_j}(a) = f_{x_j}(a)\,g(a) + f(a)\,g_{x_j}(a).$$

Hieraus folgt:

$$\begin{aligned}
\operatorname{grad}(f\,g)(a) &= \begin{pmatrix} g(a)\,f_{x_1}(a) \\ \vdots \\ g(a)\,f_{x_n}(a) \end{pmatrix} + \begin{pmatrix} f(a)\,g_{x_1}(a) \\ \vdots \\ f(a)\,g_{x_n}(a) \end{pmatrix} \\
&= g(a) \begin{pmatrix} f_{x_1}(a) \\ \vdots \\ f_{x_n}(a) \end{pmatrix} + f(a) \begin{pmatrix} g_{x_1}(a) \\ \vdots \\ g_{x_n}(a) \end{pmatrix} \\
&= g(a) \operatorname{grad} f(a) + f(a) \operatorname{grad} g(a)\,. \qquad \square
\end{aligned}$$

4.8.2 Bemerkung. Da die Jacobi-Matrix sich zusammensetzt aus denTransponierten der Gradienten der Komponentenfunktionen, gilt die erste der Aussagen aus 4.8.1 ganz analog für total differenzierbare vektorwertige Funktionen (die anderen beiden lassen sich nicht übertragen, weil man Vektoren nicht multiplizieren oder dividieren kann):

$$\mathrm{J}(f+g)\,(a) = \mathrm{J}f\,(a) + \mathrm{J}g\,(a)\;.$$

4.8.3 Kettenregel. *Es seien $D \subsetneqq \mathbb{R}^n$ und $E \subsetneqq \mathbb{R}^k$ jeweils offene Mengen, und es seien $f\colon D \to \mathbb{R}^k$ und $g\colon E \to \mathbb{R}^\ell$ Abbildungen derart, dass $f(D) \subsetneqq E$. Außerdem sei f total differenzierbar in $a \in D$, und g sei total differenzierbar in $b := f(a)$. Dann ist die Komposition $g \circ f$ total differenzierbar in a, und es gilt:*

$$\mathrm{J}(g \circ f)\,(a) = \big(\mathrm{J}g\,(b)\big)\big(\mathrm{J}f\,(a)\big)\,.$$

Die Multiplikation der Jacobi-Matrizen $\mathrm{J}g\,(b) = \mathrm{J}g\,(f(a))$ und $\mathrm{J}f\,(a)$ entspricht dabei der Komposition der linearen Approximationen: Die Hintereinanderausführung der Funktionen f und g wird also linear approximiert von der Hintereinanderausführung der linearen Approximationen.

4.8.4 Bemerkung. Sind f und g reellwertige Funktionen in einer Veränderlichen, so spezialisiert sich die allgemeine Kettenregel 4.8.3 natürlich auf die aus der Schule bekannte Kettenregel 2.2.3: Die Jacobi-Matrizen haben die Größe 1×1 (sind also einfach reelle Zahlen), und die Multiplikation mit $\mathrm{J}f\,(a) = f'(a)$ ist die Multiplikation mit der *inneren Ableitung*.

4.9 Geometrische Eigenschaften von Gradienten

Für $D \subseteq \mathbb{R}^n$ betrachten wir eine Funktion $f \in C^1(D)$, einen Punkt $a \in D^\circ$ und einen Vektor $v \in \mathbb{R}^n$ mit Einheitslänge: $|v| = 1$. Für die Richtungsableitung wissen wir aus 4.3.12:

$$\partial_v f(a) = \operatorname{grad} f(a) \bullet v = |\operatorname{grad} f(a)|\,|v| \cos\alpha = |\operatorname{grad} f(a)| \cos\alpha\,,$$

wobei α den Winkel zwischen den Vektoren $\operatorname{grad} f(a)$ und v bezeichnet. Der Wert der Richtungsableitung ist die Steigung der Tangente an den Graphen von f in Richtung v. Dieser Wert wird offenbar dann am größten, wenn $\cos\alpha$ maximal wird (also $\cos\alpha = 1$: das geschieht bei $\alpha = 0$), und am kleinsten, wenn $\cos\alpha$ minimal wird (also $\cos\alpha = -1$: bei $\alpha = \pi$).

Dies liefert:

4.9.1 Satz. *Die Richtung von* $\operatorname{grad} f(a)$ *ist die Richtung des steilsten Anstiegs von* f *im Punkt* a. *Die umgekehrte Richtung* (*also die von* $-\operatorname{grad} f(a)$) *ist die der maximalen Abnahme der Funktion.*

Es sei $D = D^\circ \subseteq \mathbb{R}^n$ und $f \in C^1(D)$. Für k im Bild von f definiert die Gleichung $f(x) = k$ eine Niveaumenge $H := \{x \in D \mid f(x) = k\}$ in D. Bis auf Ausartungsfälle ist diese Niveaumenge eine *Hyperfläche*. Im Spezialfall $n = 2$ erwarten wir eine Niveaulinie, für $n = 3$ liegt im Allgemeinen eine Fläche in $\mathbb{R}^3$ vor.

Wir nehmen im Folgenden an, dass H nicht zu isolierten Punkten ausgeartet ist. Wir betrachten ein Intervall I und eine differenzierbare Abbildung

$$C\colon I \to \mathbb{R}^n \quad \text{mit } C(I) \subseteq H$$

— also die Parametrisierung einer in H verlaufenden *Kurve*. (Eine tiefer gehende Diskussion des Begriffs „Kurve“ nehmen wir später in 5.1.3 vor.)

Wir nehmen außerdem an, dass für alle $t \in I$ die Ableitung $C'(t)$ vom Nullvektor verschieden ist (damit beschreibt $C'(t)$ die Richtung der Tangente an die Kurve, vgl. 4.7.4).

4.9.2 Lemma. *Es gilt*

$$\forall\, t \in I\colon \quad f(C(t)) = k\,.$$

Also ist die Funktion $f \circ C\colon I \to \mathbb{R}$ *konstant, und es gilt*

$$0 = (f \circ C)'(t) = \mathrm{J}f(C(t))\,C'(t) = \operatorname{grad} f(C(t)) \bullet C'(t)$$

nach der Kettenregel 4.8.3.

4.9.3 Folgerung. *Für jeden Punkt* $a \in D$ *und jede Kurve durch* a *in der Hyperfläche* $H = \{x \in D \mid f(x) = f(a)\}$ *steht* $\operatorname{grad} f(a)$ *senkrecht zur Tangente an die Kurve im Punkt* a.

4.9.4 Spezialfälle. Wir betrachten einen Punkt $a \in D$ mit $\operatorname{grad} f(a) \neq 0$.

1. Im Fall $n = 2$ ist $\operatorname{grad} f(a)$ senkrecht zur Richtung der Tangente in $a = \binom{a_1}{a_2}$ an die *Niveaulinie* $\left\{x = \binom{x_1}{x_2} \in D \,\middle|\, f(x) = f(a)\right\}$. Diese Tangente hat also die Gleichung

$$\operatorname{grad} f(a) \bullet x = \operatorname{grad} f(a) \bullet a\,,$$

bzw.

$$\operatorname{grad} f(a) \bullet (x - a) = 0\,.$$

2. Im Fall $n = 3$ steht $\operatorname{grad} f(a)$ senkrecht zur Tangentenrichtung *jeder* Kurve durch $a = (a_1, a_2, a_3)^{\mathsf{T}}$ in $H = \left\{x = (x_1, x_2, x_3)^{\mathsf{T}} \in D \,\middle|\, f(x) = f(a)\right\}$. Also steht $\operatorname{grad} f(a)$ senkrecht zur *Tangentialebene* an H in a. Diese Tangentialebene hat also die Gleichung

$$\operatorname{grad} f(a) \bullet (x - a) = 0\,.$$

Die Gerade N, die in a auf H senkrecht steht, hat die Parameterdarstellung

$$N\colon \quad a + \mu \operatorname{grad} f(a)\,, \qquad \mu \in \mathbb{R}\,.$$

4.9.5 Beispiel. Wir betrachten eine Quadrik $Q = \left\{x \in \mathbb{R}^n \,\middle|\, f(x) = 0\right\}$, beschrieben als Nullstellenmenge einer Funktion $f\colon \mathbb{R}^n \to \mathbb{R}$ (nämlich eines Polynoms f vom Grad 2 in n Variablen). Indem wir Q als Niveauhyperfläche (zum Niveau 0) auffassen, erhalten wir aus 4.9.3 eine Methode, die Tangentialhyperebenen an Q mit Hilfe des Gradienten von f zu berechnen. Dieses Verfahren bildet eine Alternative zu Methoden aus der linearen Algebra.

Die Tangenten an die Ellipse

$$Q = \left\{ \binom{x}{y} \in \mathbb{R}^2 \,\middle|\, x^2 - \tfrac{1}{2} x y + 2 y^2 + 3 x - 10 = 0 \right\}$$

kann man berechnen aus

$$\begin{aligned} f\binom{x}{y} &= x^2 - \tfrac{1}{2} x y + 2 y^2 + 3 x - 10 \\ \operatorname{grad} f\binom{x}{y} &= \begin{pmatrix} 2x - \frac{1}{2} y + 3 \\ -\frac{1}{2} x + 4 y \end{pmatrix} \end{aligned}$$

Die Skizze zeigt die Gradienten und Tangenten in den Schnittpunkten der Ellipse mit den Koordinatenachsen.

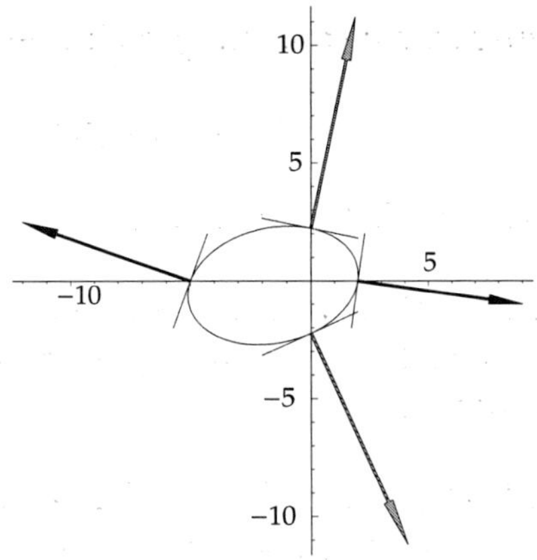

Man kann dieses Verfahren auch für allgemeinere Kurven als Kegelschnitte anwenden:

4.9.6 Beispiel. Wir fassen die Kurve $C := \left\{ \binom{x}{y} \in \mathbb{R}^2 \,\middle|\, y^2 + y = x^3 + x^2 \right\}$ auf als Niveaulinie der Funktion $f \colon \mathbb{R}^2 \to \mathbb{R} \colon \binom{x}{y} \mapsto y^2 + y - x^3 - x^2$. Es gilt

$$\operatorname{grad} f\begin{pmatrix} x \\ y \end{pmatrix} = \begin{pmatrix} -3x^2 - 2x \\ 2y + 1 \end{pmatrix}.$$

Um den Verlauf der Kurve zu skizzieren, verschafft man sich einige Punkte und die zugehörigen Tangenten (über die Gradienten). So ist etwa

$$\begin{pmatrix} 1 \\ 1 \end{pmatrix} \in C, \qquad \operatorname{grad} f\begin{pmatrix} 1 \\ 1 \end{pmatrix} = \begin{pmatrix} -5 \\ 3 \end{pmatrix},$$

Die Tangente in diesem Punkt hat also die Richtung $\frac{1}{\sqrt{34}}\binom{3}{5}$ und die Steigung $\frac{5}{3}$. Weitere Punkte von C, in denen die Tangente leicht zu bestimmen ist, sind etwa $\binom{0}{0}$, $\binom{-1}{0}$ und $\binom{0}{-1}$.

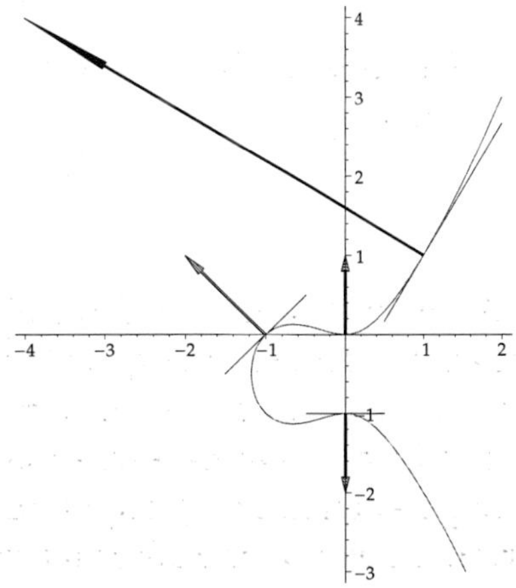

4.9.7 Spezialfall: Tangentialebenen an Funktionsgraphen.
Auch den Graphen $\Gamma(f)$ einer Funktion

$$f\colon D \to \mathbb{R}\colon x = (x_1, \ldots, x_n)^{\mathsf{T}} \mapsto f(x)$$

kann man als Niveaumenge einer geeigneten Funktion auffassen: Wir setzen

$$g\colon D \times \mathbb{R} \to \mathbb{R}\colon (x_1, \ldots, x_n, x_{n+1})^{\mathsf{T}} \mapsto f(x) - x_{n+1}\,.$$

Dann gilt

$$\begin{aligned}
\Gamma(f) &= \left\{\left((x_1, \ldots, x_n), f(x_1, \ldots, x_n)\right)^{\mathsf{T}} \;\middle|\; (x_1, \ldots, x_n)^{\mathsf{T}} \in D\right\} \\
&= \left\{(x_1, \ldots, x_n, x_{n+1})^{\mathsf{T}} \;\middle|\; (x_1, \ldots, x_n)^{\mathsf{T}} \in D,\, x_{n+1} = f(x)\right\} \\
&= \left\{(x_1, \ldots, x_n, x_{n+1})^{\mathsf{T}} \in D \times \mathbb{R} \;\middle|\; g\left((x_1, \ldots, x_n, x_{n+1})^{\mathsf{T}}\right) = 0\right\}.
\end{aligned}$$

Also ist $\Gamma(f)$ die Niveaumenge zum Niveau 0 für die Funktion g.

Wir nehmen jetzt $n = 2$ an und betrachten einen Punkt $a = (a_1, a_2, a_3)^{\mathsf{T}}$ auf dem Graphen $\Gamma(f)$ — es gilt also $a_3 = f\binom{a_1}{a_2}$. Als Gleichung für die Tangentialebene an diese Niveaumenge erhalten wir:

$$\begin{aligned}
0 &= \operatorname{grad} g(a) \bullet \left(x_1 - a_1, x_2 - a_2, x_3 - a_3\right)^{\mathsf{T}} \\
&= g_{x_1}(a)\,(x_1 - a_1) + g_{x_2}(a)\,(x_2 - a_2) + g_{x_3}(a)\,(x_3 - a_3)\,.
\end{aligned}$$

Wegen $\operatorname{grad} g(a) = (f_{x_1}\binom{a_1}{a_2}, f_{x_2}\binom{a_1}{a_2}, -1)$ und $a_3 = f\binom{a_1}{a_2}$ entspricht dies der in 4.4.14 angegebenen Darstellung

$$\begin{aligned}
x_3 &= T_1\left(f, \tbinom{x_1}{x_2}, \tbinom{a_1}{a_2}\right) \\
&= f\tbinom{a_1}{a_2} + \operatorname{grad} f\tbinom{a_1}{a_2} \bullet \left(x_1 - a_1, x_2 - a_2\right)^{\mathsf{T}} \\
&= a_3 + f_{x_1}\tbinom{a_1}{a_2}(x_1 - a_1) + f_{x_2}\tbinom{a_1}{a_2}(x_2 - a_2)\,.
\end{aligned}$$

5 Potentialtheorie, Vektorfelder und Kurvenintegrale

5.1 Potentialfunktionen

5.1.1 Definition. Es sei $D \subsetneqq \mathbb{R}^n$. Unter einem *Vektorfeld* versteht man eine Abbildung $g\colon D \to \mathbb{R}^n$. Das Vektorfeld heißt *stetig differenzierbar*, wenn es selbst stetig und jede Komponentenfunktion der vektorwertigen Abbildung g stetig partiell differenzierbar ist (wenn demnach die Abbildung g total differenzierbar ist, vgl. 4.4.4 und 4.7.2). Allgemeiner schreiben wir $g \in C^k(D, \mathbb{R}^n)$, wenn jede Komponentenfunktion g_j zu $C^k(D)$ gehört.

Ein Beispiel aus dem Alltag ist das *Gravitationsfeld* (siehe Abb. 5.1). Bei einer idealisierten, im Nullpunkt konzentrierten Masse ist dieses bis auf einen Skalar (der von der Masse abhängt) gegeben durch

$$g\colon \mathbb{R}^3 \smallsetminus \{0\} \to \mathbb{R}^3\colon v \mapsto -2\,|v|^{-3}\,v = \frac{-2}{|v|^2}\,\frac{v}{|v|}\,.$$

Mit Hilfe eines Vektorfelds können wir etwa die Geschwindigkeitsverteilung einer Flüssigkeit oder eines Gases beschreiben: Jedem Teilchen (gegeben durch seinen *Ort*, also einen Vektor $x \in \mathbb{R}^3$) wird dessen *Momentangeschwindigkeit* zugeordnet (also wieder ein Vektor $v(x) \in \mathbb{R}^3$): So entsteht ein Vektorfeld $v\colon D \to \mathbb{R}^3$, definiert auf dem Bereich $D \subsetneqq \mathbb{R}^3$, in dem sich die Flüssigkeit oder das Gas befindet. Solche Felder hängen typischerweise auch von der Zeit (und nicht nur vom Ort x) ab: Man sollte also eine Abbildung $\tilde{g}\colon D \times I \to \mathbb{R}^n$ mit einem *Zeitintervall* I betrachten.

Als eine weitere Anwendung ist etwa die Beschreibung einer *Kraftverteilung* oder der daraus resultierenden *Momentanbeschleunigung* zu nennen: Hier handelt es sich um Ableitungen nach der zusätzlichen Variablen, die die Zeit beschreibt.

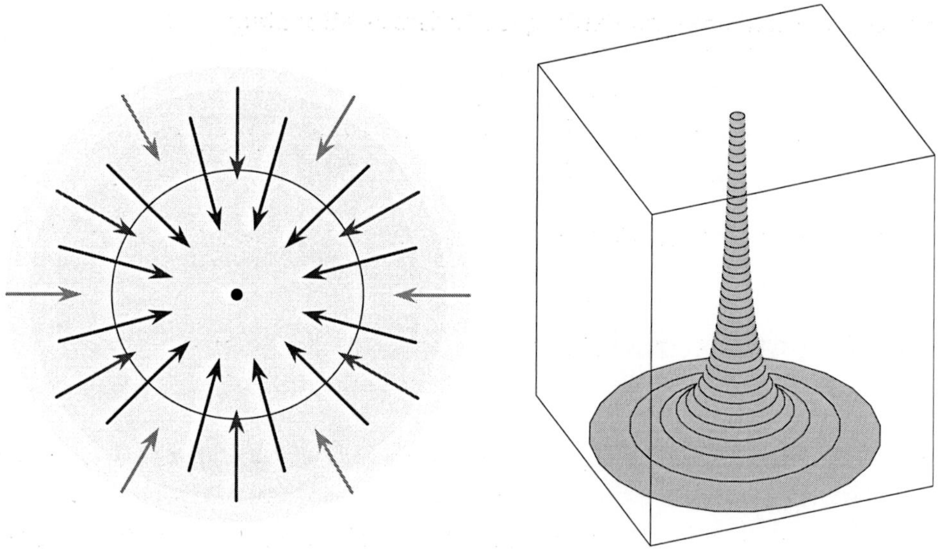

Abbildung 5.1: Gravitationsfeld $g(v) = -2\,|v|^{-3}\,v$ und ein Potential dazu

Analog zu Kraftfeldern kann man Magnetfelder und elektrische Felder als Vektorfelder interpretieren.

Auch innerhalb der Mathematik sind wir bereits einem Vektorfeld begegnet: Das *Gradientenfeld*

$$\operatorname{grad} f\colon D \to \mathbb{R}^n\colon x \mapsto \operatorname{grad} f(x)$$

zu einer Funktion $f \in C^1(D)$ in n Veränderlichen (also mit $D \subseteqq \mathbb{R}^n$) ordnet jedem $x \in D$ den Vektor zu, der die Richtung des steilsten Anstiegs der Funktion f angibt.

In diesem Zusammenhang wird es sinnvoll zu fragen, ob ein gegebenes Vektorfeld $g\colon D \to \mathbb{R}^n$ als Ableitung einer Funktion $U\colon D \to \mathbb{R}$ entsteht, ob also $U \in C^1(D)$ so existiert, dass gilt:

$$\forall\, x \in D\colon \qquad \operatorname{grad} U(x) = g(x)\,.$$

Diese Funktion U ist natürlich nicht eindeutig bestimmt: Wir können eine beliebige Konstante addieren, ohne den Gradienten zu ändern!

Für das oben als Beispiel angegebene Gravitationsfeld

$$g\colon \mathbb{R}^3 \smallsetminus \{0\} \to \mathbb{R}^3\colon\ v = \begin{pmatrix} x \\ y \\ z \end{pmatrix} \mapsto \frac{-2}{|v|^3}\, v = \frac{-2}{\left(\sqrt{x^2+y^2+z^2}\right)^3} \begin{pmatrix} x \\ y \\ z \end{pmatrix}$$

könnte man das folgende *Gravitationspotential* nehmen (siehe Abb. 5.1):

$$U\colon \mathbb{R}^3 \smallsetminus \{0\} \to \mathbb{R}\colon\ v = \begin{pmatrix} x \\ y \\ z \end{pmatrix} \mapsto \frac{2}{|v|} = \frac{2}{\sqrt{x^2+y^2+z^2}}\,.$$

Damit sich die Ableitung als ein Vektorfeld ergibt, muss die Funktion U reellwertig sein. Als ein weiteres Beispiel für eine solche Funktion mag man an ein *Ladungspotential* denken: Das Potential modelliert eine kontinuierliche Verteilung von Ladungen, der Gradient ist dann das Modell für das elektrische Feld. Solch ein Potential bewirkt Kräfte, die die verteilten Ladungen beschleunigen.

5.1.2 Definition. Ein Vektorfeld $g\colon D \to \mathbb{R}^n$ heißt *konservativ* (oder ein *Gradientenfeld*), wenn es eine Funktion $U \in C^1(D)$ so gibt, dass $\operatorname{grad} U = g$. In diesem Fall heißt U *Potential*(-funktion)[1] von g. Zu $c \in \mathbb{R}$ können wir die Niveaumenge $\{x \in D \mid U(x) = c\}$ betrachten: Diese nennt man auch *Äquipotentialmenge* (gegebenenfalls Äquipotentiallinie oder -fläche) von g zu c.

Bei der Diskussion der Existenz eines Potentials zu einem gegebenen Vektorfeld spielen weitere topologische Begriffe eine Rolle:

5.1.3 Definitionen. Eine Menge $D \subseteq \mathbb{R}^n$ heißt *(wegweise) zusammenhängend*, wenn es zu je zwei Punkten $p, q \in D$ ein Intervall $[a, b]$ und eine *stetige* Abbildung $w : [a, b] \to \mathbb{R}^n$ so gibt, dass gilt:

$\forall\, t \in [a,b]\colon\quad w(t) \in D$ (d. h.: die Kurve verläuft *ganz in D*)

$w(a) = p,\quad w(b) = q$ (d. h.: die Kurve *verbindet p mit q*).

[1] Manche Autoren bezeichnen (aus physikalischen Gründen) die Funktion $-U$ als Potential des Gradientenfelds $\operatorname{grad} U$.

Eine solche Abbildung nennt man auch einen *Weg* von p nach q in D oder eine *Parametrisierung der Kurve* $w([a,b])$ in D. Die *Kurve* selbst ist also die *Menge* $w([a,b]) \subsetneqq D$; der Weg ist eine Abbildung.

Wenn w injektiv ist, heißt die Kurve *doppelpunktfrei parametrisiert*, und die Parametrisierung heißt *doppelpunktfrei*.

Eine Kurve $w([a,b])$ heißt *geschlossen (parametrisiert)*, wenn $w(a) = w(b)$ gilt.

Eine geschlossene Parametrisierung w heißt *doppelpunktfrei*, wenn die Einschränkung von w auf das halboffene Intervall $[a,b)$ injektiv ist. Die Abbildung w heißt dann *doppelpunktfreie geschlossene* Parametrisierung. Wegen $w(a) = w(b)$ kann dann w selbst *nicht* injektiv sein!

Eine zusammenhängende Menge D heißt *einfach zusammenhängend*, wenn sich jede geschlossene Kurve in D innerhalb D stetig zu einem Punkt *zusammenziehen* lässt.
(Was „stetig zusammenziehen" genau bedeutet, lassen wir hier offen — die Präzisierung der anschaulichen Vorstellung ist Aufgabe der Mathematiker.)

Unter einem *Gebiet* in $\mathbb{R}^n$ versteht man eine offene zusammenhängende Teilmenge von $\mathbb{R}^n$.

5.1.4 Beispiele.

1. Jede konvexe Menge in $\mathbb{R}^n$ ist einfach zusammenhängend. Insbesondere sind $\mathbb{R}^n$ selbst und jede offene Kugel $U_\rho(m)$ einfach zusammenhängend.
2. In $\mathbb{R}^2$ ist die punktierte (gelochte) Kreisscheibe $U_\rho(m) \setminus \{m\}$ *nicht* einfach zusammenhängend, ebensowenig der *Kreisring* $U_\rho(m) \setminus U_\varepsilon(m)$ oder $\mathbb{R}^2 \setminus U_\varepsilon(m)$.
3. Dagegen sind die Mengen $\mathbb{R}^3 \setminus U_\rho(m)$ und $\mathbb{R}^3 \setminus \{m\}$ einfach zusammenhängend [man kann Wege „um das Loch herumziehen"].

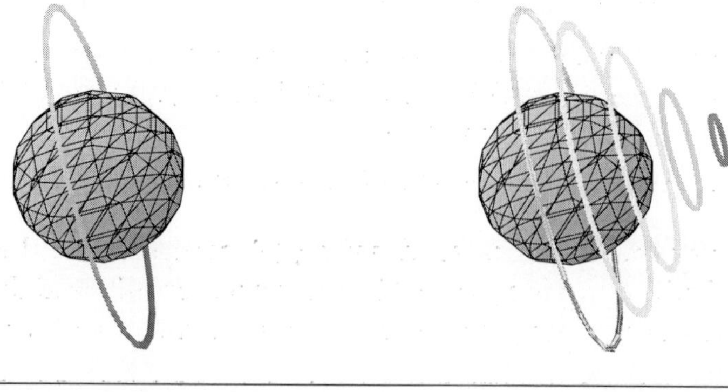

4. Beispiele für nicht einfach zusammenhängende Mengen in $\mathbb{R}^3$ liefern der *Volltorus*: das ist das von der Menge

$$\left\{ \left(\sin(s)\left(1+\frac{\sin(t)}{2}\right),\ \cos(s)\left(1+\frac{\sin(t)}{2}\right),\ \frac{\cos(t)}{2} \right)^{\mathsf{T}} \;\middle|\; \begin{matrix} 0 \leqq s \leqq 2\pi \\ 0 \leqq t \leqq 2\pi \end{matrix} \right\}$$

umschlossene Gebiet (links), oder „Brezeln“:

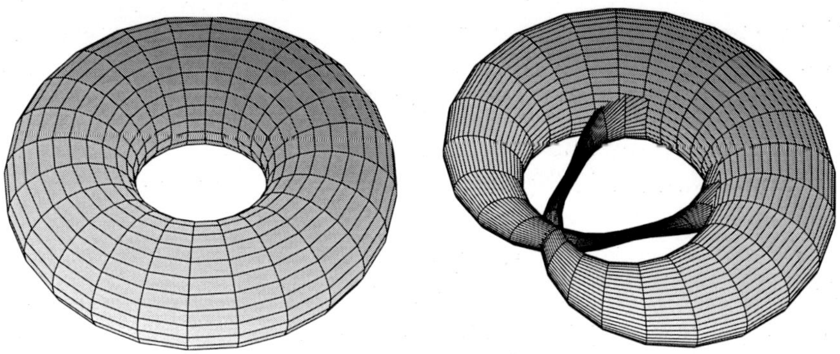

5.1.5 Satz. *Es sei* $D \subseteqq \mathbb{R}^n$ *ein Gebiet, und* $g\colon D \to \mathbb{R}^n$ *ein stetig differenzierbares Vektorfeld.*

1. *Wenn* g *ein Gradientenfeld ist (wenn also* g *ein Potential besitzt), gilt für die Komponentenfunktionen* g_j *die folgende Integrabilitätsbedingung:*

$$(*) \qquad \forall\, j,k \leqq n\colon \quad \frac{\partial}{\partial x_j} g_k = \frac{\partial}{\partial x_k} g_j \,.$$

2. *Wenn das Gebiet* D *einfach zusammenhängend ist und die Integrabilitätsbedingung* $(*)$ *im Gebiet* D *erfüllt ist, existiert eine Potentialfunktion zu* g *(und* g *ist demnach ein Gradientenfeld). Die Potentialfunktion ist bis auf eine additive Konstante eindeutig bestimmt.*

Beweis. Besitzt g ein Potential U, so gilt ja $g(a) = \operatorname{grad} U(a)$ und daher $\mathrm{J}g\,(a) = \mathrm{H}U\,(a)$. Nach dem Satz von Schwarz 4.3.10 ist $\mathrm{H}U\,(a)$ symmetrisch: Das ist gerade die Integrabilitätsbedingung $(*)$.

Die zweite Aussage liegt tiefer — wir überlassen das den Mathematikern. □

Man muss in der Integrabilitätsbedingung $(*)$ natürlich nur die Fälle $j < k$ beachten: Die Bedingung für $j = k$ ist banalerweise erfüllt, und die Fälle $j > k$ ergeben sich aus denen für $j < k$ durch Vertauschen von j und k.

Man kann die Integrabilitätsbedingung (∗) auch so formulieren:
Die Jacobi-Matrix $Jg(x)$ ist *symmetrisch* (für jede Stelle $x \in D$).

5.1.6 Spezialfälle. *Für Vektorfelder in zwei bzw. drei Variablen x, y, z schreibt sich die Bedingung (∗) aus 5.1.5 folgendermaßen:*

$$(g_1)_y = (g_2)_x$$

bzw.

$$(g_1)_y = (g_2)_x\,, \quad (g_1)_z = (g_3)_x\,, \quad (g_2)_z = (g_3)_y \quad .$$

5.1.7 Beispiel. Für das Vektorfeld

$$g\colon \mathbb{R}^2 \to \mathbb{R}^2\colon \begin{pmatrix} x \\ y \end{pmatrix} \mapsto \begin{pmatrix} x+y \\ \mathrm{e}^{x+y} \end{pmatrix}$$

ergibt sich

$$(g_1)_y\tbinom{a}{b} = 1 \qquad \text{und} \qquad (g_2)_x\tbinom{a}{b} = \mathrm{e}^{a+b}\,.$$

Nur für $a+b=0$ fallen diese Werte zusammen, also hat keine Einschränkung von g ein Potential: In der Geraden $\{\binom{a}{-a} \mid a \in \mathbb{R}\}$ ist kein Gebiet enthalten.

5.1.8 Beispiel. Das Vektorfeld

$$g\colon \mathbb{R}^2 \to \mathbb{R}^2\colon \begin{pmatrix} x \\ y \end{pmatrix} \mapsto \begin{pmatrix} 2\,x\,y \\ x^2 + 3\,y^2 \end{pmatrix}$$

liefert

$$(g_1)_y\tbinom{a}{b} = 2\,a = (g_2)_x\tbinom{a}{b}\,.$$

Der Definitionsbereich $\mathbb{R}^2$ ist einfach zusammenhängend. Also besitzt g ein Potential.

Wir wollen ein Potential U explizit bestimmen: Aus $\operatorname{grad} U = g$ folgt zuerst $U_x\binom{x}{y} = g_1\binom{x}{y} = 2\,x\,y$. Integration liefert

$$\left[U\tbinom{x}{y}\right] = \int U_x\tbinom{x}{y}\,\mathrm{d}\,x = \int 2\,x\,y\,\mathrm{d}\,x = \left[x^2\,y\right].$$

Für jedes $y \in \mathbb{R}$ stimmen also $U\binom{x}{y}$ und $x^2\, y$ bis auf eine additive Konstante überein. Diese Konstante kann aber durchaus noch von y abhängen: Wir setzen also eine Funktion $c\colon \mathbb{R} \to \mathbb{R}\colon y \mapsto c(y)$ an und erhalten

$$U\tbinom{x}{y} = x^2\, y + c(y)\,.$$

Wir leiten jetzt diesen Kandidaten für U nach der zweiten Variablen ab und erhalten die Bedingung

$$x^2 + 3\,y^2 = g_2\tbinom{x}{y} = U_y\tbinom{x}{y} = x^2 + \tfrac{\mathrm{d}}{\mathrm{d}\,y}\, c(y)\,.$$

Damit gilt $c(y) = y^3 + k$ mit einer Konstanten $k \in \mathbb{R}$. Wir erhalten:

$$U\colon \mathbb{R}^2 \to \mathbb{R}\colon \quad \begin{pmatrix} x \\ y \end{pmatrix} \mapsto x^2\, y + y^3 + k\,.$$

Die Eindeutigkeitsaussage in 5.1.5 besagt, dass wir *alle* Potentialfunktionen zu g erhalten, wenn wir die Konstante k über $\mathbb{R}$ laufen lassen.

5.1.9 Beispiel. Wir betrachten das Vektorfeld

$$g\colon \mathbb{R}^3 \to \mathbb{R}^3\colon \begin{pmatrix} x \\ y \\ z \end{pmatrix} \mapsto \begin{pmatrix} y\,\cos(x\,y) & + & \\ x\,\cos(x\,y) & + & 2\,y\,z^3 \\ & & 3\,y^2\,z^2 \end{pmatrix}.$$

Es gilt[2]

$$(g_1)_y(x,y,z) = \cos(x\,y) + y\,(-\sin(x\,y))\,x = (g_2)_x(x,y,z)\,,$$

$$(g_1)_z(x,y,z) = 0 = (g_3)_x(x,y,z)\,,$$

$$(g_2)_z(x,y,z) = 6\,y\,z^2 = (g_3)_y(x,y,z)\,.$$

Also ist die Bedingung $(*)$ aus 5.1.5 erfüllt. Weil der Definitionsbereich $\mathbb{R}^3$ einfach zusammenhängend ist, gibt es eine Potentialfunktion.

[2] Der typografischen Übersichtlichkeit wegen schreiben wir hier die Zeile (x,y,z) statt der Spalte $(x,y,z)^\mathsf{T}$ in den Argumenten, siehe die Fußnote auf Seite 161.

Wir berechnen die Potentialfunktion U zu g:
Zuerst verwenden wir $U_x = g_1$:

$$\begin{aligned}\left[U(x,y,z)\right] &= \int U_x(x,y,z)\,\mathrm{d}x &= \int g_1(x,y,z)\,\mathrm{d}x \\ &= \int y\cos(x\,y)\,\mathrm{d}x &= \left[\sin(x\,y)\right].\end{aligned}$$

Es gibt also jetzt eine Funktion $c\colon \mathbb{R}^2 \to \mathbb{R}\colon (y,z) \mapsto c(y,z)$ so, dass gilt:

$$U(x,y,z) = \sin(x\,y) + c(y,z).$$

Ableiten nach y liefert wegen $U_y = g_2$ die Bedingung

$$x\cos(x\,y) + 2\,y\,z^3 = \frac{\partial}{\partial y}\,U(x,y,z) = x\cos(x\,y) + \frac{\partial}{\partial y}\,c(y,z),$$

also $c(y,z) = y^2 z^3 + b(z)$ mit einer Funktion b, die nur noch von z abhängt. Indem wir jetzt auch noch nach z ableiten, sehen wir, dass b konstant ist. Als Potential ergibt sich

$$U\colon \mathbb{R}^3 \to \mathbb{R}\colon \quad (x,y,z) \mapsto \sin(x\,y) + y^2 z^3 + k, \qquad \text{mit } k \in \mathbb{R}.$$

Nach der Berechnung des Potentials empfiehlt sich eine Probe!
Man berechnet dazu den Gradienten des eben bestimmten Potentials und vergleicht mit dem gegebenen Vektorfeld.

5.2 Rotation und Divergenz

Wir haben in 5.1.5 die Bedingung $(*)$ als notwendig (und unter der Voraussetzung eines einfach zusammenhängenden Definitionsgebiets auch als hinreichend) für die Existenz eines Potentials erkannt.
Dies spiegelt sich auch wider im zweiten Teil der folgenden Definition:

5.2.1 Definitionen. Es sei $D \subseteq \mathbb{R}^n$ offen, und $g\colon D \to \mathbb{R}^n$ ein stetig differenzierbares Vektorfeld.

1. Unter der *Divergenz* von g im Punkt $a = (a_1, \ldots, a_n)^\top$ versteht man

$$\operatorname{div} g(a) := \sum_{j=1}^{n} \frac{\partial}{\partial x_j}\,g_j(a) = (g_1)_{x_1}(a) + \cdots + (g_n)_{x_n}(a).$$

In der Sprache der linearen Algebra: Die Divergenz des Feldes an der Stelle a ist genau die *Spur* der Jacobi-Matrix $\mathrm{J}g\,(a)$ von g an dieser Stelle.

2. Im Fall $n = 3$ nennt man

$$\operatorname{rot} g(a) := \begin{pmatrix} \frac{\partial g_3}{\partial y}(a) & - & \frac{\partial g_2}{\partial z}(a) \\ \frac{\partial g_1}{\partial z}(a) & - & \frac{\partial g_3}{\partial x}(a) \\ \frac{\partial g_2}{\partial x}(a) & - & \frac{\partial g_1}{\partial y}(a) \end{pmatrix}$$

die *Rotation* von g im Punkt a.

Die Divergenz liefert eine *skalare Funktion*

$$\operatorname{div} g\colon D \to \mathbb{R}\colon a \mapsto \operatorname{div} g(a)\,.$$

Dagegen liefert die Rotation ein *Vektorfeld*

$$\operatorname{rot} g\colon D \to \mathbb{R}^3\colon a \mapsto \operatorname{rot} g(a)\,.$$

5.2.2 Beispiel. Das Vektorfeld

$$g\colon \mathbb{R}^3 \to \mathbb{R}^3\colon \begin{pmatrix} x \\ y \\ z \end{pmatrix} \mapsto \begin{pmatrix} -y \\ x\,z \\ z^2 \end{pmatrix}$$

hat die Divergenz

$$\operatorname{div} g\left(\begin{smallmatrix} x \\ y \\ z \end{smallmatrix}\right) = 0 + 0 + 2\,z = 2\,z$$

und die Rotation

$$\operatorname{rot} g\left(\begin{smallmatrix} x \\ y \\ z \end{smallmatrix}\right) = \begin{pmatrix} -x \\ 0 \\ z+1 \end{pmatrix}.$$

5.2.3 Spezialfall. Jedes ebene Vektorfeld $g\colon D \to \mathbb{R}^2$ kann man in ein dreidimensionales Vektorfeld $\tilde{g}$ „einbetten“ via

$$\tilde{g}\colon D \times \mathbb{R} \to \mathbb{R}^3\colon \begin{pmatrix} x \\ y \\ z \end{pmatrix} \mapsto \begin{pmatrix} g_1\binom{x}{y} \\ g_2\binom{x}{y} \\ 0 \end{pmatrix}$$

Dann ergibt sich

$$\operatorname{rot} \tilde{g}\left(\begin{smallmatrix} x \\ y \\ z \end{smallmatrix}\right) = \begin{pmatrix} 0 \\ 0 \\ \frac{\partial g_2}{\partial x}\binom{x}{y} - \frac{\partial g_1}{\partial y}\binom{x}{y} \end{pmatrix}.$$

Man schreibt kurz

$$\operatorname{rot} g\tbinom{x}{y} := \frac{\partial g_2}{\partial x}\tbinom{x}{y} - \frac{\partial g_1}{\partial y}\tbinom{x}{y}\,.$$

(Die hier eingeführte Rotation eines *ebenen* Vektorfeldes ist also eine *skalare* Größe.)

Mit Hilfe des Begriffs der Rotation können wir unseren Satz 5.1.5 folgendermaßen formulieren:

5.2.4 Satz. *Besitzt das räumliche (oder ebene) Vektorfeld g ein Potential, so gilt* $\operatorname{rot} g(a) = 0$ *für alle a im Definitionsbereich D.*
Wenn D einfach zusammenhängend ist, ist die Existenz eines Potentials äquivalent zum Verschwinden der Rotation.

Wenn das Potential existiert, kann man es wie in den oben besprochenen Beispielen bestimmen: durch Integration mit geeigneten Integrationskonstanten und Vergleich der Ableitungen mit den Komponenten des Gradientenfeldes. Es gibt auch andere Möglichkeiten: Man kann das Potential auch durch geeignete Kurvenintegrale bestimmen, vgl. 5.3.17.

5.2.5 Bemerkungen. Wir haben bereits angedeutet, dass man mit Vektorfeldern den Fluss eines Gases oder einer Flüssigkeit modellieren kann.

1. Man kann die Divergenz als Maß des Flusses nach außen (pro Volumen- und Zeiteinheit, also als *Quellstärke*) auffassen, die Rotation als ein Maß für die Wirbelbildung.
2. Man nennt ein Vektorfeld g *quellenfrei*, wenn $\operatorname{div} g = 0$ ist, und *wirbelfrei*, wenn $\operatorname{rot} g = 0$ gilt.

Vorsicht: Es gibt auch Felder, in denen offensichtliche Wirbel auftreten, die sich aber nicht in der Rotation bemerkbar machen. Ein Beispiel für ein solches Feld diskutieren wir in 5.3.15, vgl. auch 5.5.5.

5.2.6 Schreibweisen und Merkregeln. Schreibt man

$$\nabla := \begin{pmatrix} \frac{\partial}{\partial x_1} \\ \frac{\partial}{\partial x_2} \\ \frac{\partial}{\partial x_3} \end{pmatrix}$$

dann schreibt sich *formal*

$$\operatorname{div} g = „\nabla \bullet g“ = „\left(\frac{\partial}{\partial x_1}, \frac{\partial}{\partial x_2}, \frac{\partial}{\partial x_3}\right) \begin{pmatrix} g_1 \\ g_2 \\ g_3 \end{pmatrix}“$$

Vorsicht: Formale Schreibweisen wie diese sind nur Hilfen, um sich die Definition zu merken, man kann mit diesen Schreibweisen nicht *rechnen*!

Zum Rechnen muss man diese „Operatoren" erst an Funktionen auswerten.

5.2.7 Definition. Der Operator

$$\Delta := \text{„}\nabla \bullet \nabla\text{“} = \left(\frac{\partial}{\partial x_1}\right)^2 + \cdots + \left(\frac{\partial}{\partial x_n}\right)^2$$

heißt *Laplace-Operator*.

Auch diese formale Schreibweise müssen wir zunächst einmal richtig *interpretieren*: Dieser Operator ordnet jeder Funktion $f \in C^2(D)$ eine reellwertige Funktion zu, nämlich

$$\Delta f : D \to \mathbb{R} : a \mapsto f_{x_1 x_1}(a) + f_{x_2 x_2}(a) + \cdots + f_{x_n x_n}(a) .$$

Eine Funktion f heißt *harmonisch*, wenn Δf die Nullfunktion ist.

5.2.8 Lemma. *Für jede zweimal stetig partiell differenzierbare Funktion f gilt*

$$\operatorname{div} \operatorname{grad} f = \Delta f \quad \textit{und} \quad \operatorname{rot} \operatorname{grad} f = 0 .$$

(Die zweite Gleichung hat für uns nur bei maximal drei Variablen einen Sinn.)

Für jedes zweimal stetig differenzierbare dreidimensionale Vektorfeld g gilt

$$\operatorname{div} \operatorname{rot} g = 0 .$$

Beweis. Wir berechnen

$$\operatorname{div} \operatorname{grad} f(a) = \operatorname{div}\begin{pmatrix} f_{x_1}(a) \\ \vdots \\ f_{x_n}(a) \end{pmatrix} = f_{x_1 x_1}(a) + \cdots + f_{x_n x_n}(a) = \Delta f(a)$$

und

$$\begin{aligned} \operatorname{div} \operatorname{rot} g(a) &= \operatorname{div}\begin{pmatrix} (g_3)_y(a) - (g_2)_z(a) \\ (g_1)_z(a) - (g_3)_x(a) \\ (g_2)_x(a) - (g_1)_y(a) \end{pmatrix} \\ &= \big((g_3)_{yx} - (g_2)_{zx} + (g_1)_{zy} - (g_3)_{xy} + (g_2)_{xz} - (g_1)_{yz}\big)(a) \\ &= \big((g_3)_{xy} - (g_2)_{zx} + (g_1)_{yz} - (g_3)_{xy} + (g_2)_{zx} - (g_1)_{yz}\big)(a) = 0 . \end{aligned}$$

Hier haben wir den Satz von Schwarz 4.3.10 (und damit die *Stetigkeit* der zweiten partiellen Ableitungen) verwendet.

Es bleibt noch rot grad $f = 0$ nachzuweisen: Dies folgt sofort daraus, dass f ein Potential zu grad f ist. □

5.3 Kurvenintegrale von Vektorfeldern

5.3.1 Definition. Es sei $D \subseteqq \mathbb{R}^n$ offen und $[a,b]$ ein reelles Intervall.

1. Eine Abbildung $C\colon [a,b] \to D\colon t \mapsto C(t) = \big(C_1(t),\dots,C_n(t)\big)^\mathsf{T}$ heißt *reguläre Parametrisierung* einer Kurve in D, wenn C stetig differenzierbar ist und für alle $t \in (a,b)$ gilt: $C'(t) := \big(C_1'(t),\dots,C_n'(t)\big)^\mathsf{T} \neq (0,\dots,0)^\mathsf{T}$.
   Die *Kurve*, die hier parametrisiert wird, ist $K := \{C(t) \mid t \in [a,b]\} \subseteqq \mathbb{R}^n$.
2. Für jedes stetige Vektorfeld $g\colon D \to \mathbb{R}^n$ und jede reguläre Parametrisierung $C\colon [a,b] \to D$ heißt
$$\int_C g(x) \bullet \mathrm{d}\,x := \int_a^b g(C(t)) \bullet C'(t)\,\mathrm{d}\,t$$
   das *Kurvenintegral* von g längs K *bezüglich* C.

5.3.2 Bemerkung. Sind $C\colon [a,b] \to D$ und $B\colon [u,v] \to D$ *doppelpunktfreie* (im Sinne von 5.1.3) und reguläre Parametrisierungen *derselben* Kurve (d. h. es sei $\{C(t) \mid t \in [a,b]\} = \{B(s) \mid s \in [u,v]\}$ und $C(a) = B(u)$ — dann gilt $C(b) = B(v)$ von allein), so gilt
$$\int_u^v g(B(s)) \bullet B'(s)\,\mathrm{d}\,s = \int_a^b g(C(t)) \bullet C'(t)\,\mathrm{d}\,t\,.$$
In diesem Sinn hängt der Wert des Kurvenintegrals nicht von der Parametrisierung ab: man muss allerdings die Durchlaufungsrichtung festhalten. Man kann daher
$$\int_K g(x) \bullet \mathrm{d}\,x := \int_a^b g(C(t)) \bullet C'(t)\,\mathrm{d}\,t$$
setzen, dabei heißt „$\mathrm{d}\,x$" *vektorielles Bogenelement*. Es handelt sich hier nur um eine *Schreibweise*: um das Kurvenintegral zu berechnen, muss man eine Parametrisierung $C\colon [a,b] \to K$ wählen und $\int_a^b g(C(t)) \bullet C'(t)\,\mathrm{d}\,t$ berechnen!

Um das Festhalten der Durchlaufungsrichtung auch in der Notation zu markieren, könnte man etwa den Anfangspunkt $p := C(a)$ und den Endpunkt $q := C(b)$ angeben und K_p^q statt K schreiben. Noch besser: man verwende die Schreibweise, die eine Parametrisierung mit angibt.

5.3.3 Bemerkung. Oft kann man nicht die ganze Menge K auf einmal regulär und doppelpunktfrei (!) parametrisieren. Dann setzt man K zusammen aus Kurvenstücken $K_1, \ldots, K_\ell$ so, dass gilt:

- Für K_j liegt jeweils eine reguläre Parametrisierung $C_j\colon [a_j, b_j] \to D$ mit $K_j = \{C_j(t) \mid t \in [a_j, b_j]\}$ vor.
- Der Endpunkt von K_j stimmt mit dem Anfangspunkt von K_{j+1} überein (d. h. also $C_j(b_j) = C_{j+1}(a_{j+1})$).

Man schreibt in diesem Fall

$$\int_K g(x) \bullet \mathrm{d}\,x := \int_{K_1} g(x) \bullet \mathrm{d}\,x + \cdots + \int_{K_\ell} g(x) \bullet \mathrm{d}\,x$$

(und muss sich gegebenenfalls den Durchlaufungssinn merken!).

5.3.4 Physikalische Interpretationen.

1. Ist g ein Kraftfeld, so beschreibt $\int_K g(x) \bullet \mathrm{d}\,x$ die Arbeit, die verrichtet werden muss, um einen Massepunkt längs K vom Anfangs- zum Endpunkt zu bewegen.
   Deswegen nennt man $\int_K g(x) \bullet \mathrm{d}\,x$ auch das *Arbeitsintegral*.
2. Ist g ein elektrisches Feld, dann liefert $-\int_K g(x) \bullet \mathrm{d}\,x$ den Spannungsabfall längs K.

5.3.5 Beispiel. Gegeben sei das Vektorfeld

$$g\colon \mathbb{R}^2 \smallsetminus \left\{\begin{pmatrix} 0 \\ 0 \end{pmatrix}\right\} \to \mathbb{R}^2\colon \quad \begin{pmatrix} u \\ v \end{pmatrix} \mapsto \begin{pmatrix} \dfrac{u\,v}{\sqrt{u^2+v^2}} \\[2ex] \dfrac{u^2+2\,v^2}{\sqrt{u^2+v^2}} \end{pmatrix}$$

und die Kurve K durch die Parametrisierung

$$C\colon \left[\frac{\pi}{4}, \frac{5\pi}{4}\right] \to \mathbb{R}^2 : t \mapsto C(t) := \begin{pmatrix} \cos t \\ \sin t \end{pmatrix}.$$

Die Kurve K ist also ein Kreisbogen, der Anfangspunkt ist

$$C\left(\frac{\pi}{4}\right) = \frac{1}{2}\begin{pmatrix} \sqrt{2} \\ \sqrt{2} \end{pmatrix},$$

der Endpunkt

$$C\left(\frac{5\pi}{4}\right) = -\frac{1}{2}\begin{pmatrix} \sqrt{2} \\ \sqrt{2} \end{pmatrix}.$$

Mit $C'(t) = \begin{pmatrix} -\sin t \\ \cos t \end{pmatrix}$ und

$$g\big(C(t)\big) = \frac{1}{\sqrt{(\cos t)^2 + (\sin t)^2}} \begin{pmatrix} (\cos t)\,(\sin t) \\ (\cos t)^2 + 2\,(\sin t)^2 \end{pmatrix} = \begin{pmatrix} (\cos t)\,(\sin t) \\ 1 + (\sin t)^2 \end{pmatrix}$$

ergibt sich

$$\begin{aligned}
\int_K g(x) \bullet \mathrm{d}\,x &= \int_{\frac{\pi}{4}}^{\frac{5\pi}{4}} g\big(C(t)\big) \bullet C'(t)\ \mathrm{d}\,t \\
&= \int_{\frac{\pi}{4}}^{\frac{5\pi}{4}} \begin{pmatrix} (\cos t)\,(\sin t) \\ 1 + (\sin t)^2 \end{pmatrix} \bullet \begin{pmatrix} -\sin t \\ \cos t \end{pmatrix} \mathrm{d}\,t \\
&= \int_{\frac{\pi}{4}}^{\frac{5\pi}{4}} -(\cos t)\,(\sin t)^2 + \cos t + (\sin t)^2\,(\cos t)\ \mathrm{d}\,t \\
&= \int_{\frac{\pi}{4}}^{\frac{5\pi}{4}} (\cos t)\ \mathrm{d}\,t = \Big[\sin t\Big]_{\frac{\pi}{4}}^{\frac{5\pi}{4}} \\
&= -\sqrt{2}.
\end{aligned}$$

5.3.6 Rechenregeln für Kurvenintegrale. *Es seien g und h stetige Vektorfelder. Dann gilt für jede Kurve K und jede reelle Zahl c:*

1. $\int_K \big(g(x) + h(x)\big) \bullet \mathrm{d}\,x = \int_K g(x) \bullet \mathrm{d}\,x + \int_K h(x) \bullet \mathrm{d}\,x$.
2. $\int_K c\, g(x) \bullet \mathrm{d}\,x = c \int_K g(x) \bullet \mathrm{d}\,x$.

5.3.7 Bemerkung. Weil wir Anfangs- und Endpunkt festlegen, ist auf der Kurve ein *Durchlaufungssinn* ausgezeichnet. Um diesen umzukehren, lassen wir den Parameter „rückwärts laufen": Die Funktion

$$C^*\colon [a,b] \to \mathbb{R}^n\colon t \mapsto C(a+b-t)$$

parametrisiert die rückwärts durchlaufene Kurve K^*, mit $s(t) := a+b-t$ gilt $C^* = C \circ s$, aber auch $t(s) = a+b-s$. Wegen $\frac{\mathrm{d}}{\mathrm{d}\,t}C^*(t) = \frac{\mathrm{d}}{\mathrm{d}\,t}C(s(t)) = C'(s) \cdot \frac{\mathrm{d}\,s}{\mathrm{d}\,t}$ liefert die Substitutionsregel 3.3.1

$$\begin{aligned} \int_{K^*} g(x) \bullet \mathrm{d}\,x &= \int_a^b g(C^*(t)) \bullet \tfrac{\mathrm{d}}{\mathrm{d}\,t}(C^*(t))\,\mathrm{d}\,t = \int_{t=a}^{t=b} g(C(s(t))) \bullet C'(s)\,\tfrac{\mathrm{d}\,s}{\mathrm{d}\,t}\,\mathrm{d}\,t \\ &= \int_{s=b}^{s=a} g(C(s)) \bullet C'(s)\,\mathrm{d}\,s = -\int_K g(x) \bullet \mathrm{d}\,x\,. \end{aligned}$$

Wenn man den Durchlaufungssinn umkehrt, ändert sich also das Vorzeichen des Kurvenintegrals.

5.3.8 Definition. Eine Kurve K mit Parametrisierung $C\colon [a,b] \to K$ heißt *geschlossen*, wenn Anfangs- und Endpunkt zusammenfallen: $C(a) = C(b)$.

Um anzudeuten, dass über eine geschlossene Kurve integriert wird, schreibt man

$$\oint_K g(x) \bullet \mathrm{d}\,x := \int_K g(x) \bullet \mathrm{d}\,x$$

und nennt dies ein *Umlaufintegral*.

5.3.9 Bemerkung. Geschlossene Kurven können wir eventuell doppelpunktfrei parametrisieren (im Sinne von 5.1.3: also mit einer Parametrisierung $C\colon [a,b] \to \mathbb{R}^n$ so, dass die Einschränkung $C|_{[a,b)}\colon [a,b) \to K\colon t \mapsto C(t)$ injektiv ist und sich erst bei $C(b) = C(a)$ wiederholt). In diesem Fall kann man das Umlaufintegral immer noch ohne Zerlegung der Kurve berechnen.

Vorsicht muss man aber beim *Umlaufsinn* (Durchlaufungssinn) walten lassen!

5.3.10 Satz. *Es sei* $D = D^\circ \subsetneqq \mathbb{R}^n$, *und es sei* $g\colon D \to \mathbb{R}^n$ *ein stetiges Vektorfeld. Außerdem sei* $C\colon [a,b] \to D$ *eine reguläre Parametrisierung einer Kurve* K *in* D. *Ist* g *ein Gradientenfeld, so hängt das Kurvenintegral nur vom Anfangs- und Endpunkt ab: Für jedes Potential* U *mit* $\operatorname{grad} U = g$ *gilt*

$$\int_K g(x) \bullet \mathrm{d}\,x = \int_a^b g(C(t)) \bullet C'(t)\ \mathrm{d}\,t = U(C(b)) - U(C(a))\,.$$

Mit anderen Worten: Kurvenintegrale bezüglich Gradientenfeldern sind wegunabhängig.

Beweis. Nach der Kettenregel 4.8.3 hat die Funktion

$$U \circ C\colon [a,b] \to \mathbb{R}\colon t \mapsto U(C(t))$$

die Ableitung

$$\frac{\mathrm{d}}{\mathrm{d}\,t}(U \circ C)(t) = \mathrm{J}U\,(C(t))\ C'(t) = \operatorname{grad} U(C(t)) \bullet C'(t) = g(C(t)) \bullet C'(t)\,.$$

Daraus folgt die Behauptung. □

5.3.11 Bemerkungen. Die Formel in 5.3.10 rechtfertigt, jede Potentialfunktion eines Gradientenfelds als *Stammfunktion* dieses Vektorfelds zu bezeichen.

Außerdem kann man ein Potential U zum Gradientenfeld g ermitteln, indem man $p \in D$ fest wählt, zu $q \in D$ jeweils eine Kurve K_q von p nach q durch $w_q\colon [a,b] \to D$ parametrisiert und dann

$$(\mathrm{J}) \qquad U(q) := \int_{K_q} g(x) \bullet \mathrm{d}\,x = \int_a^b g(w_q(t)) \bullet w_q'(t)\ \mathrm{d}\,t$$

berechnet. So erhält man ein Potential U mit $U(p) = 0$. Dass diese Berechnung von $U(q)$ nicht von der Wahl der Kurve K_q abhängt, folgt aus 5.3.10.

Als Kurven K_q wählt man oft „Haken", die jeweils stückweise parallel zu einer Koordinatenachse verlaufen. In diesem Fall nennt man die in (J) verwendete Formel für $U(q)$ ein *Hakenintegral*. Beispiele solcher Hakenintegrale findet man in 5.3.16 — dort wird das Kurvenintegral aber vom Weg abhängen.

5.3.12 Beispiel. Das Vektorfeld

$$g\colon \mathbb{R}^3 \to \mathbb{R}^3\colon \begin{pmatrix} x_1 \\ x_2 \\ x_3 \end{pmatrix} \mapsto \begin{pmatrix} 2\,x_1\,x_2^3\,x_3 \\ 3\,x_1^2\,x_2^2\,x_3 \\ x_1^2\,x_2^3 \end{pmatrix}$$

erfüllt $\operatorname{rot} g = 0$, und der Definitionsbereich ist einfach zusammenhängend. Nach 5.2.4 ist g ein Gradientenfeld. Eine Potentialfunktion ist

$$U\colon \mathbb{R}^3 \to \mathbb{R}\colon \begin{pmatrix} x_1 \\ x_2 \\ x_3 \end{pmatrix} \mapsto x_1^2\,x_2^3\,x_3\,.$$

Für jede stückweise regulär parametrisierte Kurve K von $P := (1,-1,2)^\mathsf{T}$ nach $Q := (-3,2,5)^\mathsf{T}$ erhalten wir

$$\int_K g(x) \bullet \mathrm{d}\,x = U(Q) - U(P) = 9 \cdot 8 \cdot 5 - 1 \cdot (-1) \cdot 2 = 362\,.$$

5.3.13 Beispiel. Das Vektorfeld

$$g\colon \mathbb{R}^2 \smallsetminus \left\{\begin{pmatrix} 0 \\ 0 \end{pmatrix}\right\} \to \mathbb{R}^2\colon \quad \begin{pmatrix} u \\ v \end{pmatrix} \mapsto \begin{pmatrix} \dfrac{u\,v}{\sqrt{u^2+v^2}} \\[2ex] \dfrac{u^2+2\,v^2}{\sqrt{u^2+v^2}} \end{pmatrix}$$

haben wir bereits in 5.3.5 betrachtet. Ein Potential zu g ist

$$U\colon \mathbb{R}^2 \smallsetminus \left\{\begin{pmatrix} 0 \\ 0 \end{pmatrix}\right\} \to \mathbb{R}\colon \quad \begin{pmatrix} u \\ v \end{pmatrix} \mapsto v\,\sqrt{u^2+v^2}\,.$$

Mit 5.3.10 erhalten wir für *jede* Kurve K von $A := \frac{1}{2}\begin{pmatrix} \sqrt{2} \\ \sqrt{2} \end{pmatrix}$ nach $B := -\frac{1}{2}\begin{pmatrix} \sqrt{2} \\ \sqrt{2} \end{pmatrix}$:

$$\int_K g(x) \bullet \mathrm{d}\,x = U(B) - U(A) = -\frac{\sqrt{2}}{2} - \frac{\sqrt{2}}{2} = -\sqrt{2}\,.$$

5.3.14 Folgerung. *Besitzt ein Vektorfeld g eine Potentialfunktion, so wird jedes Umlaufintegral längs einer geschlossenen, stückweise regulär parametrisierten Kurve gleich Null.*

Umgekehrt gilt: Gibt es im Definitionsgebiet des Vektorfelds eine geschlossene, stückweise regulär parametrisierte Kurve K mit

$$\oint_K g(x) \bullet \mathrm{d}\,x \neq 0\,,$$

so kann kein Potential für g existieren.

5.3.15 Beispiel. Wir betrachten das Vektorfeld

$$g \colon \mathbb{R}^2 \setminus \left\{ \begin{pmatrix} 0 \\ 0 \end{pmatrix} \right\} \to \mathbb{R}^2 \colon \quad \begin{pmatrix} u \\ v \end{pmatrix} \mapsto \begin{pmatrix} \dfrac{-v}{u^2+v^2} \\ \dfrac{u}{u^2+v^2} \end{pmatrix}$$

Der Definitionsbereich ist nicht einfach zusammenhängend, aber wir können Potentiale auf geeigneten Teilmengen angeben:
Auf $\{\binom{u}{v} \in \mathbb{R}^2 \mid u \neq 0\}$ ist etwa $\binom{u}{v} \mapsto \arctan\left(\frac{v}{u}\right)$ ein Potential für g, auf der Menge $\{\binom{u}{v} \in \mathbb{R}^2 \mid v \neq 0\}$ können wir $\binom{u}{v} \mapsto -\arctan\left(\frac{u}{v}\right)$ nehmen.
Für jede geschlossene, stückweise regulär parametrisierte Kurve K, die eine der Koordinatenachsen meidet, gilt also

$$\oint_K g(x) \bullet \mathrm{d}\,x = 0\,.$$

Wir können dies sogar noch erweitern: Wegen

$$\frac{\mathrm{d}}{\mathrm{d}\,v}\left(\frac{-v}{u^2+v^2}\right) = \frac{v^2-u^2}{(u^2+v^2)^2} = \frac{\mathrm{d}}{\mathrm{d}\,u}\left(\frac{u}{u^2+v^2}\right)$$

besitzt das Vektorfeld g auf jedem *einfach zusammenhängenden* Teilgebiet von $\mathbb{R}^2 \setminus \left\{\binom{0}{0}\right\}$ ein Potential, vgl. 5.2.4. Solche einfach zusammenhängenden Gebiete können recht kurios aussehen:

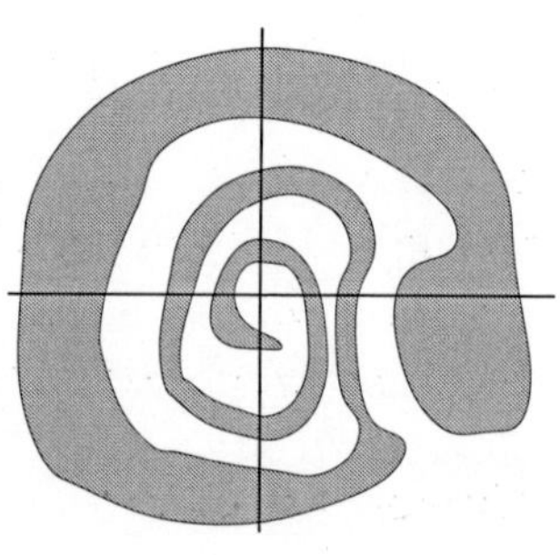

Wir parametrisieren den Einheitskreis K_1:

$$C\colon [0,2\pi] \to \mathbb{R}^2\colon t \mapsto \begin{pmatrix} \cos t \\ \sin t \end{pmatrix}.$$

Es gilt

$$\begin{aligned} g(C(t)) \bullet C'(t) &= \frac{1}{(\cos t)^2 + (\sin t)^2} \begin{pmatrix} -\sin t \\ \cos t \end{pmatrix} \bullet \begin{pmatrix} -\sin t \\ \cos t \end{pmatrix} \\ &= (-\sin t)^2 + (\cos t)^2 = 1 \end{aligned}$$

und damit

$$\oint_{K_1} g(x) \bullet \mathrm{d}\,x = \int_0^{2\pi} g(C(t)) \bullet C'(t)\ \mathrm{d}\,t = \int_0^{2\pi} 1\ \mathrm{d}\,t = 2\pi\,.$$

Dieses Umlaufintegral wird also nicht Null, und auf keinem Gebiet, das den Einheitskreis enthält, gibt es ein Potential für das betrachtete Vektorfeld g: Insbesondere nicht auf $\mathbb{R}^2 \smallsetminus \left\{\binom{0}{0}\right\}$.
Wir wollen den Verlauf der Potentialfunktion

$$U\colon \left\{ \binom{u}{v} \in \mathbb{R}^2 \,\middle|\, u \neq 0 \right\} \to \mathbb{R}\colon \binom{u}{v} \mapsto \arctan\left(\frac{v}{u}\right)$$

verdeutlichen. Statt des vollen (unbeschränkten) Definitionsbereichs zeichnen wir in den folgenden Bildern nur den Teil, der im Innern eines Kreises um den Ursprung liegt.

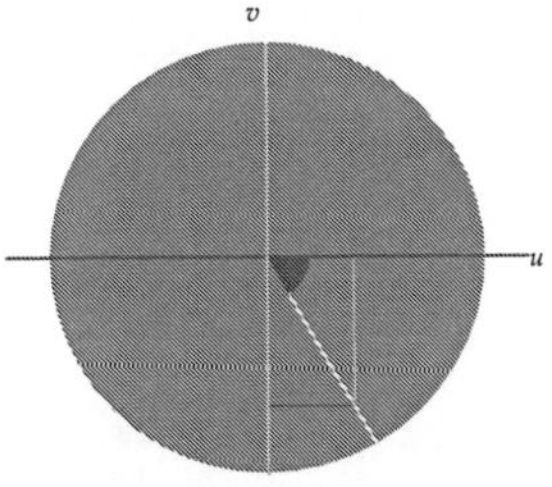

Es gilt $\frac{v}{u} = \frac{\sin\varphi}{\cos\varphi} = \tan\varphi$ für den markierten Winkel φ.
Wir erhalten $U(u,v) = \varphi$ für alle $\binom{u}{v} \in \mathbb{R}^2$ mit $u > 0$.
Das geht gut, weil wir die Umkehrfunktion arctan zu tan *geeignet* gewählt haben (siehe 2.3.4).
In diesem Bereich läuft dann φ von $-\frac{1}{2}\pi$ bis $\frac{1}{2}\pi$.

Was heißt *„geeignet"* für die Umkehrfunktion?
Die Einschränkung $f\colon (-\frac{1}{2}\pi, \frac{1}{2}\pi) \to \mathbb{R}\colon \varphi \mapsto \tan\varphi$ ist bijektiv und hat eine Umkehrfunktion: $f^{-1}\colon \mathbb{R} \to (-\frac{1}{2}\pi, \frac{1}{2}\pi)\colon x \mapsto \arctan(x)$.

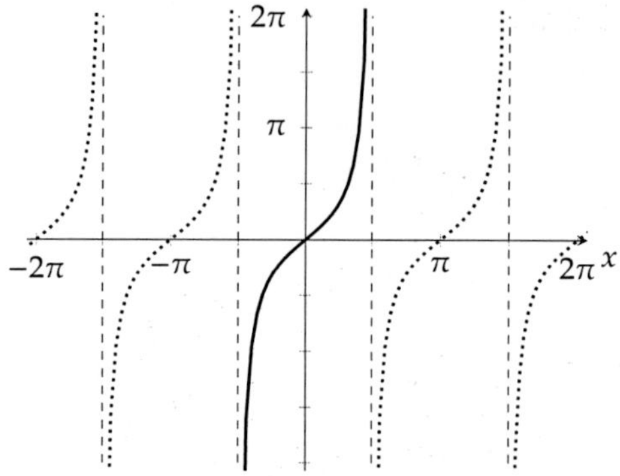

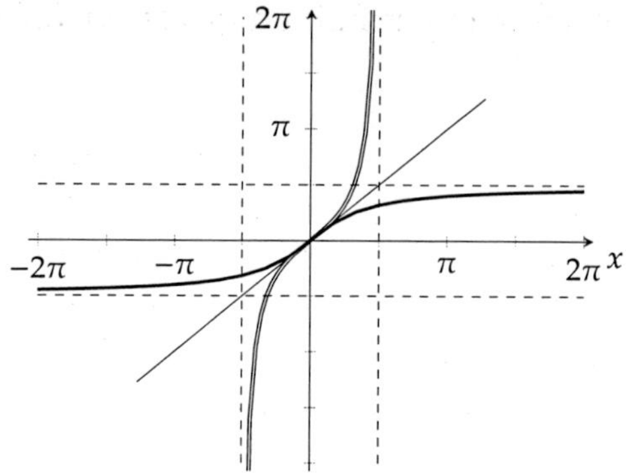

Wenn wir den Winkel φ über $\frac{1}{2}\pi$ hinaus bis $\frac{3}{2}\pi$ laufen lassen, durchlaufen wir die linke Hälfte des Definitionsgebietes. Dabei wiederholen sich die Werte für $\frac{v}{u} = \frac{-v}{-u} = \tan\varphi = \tan(\varphi + \pi)$.

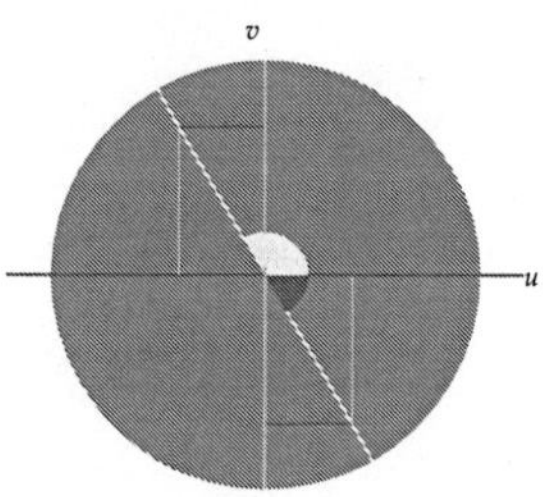

Die durch $U(u, v) = \arctan(\frac{v}{u})$ gegebene Potentialfunktion U ist also auf jeder Geraden durch den Ursprung *konstant*:
Die Schnitte dieser Geraden mit dem Definitionsbereich sind Niveaulinien von U (*Äquipotentiallinien*).

Beim Übergang über die Definitionslücke ($u = 0$) „springt" der Wert des Potentials zwischen $-\frac{1}{2}\pi$ und $\frac{1}{2}\pi$ [weil tan die Periode π hat].
Wenn wir auf der linken Hälfte unser Potential um π nach oben verschieben, schließt sich dieser Teil auf der *positiven* Hälfte der v-Achse gut an die rechte Hälfte an. Explizit setzen wir

$$\tilde{U}\begin{pmatrix} u \\ v \end{pmatrix} := \begin{cases} \arctan(\frac{v}{u}) & , \quad \text{falls } u > 0, \\ \frac{1}{2}\pi & , \quad \text{falls } u = 0 \text{ und } v > 0, \\ \pi + \arctan(\frac{v}{u}) & , \quad \text{falls } u < 0. \end{cases}$$

Damit erhalten wir eine Potentialfunktion $\tilde{U} \colon \mathbb{R}^2 \setminus \left\{ \begin{pmatrix} 0 \\ v \end{pmatrix} \,\middle|\, v \leqq 0 \right\} \to \mathbb{R}$.

Diese Funktion $\tilde{U}$ ist stetig (sogar differenzierbar), es gibt aber keine stetige

Fortsetzung auf einen größeren Teil der Ebene.

Wir verschieben die Andeutung des Definitionsbereichs um $\frac{1}{2}\pi$ nach unten (aus dem Weg), und bauen dann den Graphen des neuen Potentials $\tilde{U}$ auf— *am Ende bleibt immer noch ein Sprung:*

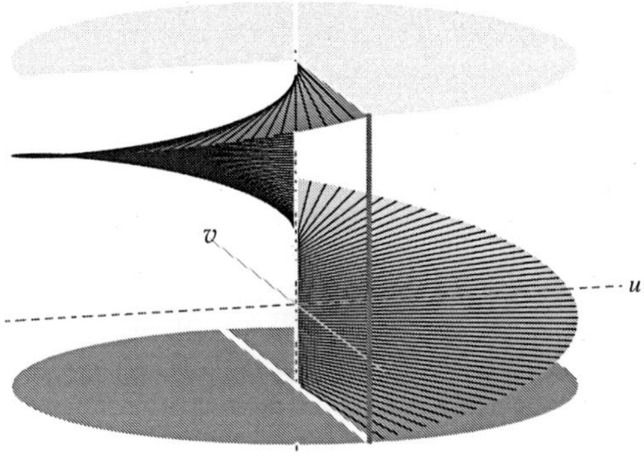

Man könnte die Wendelfläche jetzt noch weiter schrauben — aber das ist dann nicht mehr der Graph einer *Funktion* ...

5.3.16 Vertiefung des Beispiels. Außer dem eben betrachteten Vektorfeld

$$g\colon \mathbb{R}^2 \setminus \left\{\begin{pmatrix} 0 \\ 0 \end{pmatrix}\right\} \to \mathbb{R}^2\colon \quad \begin{pmatrix} u \\ v \end{pmatrix} \mapsto \frac{1}{u^2+v^2}\begin{pmatrix} -v \\ u \end{pmatrix}$$

betrachten wir das Vektorfeld

$$f\colon \mathbb{R}^2 \to \mathbb{R}^2\colon \quad \begin{pmatrix} u \\ v \end{pmatrix} \mapsto \begin{pmatrix} -v \\ u \end{pmatrix}.$$

Diese beiden Felder wollen wir integrieren entlang Kurven mit folgenden Parametrisierungen:

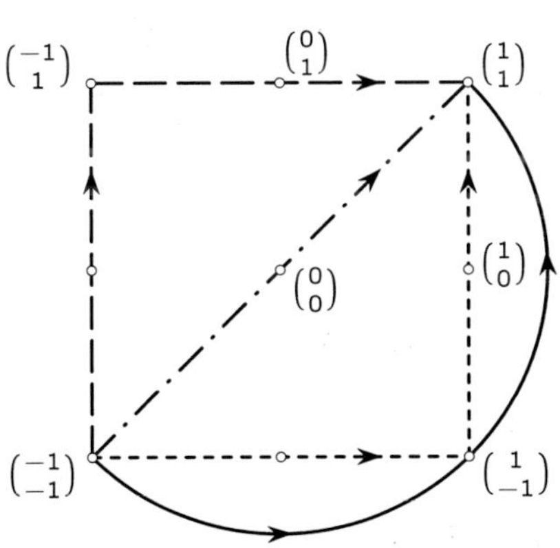

$$R_1\colon \quad [0,1] \to \mathbb{R}^2\colon t \mapsto \binom{-1}{-1} + t\binom{2}{0} = \binom{2t-1}{-1}$$

$$R_2\colon \quad [0,1] \to \mathbb{R}^2\colon t \mapsto \binom{1}{-1} + t\binom{0}{2} = \binom{1}{2t-1}$$

$$L_1\colon \quad [0,1] \to \mathbb{R}^2\colon t \mapsto \binom{-1}{-1} + t\binom{0}{2} = \binom{-1}{2t-1}$$

$$L_2\colon \quad [0,1] \to \mathbb{R}^2\colon t \mapsto \binom{-1}{1} + t\binom{2}{0} = \binom{2t-1}{1}$$

$$K\colon \left[-\tfrac{3}{4}\pi, \tfrac{1}{4}\pi\right] \to \mathbb{R}^2\colon t \mapsto \sqrt{2}\binom{\cos(t)}{\sin(t)}$$

$$M\colon \quad [-1,1] \to \mathbb{R}^2\colon t \mapsto t\binom{1}{1}$$

Dabei können wir das Feld g wegen der Definitionslücke im Ursprung nicht ohne Weiteres über die von M parametrisierte Kurve integrieren:
Hier wären uneigentliche Integrale zu betrachten. Da diese hier nicht konvergieren, lassen wir die Finger davon.

Für den Weg R „rechts um die Ecke“ von $(-1,-1)^\top$ nach $(1,1)^\top$ rechnen wir

$$\begin{aligned}
\int_R g(x) \bullet \mathrm{d}\,x &= \int_{R_1([0,1])} g(x) \bullet \mathrm{d}\,x + \int_{R_2([0,1])} g(x) \bullet \mathrm{d}\,x \\
&= \int_0^1 g(R_1(t)) \bullet R_1'(t)\ \mathrm{d}\,t + \int_0^1 g(R_2(t)) \bullet R_2'(t)\ \mathrm{d}\,t \\
&= \int_0^1 \frac{\binom{1}{2t-1} \bullet \binom{2}{0}}{(2t-1)^2 + (-1)^2}\ \mathrm{d}\,t + \int_0^1 \frac{\binom{-(2t-1)}{1} \bullet \binom{0}{2}}{1 + (2t-1)^2}\ \mathrm{d}\,t \\
&= \int_0^1 \frac{2+2}{4t^2 - 4t + 2}\ \mathrm{d}\,t = \int_0^1 \frac{1}{t^2 - t + \frac{1}{2}}\ \mathrm{d}\,t\,.
\end{aligned}$$

Solche Integrale haben wir in 3.4.9 berechnet: Mit $\beta = -1$ und $\gamma = \frac{1}{2}$ erhalten wir $\Delta = \gamma - \frac{\beta^2}{4} = \frac{1}{4}$ und damit

$$\begin{aligned}
\int_R g(x) \bullet \mathrm{d}\,x &= \left[\frac{1}{\sqrt{\Delta}} \arctan\left(\frac{t + \frac{\beta}{2}}{\sqrt{\Delta}} \right) \right]_0^1 = \Big[2 \arctan(2t-1)\Big]_0^1 \\
&= 2\,(\arctan(1) - \arctan(-1)) = \pi\,.
\end{aligned}$$

Für den Weg L „links um die Ecke“ von $(-1,-1)^\top$ nach $(1,1)^\top$ erhalten wir ganz analog

$$\begin{aligned}
\int_L g(x) \bullet \mathrm{d}\,x &= \int_{L_1([0,1])} g(x) \bullet \mathrm{d}\,x + \int_{L_2([0,1])} g(x) \bullet \mathrm{d}\,x \\
&= \int_0^1 \frac{-2-2}{4t^2 - 4t + 2}\ \mathrm{d}\,t = \int_0^1 \frac{-1}{t^2 - t + \frac{1}{2}}\ \mathrm{d}\,t = -\pi\,.
\end{aligned}$$

Die beiden bis jetzt berechneten Integrale nennt man (wegen der Form der Kurven R bzw. L) *Hakenintegrale*.

Offenbar hängt der Wert des Kurvenintegrals davon ab, auf welcher „Seite“ man um die Definitionslücke herum geht. Da das Vektorfeld g *wirbelfrei* ist, hängt der Wert des Integrals *nicht* vom Weg ab, so lange wir auf derselben Seite der Lücke bleiben: Die Integrationswege liegen dann beide innerhalb eines *einfach zusammenhängenden* Teilgebiets des Definitionsbereichs.

In der Tat ergibt sich beispielsweise bei Integration längs $K([-\frac{3}{4}\pi, \frac{1}{4}\pi])$ (also „rechts herum“):

$$\int\limits_{K([-\frac{3}{4}\pi,\frac{1}{4}\pi])} g(x)\bullet \mathrm{d}x = \int\limits_{-\frac{3\pi}{4}}^{\frac{\pi}{4}} g(K(t))\bullet K'(t)\,\mathrm{d}t = \int\limits_{-\frac{3\pi}{4}}^{\frac{\pi}{4}} \frac{2\begin{pmatrix}-\sin(t)\\ \cos(t)\end{pmatrix}\bullet\begin{pmatrix}-\sin(t)\\ \cos(t)\end{pmatrix}}{2(\cos(t)^2+\sin(t)^2)}\,\mathrm{d}t$$

$$= \int\limits_{-\frac{3\pi}{4}}^{\frac{\pi}{4}} 1\,\mathrm{d}t = \pi = \int\limits_{R} g(x)\bullet \mathrm{d}x\,.$$

Das Vektorfeld f ist *nicht wirbelfrei*: Es gilt ja $\operatorname{rot} f\binom{u}{v} = \frac{\mathrm{d}f_2}{\mathrm{d}u}\binom{u}{v} - \frac{\mathrm{d}f_1}{\mathrm{d}v}\binom{u}{v} = 1-(-1) = 2$. Deswegen können Kurvenintegrale dieses Feldes auch im einfach zusammenhängenden Definitionsgebiet $\mathbb{R}^2$ vom gewählten Weg abhängen. In der Tat gilt

$$\int_R f(x)\bullet \mathrm{d}x = \int_0^1 \begin{pmatrix}1\\ 2t-1\end{pmatrix}\bullet\begin{pmatrix}2\\ 0\end{pmatrix}\mathrm{d}t + \int_0^1 \begin{pmatrix}-2t+1\\ 1\end{pmatrix}\bullet\begin{pmatrix}0\\ 2\end{pmatrix}\mathrm{d}t$$

$$= \int_0^1 (2+2)\,\mathrm{d}t = 4\,.$$

$$\int_L f(x)\bullet \mathrm{d}x = \int_0^1 \begin{pmatrix}-2t+1\\ -1\end{pmatrix}\bullet\begin{pmatrix}0\\ 2\end{pmatrix}\mathrm{d}t + \int_0^1 \begin{pmatrix}-1\\ 2t-1\end{pmatrix}\bullet\begin{pmatrix}2\\ 0\end{pmatrix}\mathrm{d}t$$

$$= \int_0^1 (-2-2)\,\mathrm{d}t = -4\,.$$

$$\int\limits_{K([-\frac{3}{4}\pi,\frac{1}{4}\pi])} f(x)\bullet \mathrm{d}x = \int_{-\frac{3\pi}{4}}^{\frac{\pi}{4}} \sqrt{2}\begin{pmatrix}-\sin(t)\\ \cos(t)\end{pmatrix}\bullet\sqrt{2}\begin{pmatrix}-\sin(t)\\ \cos(t)\end{pmatrix}\mathrm{d}t = 2\pi\,.$$

$$\int\limits_{M([-1,1])} f(x)\bullet \mathrm{d}x = \int_{-1}^{1} \begin{pmatrix}-t\\ t\end{pmatrix}\bullet\begin{pmatrix}1\\ 1\end{pmatrix}\mathrm{d}t = 0\,.$$

Wir wollen Kurvenintegrale benutzen, um Potentialfunktionen zu bestimmen. Dabei setzen wir die *Existenz* eines Potentials voraus (diese wird durch abstrakte Kriterien wie 5.1.5 gesichert). Wir wollen das Potential berechnen, indem wir über geeignete Kurven integrieren. Dabei benutzen wir notfalls Kurven, die nur stückweise regulär sind.

5.3.17 Bestimmung des Potentials durch Kurvenintegrale.
Es sei $g\colon D \to \mathbb{R}^n$ ein Gradientenfeld auf einem Gebiet $D \subseteq \mathbb{R}^n$. Wir legen einen Punkt $q_0 \in D$ als Startpunkt fest. Für jeden Punkt $q \in D$ sei eine (stückweise regulär parametrisierte) Kurve K_q ausgewählt, die in D von q_0 nach q verläuft. Dann wird durch

$$U\colon D \to \mathbb{R}\colon q \mapsto \int_{K_q} g(x) \bullet \mathrm{d}\,x$$

ein Potential für g definiert.

Beweis. Da das Integral $\int_{K_q} g(x) \bullet \mathrm{d}\,x$ nicht vom gewählten Weg K_q, sondern nur vom Anfangspunkt q_0 und dem Endpunkt q abhängt, hängt unsere Definition von U nur von der Wahl des Startpunkts q_0, aber nicht wirklich von den explizit benutzten Wegen ab.
Es sei $P\colon D \to \mathbb{R}$ ein Potential zu g.
[Dies existiert, weil wir g als Gradientenfeld vorausgesetzt haben.]
Dann gilt für jeden Punkt $q \in D$ und jede stückweise regulär parametrisierte Kurve K_q, die in D von q_0 nach q verläuft:

$$P(q) - P(q_0) = \int\limits_{K_q} g(x) \bullet \mathrm{d}\,x = U(q)\,.$$

Also unterscheidet sich U von dem Potential P nur um eine additive Konstante, und ist damit selbst ein Potential. □

5.3.18 Beispiel. Wir betrachten das Feld

$$g\colon \mathbb{R}^2 \to \mathbb{R}^2\colon \begin{pmatrix} u \\ v \end{pmatrix} \mapsto \begin{pmatrix} v \\ u + v^2 \end{pmatrix}.$$

Es gilt

$$\mathrm{J}g\begin{pmatrix} u \\ v \end{pmatrix} = \begin{pmatrix} 0 & 1 \\ 1 & 2v \end{pmatrix}.$$

Da das Feld g wirbelfrei und der Definitionsbereich $\mathbb{R}^2$ einfach zusammenhängend ist, ist g ein Gradientenfeld.

Wir wählen als Startpunkt $q_0 := \begin{pmatrix} 1 \\ 0 \end{pmatrix}$ und betrachten für $q := \begin{pmatrix} a \\ b \end{pmatrix} \in \mathbb{R}^2$ die Wege

$$H_a\colon [0,1] \to \mathbb{R}^2\colon \quad t \mapsto \begin{pmatrix} 1 + t\,(a-1) \\ 0 \end{pmatrix}$$

$$V_{(a,b)}\colon [0,1] \to \mathbb{R}^2\colon \quad t \mapsto \begin{pmatrix} a \\ t\,b \end{pmatrix}$$

$$D_{(a,b)}\colon [0,1] \to \mathbb{R}^2\colon \quad t \mapsto q_0 + t\,(q - q_0) = \begin{pmatrix} 1 + t\,(a-1) \\ t\,b \end{pmatrix}.$$

Die von den Wegen H_a und $V_{(a,b)}$ parametrisierten Kurven K_a bzw. K_a^b verbinden q_0 mit $(a,0)^\top$ bzw. $(a,0)^\top$ mit q. Damit erhalten wir eine stückweise regulär parametrisierte Kurve K_q, die q_0 mit q verbindet, indem wir K_a und K_a^b aneinandersetzen.
Der Weg $D_{(a,b)}$ parametrisiert eine Kurve L_q, die q_0 direkt mit q verbindet. Das gesuchte Potential erhalten wir jetzt z. B. als Hakenintegral:

$$\begin{aligned} U(q) &:= \int_{K_q} g(x) \bullet \mathrm{d}\,x \\ &= \int_{K_a} g(x) \bullet \mathrm{d}\,x + \int_{K_a^b} g(x) \bullet \mathrm{d}\,x \\ &= \int_0^1 g\,(H_a(t)) \bullet (H_a)'(t)\;\mathrm{d}\,t + \int_0^1 g\left(V_{(a,b)}(t)\right) \bullet (V_{(a,b)})'(t)\;\mathrm{d}\,t\,. \end{aligned}$$

Die beiden Teilintegrale berechnen wir als

$$\begin{aligned} \int_0^1 g\,(H_a(t)) \bullet (H_a)'(t)\;\mathrm{d}\,t &= \int_0^1 \begin{pmatrix} 0 \\ 1 + t\,(a-1) \end{pmatrix} \bullet \begin{pmatrix} a-1 \\ 0 \end{pmatrix} \mathrm{d}\,t \\ &= \int_0^1 0\;\mathrm{d}\,t \quad = \quad 0 \end{aligned}$$

sowie

$$\begin{aligned}\int_0^1 g\big(V_{(a,b)}(t)\big) \bullet (V_{(a,b)})'(t)\,\mathrm{d}\,t &= \int_0^1 \begin{pmatrix} t\,b \\ a + t^2\,b^2 \end{pmatrix} \bullet \begin{pmatrix} 0 \\ b \end{pmatrix} \mathrm{d}\,t \\ &= \int_0^1 a\,b + t^2\,b^3 \,\mathrm{d}\,t = \left[t\,a\,b + t^3\,\frac{b^3}{3} \right]_0^1 \\ &= a\,b + \frac{b^3}{3}\,.\end{aligned}$$

Wir erhalten also $U(q) = U\binom{a}{b} = a\,b + \frac{b^3}{3}$. Wenn wir den direkten Weg $D_{(a,b)}$ benutzen, rechnen wir

$$\begin{aligned}\int_0^1 g(D_{(a,b)}(t)) \bullet (D_{(a,b)})'(t)\,\mathrm{d}\,t &= \int_0^1 \begin{pmatrix} t\,b \\ 1 + t\,(a-1) + t^2\,b^2 \end{pmatrix} \bullet \begin{pmatrix} a-1 \\ b \end{pmatrix} \mathrm{d}\,t \\ &= \int_0^1 t\,b\,(a-1) + b + t\,(a-1)\,b + t^2\,b^3 \,\mathrm{d}\,t \\ &= \left[t^2\,b\,(a-1) + b\,t + t^3\,\frac{b^3}{3} \right]_0^1 = a\,b + \frac{b^3}{3}\,,\end{aligned}$$

und erhalten dasselbe Potential (wie erwartet).

5.4 Kurvenintegrale reellwertiger Funktionen

Wenn wir eine *reellwertige* Funktion in n Veränderlichen über eine Kurve in $\mathbb{R}^n$ integrieren wollen, brauchen wir nicht wie in 5.3.1 durch ein Skalarprodukt einen reellen Integranden zu erzeugen. Stattdessen integrieren wir das Produkt der Funktion mit dem *Betrag* des Geschwindigkeitsvektors (also der Ableitung der Parametrisierung) beim betreffenden Punkt auf der Kurve:

5.4.1 Definition. Es sei $D = D^\circ \subseteq \mathbb{R}^n$ und $C\colon [a,b] \to D$ eine reguläre und doppelpunktfreie Parametrisierung einer Kurve K in D. Außerdem betrachten wir eine Funktion $f\colon K \to \mathbb{R}$ derart, dass die Komposition $f \circ C\colon [a,b] \to \mathbb{R}$

stetig ist (das ist sicher der Fall, wenn f durch Einschränkung einer auf D stetigen Funktion entsteht). Dann heißt

$$\int_K f(s)\,\mathrm{d}s := \int_a^b f(C(t))\,|C'(t)|\,\mathrm{d}t$$

das *Kurvenintegral* von f längs K.

Hier ist s zu interpretieren als ein Punkt, der sich längs K bewegt. Das Symbol „$\mathrm{d}s$" nennt man *skalares Bogenelement*.

5.4.2 Spezialfall. Die *Länge* einer Kurve K bestimmt man mit Hilfe einer regulären und doppelpunktfreienParametrisierung $C\colon [a,b] \to K$ als

$$L(K) := \int_K 1\,\mathrm{d}s = \int_a^b |C'(t)|\,\mathrm{d}t\,.$$

5.4.3 Bemerkungen. Auch dieses Kurvenintegral einer reellwertigen Funktion hängt nicht von der Parametrisierung der Kurve ab [weil diese doppelpunktfrei ist]. Im Unterschied zum Kurvenintegral für Vektorfelder in 5.3.1 hängt das jetzt betrachtete Integral auch nicht vom Durchlaufungssinn ab [weil wir den *Betrag* der Ableitung C' verwenden].

Bei Umlaufintegralen muss man die Unabhängigkeit von der Parametrisierung der (dann geschlossenen) Kurve präzisieren:

5.4.4 Satz. *Es seien $B\colon [u,v] \to K$ und $C\colon [a,b] \to K$ reguläre Parametrisierungen einer geschlossenen Kurve K mit $B(u) = B(v)$ und $C(a) = C(b)$. Wird die Kurve bei beiden Parametrisierungen gleich oft durchlaufen (sind also für jedes $t_0 \in [a,b]$ die Mengen $\{t \in (a,b) \mid C(t) = C(t_0)\}$ und $\{\tilde{t} \in (u,v) \mid B(\tilde{t}) = C(t_0)\}$ gleich groß), so gilt*

$$\int_a^b f(C(t))\,|C'(t)|\,\mathrm{d}t = \int_u^v f(B(\tilde{t}))\,|B'(\tilde{t})|\,\mathrm{d}\tilde{t}\,.$$

(Wenn man die Länge $L(K)$ kennt, kann man aus $\frac{1}{L(K)} \int_a^b |C'(t)|\,\mathrm{d}t$ die Anzahl der Umläufe um K ermitteln.)

5.4.5 Rechenregeln. *Es sei K eine regulär parametrisierbare Kurve, und es seien f und g stetige Funktionen auf K. Dann gilt für alle $c \in \mathbb{R}$:*

1. $\int_K c\,f(s)\,\mathrm{d}s = c\int_K f(s)\,\mathrm{d}s$.
2. $\int_K (f+g)(s)\,\mathrm{d}s = \int_K f(s)\,\mathrm{d}s + \int_K g(s)\,\mathrm{d}s$.

5.4.6 Mittelwertsatz für Kurvenintegrale. *Zu jeder regulär und doppelpunktfrei parametrisierbaren Kurve K und jeder auf K stetigen Funktion f gibt es einen Punkt $m \in K$ derart, dass gilt:*

$$\int_K f(s)\,\mathrm{d}s = f(m)\,L(K)\,.$$

Beweis. Wir wählen eine reguläre und doppelpunktfreieParametrisierung $C\colon [a,b] \to K$, dann gilt

$$\int_K f(s)\,\mathrm{d}s = \int_a^b f(C(t))\,|C'(t)|\,\mathrm{d}t\,.$$

Wir setzen $h(t) := f(C(t))$ und $g(t) := |C'(t)|$; damit haben wir stetige reellwertige Funktionen h und g mit $g(t) > 0$ für alle $t \in [a,b]$ definiert. Nach dem erweiterten Mittelwertsatz der Integralrechnung 3.6.4 gibt es $\xi \in [a,b]$ so, dass

$$\int_a^b h(t)\,g(t)\,\mathrm{d}t = h(\xi)\int_a^b g(t)\,\mathrm{d}t\,.$$

Mit $m := C(\xi)$ folgt die Behauptung. □

5.4.7 Anschauung. Das Kurvenintegral $\int_K f(s)\,\mathrm{d}s$ einer reellwertigen Funktion f beschreibt die *Fläche eines „Zaunes“*, der entlang der Kurve K errichtet ist:

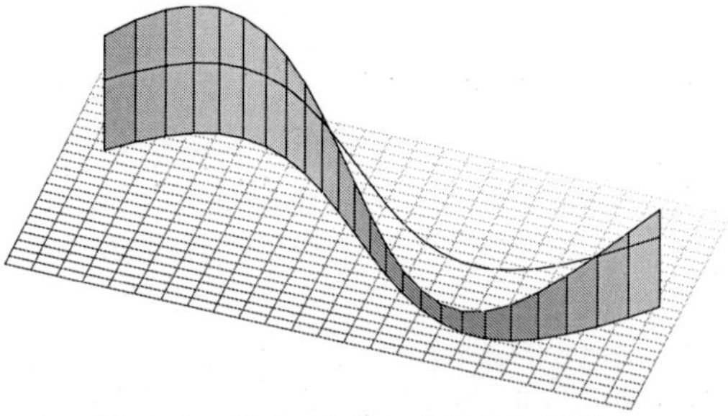

Die Höhe des Zauns im Punkt $P \in K$ ist dabei $f(P)$.

Der Mittelwertsatz besagt nicht nur, dass man den Zaun durch einen Zaun konstanter Höhe ersetzen kann, ohne die Fläche zu ändern, sondern dass diese konstante Höhe unter den Funktionswerten vorkommt.

(Die mittlere Höhe ist in der Skizze ebenfalls eingezeichnet, die Funktion f nimmt diese Höhe zweimal an.)

5.4.8 Beispiel. Es sei $K \subsetneq \mathbb{R}^n$ eine Kurve mit regulärer und doppelpunktfreier Parametrisierung $C\colon [a,b] \to K$. Dann ist der *normierte Tangentenvektor* $\frac{C'(t)}{|C'(t)|}$ bis auf sein Vorzeichen unabhängig von der Wahl der Parametrisierung. Für jedes stetige Vektorfeld $g\colon D \to \mathbb{R}^n$, dessen Definitionsbereich D die Kurve K enthält, definiert

$$f(C(t)) := g(C(t)) \bullet \frac{C'(t)}{|C'(t)|}$$

eine reellwertige Funktion $f\colon K \to \mathbb{R}$, die man *skalare Tangentialkomponente des Feldes* nennt. Es gilt

$$\begin{aligned}\int_K f(s)\,\mathrm{d}s &= \int_a^b g(C(t)) \bullet \frac{C'(t)}{|C'(t)|}\,|C'(t)|\,\mathrm{d}t \\ &= \int_a^b g(C(t)) \bullet C'(t)\,\mathrm{d}t \qquad = \int_K g(x) \bullet \mathrm{d}x\,.\end{aligned}$$

5.4.9 Zirkulation und Ausfluss. Wir beschreiben eine ebene Strömung durch ihr *Geschwindigkeitsfeld*: Dies ist ein Vektorfeld $g\colon D \to \mathbb{R}^2$ mit $D \subsetneq \mathbb{R}^2$. Wir wollen berechnen, wieviel (Volumen pro Zeiteinheit) der Flüssigkeit oder des Gases aus dem durch eine geschlossene Kurve K begrenzten Teil herausfließt (*Ausfluss durch* K) und wieviel an der Kurve entlang fließt (*Zirkulation längs* K).

Wir benutzen eine doppelpunktfreie und stückweisereguläre Parametrisierung

$$C\colon [a,b] \to K\colon t \mapsto C(t) = \begin{pmatrix} C_1(t) \\ C_2(t) \end{pmatrix}$$

und zerlegen den Vektor $g(P)$ an jedem Punkt $P = C(t)$ der Kurve in die Komponenten in Tangentenrichtung $\frac{1}{|C'(t)|}\,C'(t)$ bzw. orthogonal dazu, also in Richtung des Normalenvektors

$$n(t) := \frac{1}{\sqrt{(C_2'(t))^2 + (C_1'(t))^2}} \begin{pmatrix} C_2'(t) \\ -C_1'(t) \end{pmatrix} = \frac{1}{|C'(t)|} \begin{pmatrix} C_2'(t) \\ -C_1'(t) \end{pmatrix}.$$

Was uns wirklich interessiert, ist jeweils die *orientierte Länge* dieser Komponenten, diese erhalten wir als Skalarprodukt:

$$T(C(t)) := g(C(t)) \bullet \frac{1}{|C'(t)|}\,C'(t) \quad \text{bzw.} \quad N(C(t)) := g(C(t)) \bullet n(t)\,.$$

Man nennt

$$\begin{aligned} Z(g,K) &:= \int_K T(s)\,\mathrm{d}s \\ &= \int_a^b T(C(t))\,|C'(t)|\,\mathrm{d}t = \int_a^b g(C(t)) \bullet C'(t)\,\mathrm{d}t \end{aligned}$$

bzw.

$$\begin{aligned} A(g,K) &:= \int_K N(s)\,\mathrm{d}s \\ &= \int_a^b N(C(t))\,|C'(t)|\,\mathrm{d}t = \int_a^b g(C(t)) \bullet \begin{pmatrix} C_2'(t) \\ -C_1'(t) \end{pmatrix} \mathrm{d}t \end{aligned}$$

die *Zirkulation* $Z(g,K)$ von g längs bzw. den *Ausfluss* $A(g,K)$ von g durch K.

5.4.10 Bemerkung. Der Mittelwertsatz 5.4.6 liefert die Existenz von Stellen m_T und m_N auf der Kurve K mit

$$\int_K T(s)\,\mathrm{d}s = T(m_T)\,L(K) \qquad \text{und} \qquad \int_K N(s)\,\mathrm{d}s = N(m_N)\,L(K)\,.$$

Wir können etwa $N(m_N)$ als *mittleren Ausfluss* durch K interpretieren.

Wann immer ein (skalarer oder vektorieller) Wert sich *kontinuierlich* verändert — also in stetiger Abhängigkeit von einem reellen Parameter — kann man zur Mittelbildung nicht einfach die Definition des arithmetischen Mittelwerts benutzen: Man müsste ja unendlich viele Werte aufaddieren.

Statt dessen ist es üblich, ein Integral (wie beim mittleren Ausfluss) zu benutzen. Die Rolle der Division durch die Anzahl der aufsummierten Werte übernimmt dann die Division durch die Länge des Parameterintervalls oder — wenn die Parametrisierung die Länge verändert — die Länge der Kurve, über die man integriert.

Hier ist wichtig, dass unsere Formeln für die Kurvenintegrale die *Ableitung* der Parametrisierung (also die Geschwindigkeit, mit der die Kurve durchlaufen wird) in geeigneter Weise berücksichtigen. Dass die Formeln dies richtig modellieren, ist auch wesentlich dafür, dass man wirklich die Länge der Kurve auf die in 5.4.2 angegebene Weise berechnen kann.

5.4.11 Beispiel. Wir parametrisieren eine Ellipse K durch

$$C\colon [0,2\pi] \to \mathbb{R}^2\colon t \mapsto \begin{pmatrix} 2\cos t \\ \sin t \end{pmatrix}.$$

Dann gilt

$$C'(t) = \begin{pmatrix} -2\sin t \\ \cos t \end{pmatrix} \quad \text{und} \quad n(t) = \frac{1}{|C'(t)|}\begin{pmatrix} \cos t \\ 2\sin t \end{pmatrix}$$

Das Normalenfeld n zeigt nach *außen*, weil die Kurve im *mathematisch positiven Sinn* (also gegen den Uhrzeigersinn) durchlaufen wird:

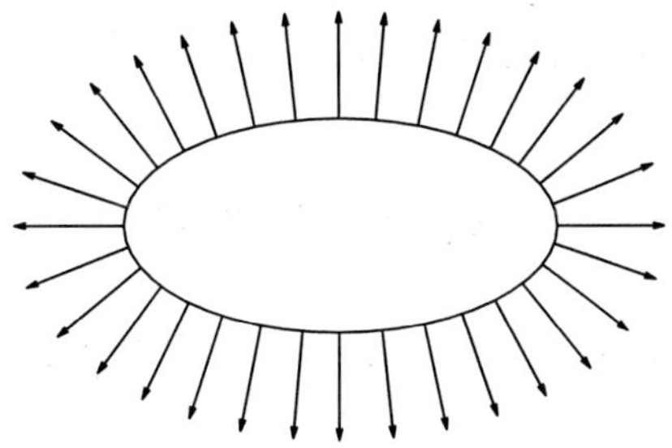

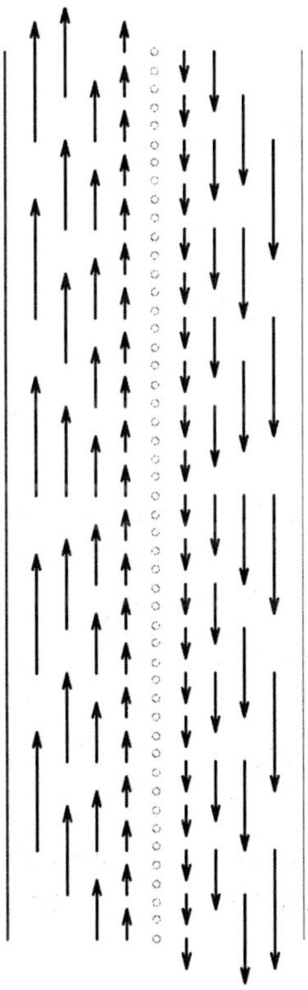

Das Geschwindigkeitsfeld der Strömung sei

$$g\colon \mathbb{R}^2 \to \mathbb{R}^2\colon \begin{pmatrix} u \\ v \end{pmatrix} \mapsto \begin{pmatrix} 0 \\ -u \end{pmatrix}.$$

Ein solches Feld kann etwa — näherungsweise — das Verhalten des Schmierfilms bei einer Gleitschmierung beschreiben: Es handelt sich hier um eine *Couette-Strömung*[a].

An jedem Punkt $P = C(t)$ der Ellipse zerlegen wir den Geschwindigkeitsvektor $g(P) = g(C(t))$ in die Komponenten $g_T(t) := T(C(t))\,\frac{C'(t)}{|C'(t)|}$ tangential und $g_N(t) = N(C(t))\,n(t)$ orthogonal zur Kurve:

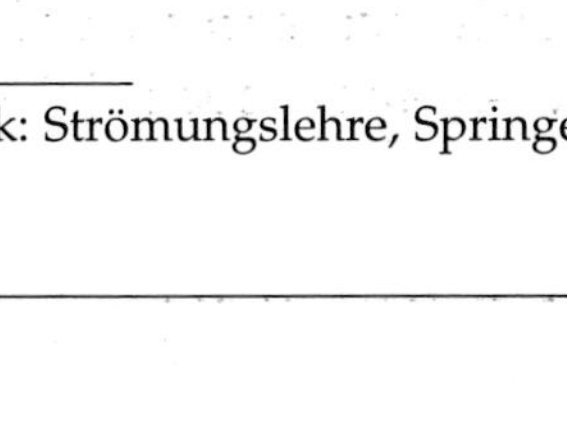

[a] vgl. etwa J. Spurk: Strömungslehre, Springer-Verlag 1987, Abschnitt 6.1.1.

Die folgenden Skizzen zeigen das Geschwindigkeitsfeld an ausgewählten Punkten der Kurve (links) sowie das Feld g_N (rechts):

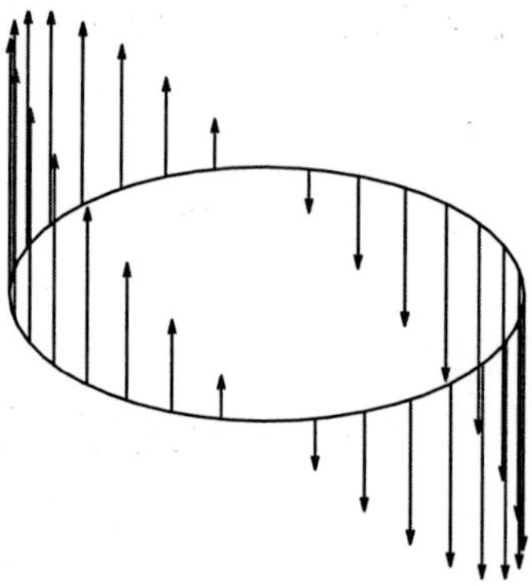

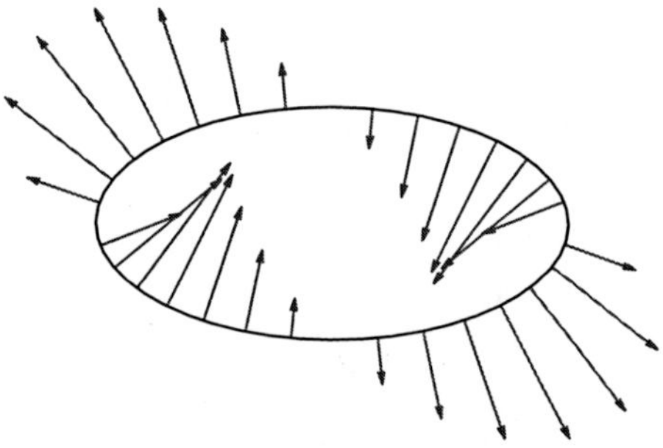

Der zur Tangente *orthogonale* Anteil des Flusses beschreibt den Ausfluss durch K: Wir berechnen den Gesamtausfluss als

$$\begin{aligned} A(g,K) &= \int_K N(s)\,\mathrm{d}s = \int_a^b g(C(t)) \bullet \begin{pmatrix} C_2'(t) \\ -C_1'(t) \end{pmatrix} \mathrm{d}t \\ &= \int_0^{2\pi} \begin{pmatrix} 0 \\ -2\cos t \end{pmatrix} \bullet \begin{pmatrix} \cos t \\ 2\sin t \end{pmatrix} \mathrm{d}t \\ &= \int_0^{2\pi} -4\,(\cos t)\,(\sin t)\,\mathrm{d}t = 0\,. \end{aligned}$$

Der Anteil des Flusses, der *tangential* zur Kurve läuft, liefert die Zirkulation von g längs K:

$$\begin{aligned} Z(g,K) &= \int_K T(s)\,\mathrm{d}s = \int_a^b g(C(t)) \bullet C'(t)\,\mathrm{d}t \\ &= \int_0^{2\pi} \begin{pmatrix} 0 \\ -2\cos t \end{pmatrix} \bullet \begin{pmatrix} -2\sin t \\ \cos t \end{pmatrix} \mathrm{d}t \\ &= \int_0^{2\pi} -2\,(\cos t)^2\,\mathrm{d}t = -2\pi\,. \end{aligned}$$

Man kann nachrechnen, dass sich die Zirkulation nicht ändert, wenn wir die Ellipse innerhalb des Gebiets der Couette-Strömung verschieben.

Die folgenden Skizzen zeigen das Tangentenfeld und den zirkulären Fluss g_T:

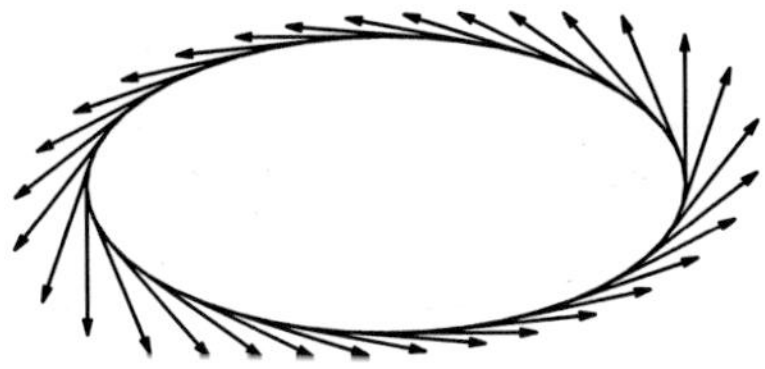

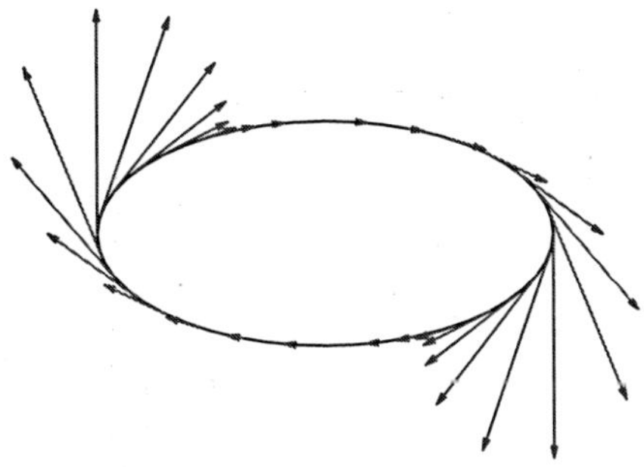

Der zirkuläre Fluss läuft *im Uhrzeigersinn*, also *gegen das Tangentenfeld*: das passt zum negativen Vorzeichen des berechneten Werts.

Der Wert der Zirkulation geht zum Beispiel ein in die Bestimmung der Querkraft (Auftriebskraft bei einem Tragflächenprofil K) oder bei der hier vorliegenden Couette-Strömung in die Bestimmung des Drehmoments, das auf einen begrenzten Teil des Mediums und damit auch auf ein in die Strömung eingebrachtes Objekt wirkt.

5.5 Feldlinien

5.5.1 Definition. Eine Kurve heißt *Feldlinie* zu einem Vektorfeld g, wenn der Vektor $g(P)$ in jedem Punkt $P \in K$ tangential zu K verläuft.

Wenn $C\colon [a,b] \to K$ eine reguläre Parametrisierung ist und $g(C(t)) \neq 0$ gilt, kann man die Bedingung an die Feldlinie so ausdrücken:

$$\forall\, t \in [a,b]: \quad \exists\, \rho_t \in \mathbb{R} \setminus \{0\}: \quad C'(t) = \rho_t\, g(C(t))\,.$$

In geeigneten Teilstücken der Kurve K können wir die Gleichung der Kurve „nach einer Variable auflösen“: Wir können für $a \in K$ schreiben

$$a = \begin{pmatrix} x \\ y(x) \end{pmatrix} \quad \text{bzw.} \quad a = \begin{pmatrix} x(y) \\ y \end{pmatrix}.$$

5.5.2 Satz. *Es sei*

$$C\colon [a,b] \to \mathbb{R}^2 : t \mapsto \begin{pmatrix} x(t) \\ y(t) \end{pmatrix}$$

eine reguläre Parametrisierung einer Feldlinie des Vektorfeldes

$$g\colon D \to \mathbb{R}^2 : \begin{pmatrix} x \\ y \end{pmatrix} \mapsto \begin{pmatrix} g_1\binom{x}{y} \\ g_2\binom{x}{y} \end{pmatrix}$$

Dann erfüllen die Komponentenfunktionen x und y von C die folgenden Differentialgleichungen:

$$\begin{aligned} & \frac{\mathrm{d}\,y}{\mathrm{d}\,x}(x_0) &=& \frac{g_2(x_0, y(x_0))}{g_1(x_0, y(x_0))} && \textit{falls } g_1(x_0, y(x_0)) \neq 0 \\ \textit{bzw.} \quad & \frac{\mathrm{d}\,x}{\mathrm{d}\,y}(y_0) &=& \frac{g_1(x(y_0), y_0)}{g_2(x(y_0), y_0)} && \textit{falls } g_2(x(y_0), y_0) \neq 0. \end{aligned}$$

Beweis. Wir wenden die Kettenregel 4.8.3 an auf $y(x(t))$:

$$y'(t_0) := \frac{\mathrm{d}\,y}{\mathrm{d}\,t}(t_0) = \frac{\mathrm{d}\,y}{\mathrm{d}\,x}\big(x(t_0)\big)\,\frac{\mathrm{d}\,x}{\mathrm{d}\,t}(t_0) =: \frac{\mathrm{d}\,y}{\mathrm{d}\,x}\big(x(t_0)\big)\,x'(t_0)\,.$$

Für alle t mit $x'(t) \neq 0$ folgt:

$$\frac{\mathrm{d}\,y}{\mathrm{d}\,x}\big(x(t)\big) = \frac{y'(t)}{x'(t)} = \frac{\rho_t\, g_2(C(t))}{\rho_t\, g_1(C(t))} = \frac{g_2(x(t), y(t))}{g_1(x(t), y(t))}\quad,$$

wie behauptet. Für alle t mit $y'(t) \neq 0$ ergibt sich analog die zweite Differentialgleichung. □

5.5.3 Beispiel. Für das Vektorfeld

$$g\colon \mathbb{R}^2 \to \mathbb{R}^2 : \begin{pmatrix} x \\ y \end{pmatrix} \mapsto \begin{pmatrix} -y \\ x \end{pmatrix}$$

erhalten wir die Differentialgleichung

$$\frac{\mathrm{d}\,y}{\mathrm{d}\,x} = -\frac{x}{y} \qquad \text{bzw.} \qquad y'(x)\,y(x) = -x\,.$$

Durch Integration beider Seiten erhalten wir

$$\frac{1}{2}\,y(x)^2 = -\frac{1}{2}\,x^2 + c\,.$$

Die Feldlinien erfüllen also

$$x^2 + y^2 = k$$

für Konstanten $k \in \mathbb{R}$: Das sind Kreise um den Ursprung.

5.5.4 Bemerkung. Um zeichnerisch eine erste Idee von den Feldlinien zu bekommen, skizziert man in Punkten P von geringem Abstand jeweils das „Linienelement“: also einen kurzen Pfeil oder Strich durch P in Richtung $g(P)$. Für das eben betrachtete Feld g sieht das etwa so aus:

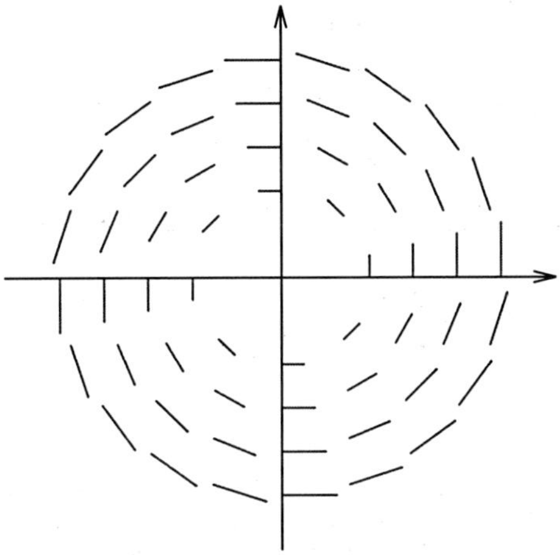

5.5.5 Warnung. Die Feldlinien sind weit davon entfernt, das Feld festzulegen: So liefern die Felder

$$h\colon\ \mathbb{R}^2 \setminus \left\{\begin{pmatrix}0\\0\end{pmatrix}\right\} \to \mathbb{R}^2\colon \begin{pmatrix}x\\y\end{pmatrix} \mapsto \frac{1}{x^2+y^2}\begin{pmatrix}-y\\x\end{pmatrix}$$

$$g\colon\ \mathbb{R}^2 \setminus \left\{\begin{pmatrix}0\\0\end{pmatrix}\right\} \to \mathbb{R}^2\colon \begin{pmatrix}x\\y\end{pmatrix} \mapsto \begin{pmatrix}-y\\x\end{pmatrix}$$

dieselben Feldlinien (nämlich Kreise). Das Feld h hat auf jedem einfach zusammenhängenden Teilgebiet von $\mathbb{R}^2 \setminus \left\{\left(\begin{smallmatrix}0\\0\end{smallmatrix}\right)\right\}$ ein Potential (vgl. 5.3.15: dort heißt dieses Feld g), während g in keinem Punkt die notwendige Bedingung $\frac{\partial g_1}{\partial y} = \frac{\partial g_2}{\partial x}$ für die Existenz eines Potentials erfüllt (siehe 5.1.5).

Wenn g ein Gradientenfeld ist, kann man die *Äquipotentiallinien* (also die Niveaulinien eines Potentials zu g) aus g gewinnen: Nach 4.9.3 steht der Gradient $g(a)$ senkrecht auf jeder Äquipotentiallinie durch a.

5.5.6 Satz. *Ersetzt man in einem Gradientenfeld g jeden Bildvektor durch einen dazu orthogonalen Vektor, so erhält man ein Vektorfeld $g^\perp$ derart, dass die Äquipotentiallinien von g gerade die Feldlinien zu $g^\perp$ sind.*

Konkret kann man $g^\perp(a)$ durch Rotation von $g(a)$ um 90° gewinnen:

Zu $g(a) = \begin{pmatrix} g_1(a) \\ g_2(a) \end{pmatrix}$ setzt man $g^\perp(a) := \begin{pmatrix} 0 & -1 \\ 1 & 0 \end{pmatrix}\begin{pmatrix} g_1(a) \\ g_2(a) \end{pmatrix} = \begin{pmatrix} -g_2(a) \\ g_1(a) \end{pmatrix}$.

5.5.7 Beispiel.
Für das durch

$$g\begin{pmatrix} x \\ y \end{pmatrix} = \begin{pmatrix} -y \\ x \end{pmatrix}$$

gegebene Feld

$g\colon \mathbb{R}^2 \setminus \left\{\left(\begin{smallmatrix} 0 \\ 0 \end{smallmatrix}\right)\right\} \to \mathbb{R}^2$ gilt

$$g^\perp\begin{pmatrix} x \\ y \end{pmatrix} = \begin{pmatrix} -x \\ -y \end{pmatrix},$$

die Feldlinien zu $g^\perp$ sind Strahlen (Halbgeraden), die vom Ursprung ausgehen.

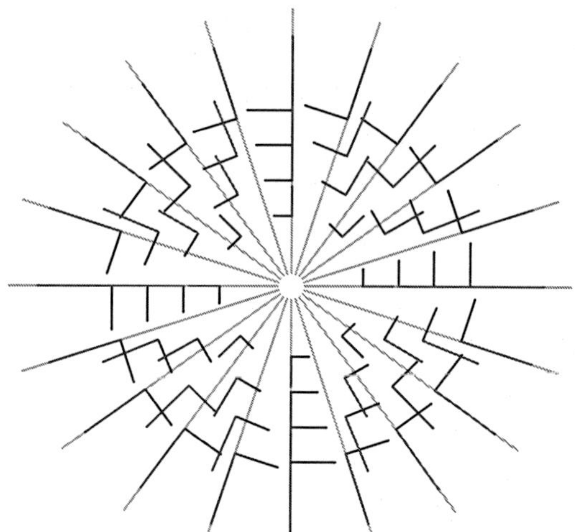

Dies sind *nicht* die Äquipotentiallinien eines Potentials zu g.

[Weil dieses Feld ja gar kein Potential besitzt!]

Wir erhalten aber dieselben Feldlinien, wenn wir das Feld g ersetzen durch das Feld

$$h\colon \mathbb{R}^2 \setminus \left\{\begin{pmatrix} 0 \\ 0 \end{pmatrix}\right\} \to \mathbb{R}^2\colon \begin{pmatrix} x \\ y \end{pmatrix} \mapsto \frac{1}{x^2+y^2}\begin{pmatrix} -y \\ x \end{pmatrix},$$

und die Feldlinien von $h^\perp$ (die dieselben sind wie die von $g^\perp$) beschreiben Äquipotentiallinien von h auf einem geeigneten (einfach zusammenhängenden) Teilgebiet des Definitionsgebietes.

Stichworte

Dieser Index enthält zunächst eine herkömmliche (alphabetisch geordnete) Liste von Suchbegriffen. Auch Symbole, die als Abkürzungen von Begriffen entstehen (wie z. B. lim oder $U_\varepsilon(a)$) sind in diesem alphabetisch geordneten Teil zu finden. Anschließend geben wir eine Zusammenstellung mathematischer Symbole (die sich leider nur in eingeschränkter Weise alphabetisch ordnen lassen).

A

L

O

P

S

W

Z

Symbole

Symbole, die durch Abkürzung entstehen (wie z. B. lim oder $U_\varepsilon(a)$) suche man im Stichwortverzeichnis.

Literatur

Lehrbücher

G. Bärwolff: *Höhere Mathematik, für Naturwissenschaftler und Ingenieure.* München: Spektrum (Elsevier) 2005 (ISBN 3-8274-1436-9).

K. Burg, H. Haf, F. Wille: *Höhere Mathematik für Ingenieure. Band 1: Analysis.* Stuttgart: Teubner 2001 (ISBN 3-519-42955-1).

K. Meyberg, P. Vachenauer: *Höhere Mathematik 1. Differential- und Integralrechnung. Vektor- und Matrizenrechnung.* Berlin: Springer 2001 (ISBN 3-540-41850-4).

A. Hoffmann, B. Marx, W. Vogt: *Mathematik für Ingenieure 1. Lineare Algebra, Analysis, Theorie und Numerik.* München: Pearson Studium 2006 (ISBN 3-8273-7113-9).

Klassiker

H. von Mangold, K. Knopp: *Höhere Mathematik: eine Einführung für Studierende und zum Selbststudium. Band 1.* Stuttgart: S. Hirzel 1990 (ISBN 3-7776-0461-5).

V.I. Smirnov: *Lehrgang der höheren Mathematik III/1.* Berlin: Deutscher Verlag der Wissenschaften 1991 (ISBN 3-326-00666-7).

Computeralgebra

Maplesoft: *Maple 13.*

M. Abell, J. Braselton: *Maple by Example.* San Diego: Academic Press 2005 (ISBN 0-1208852-6-3).

Online-Hinweise

Mathematik-Online: www.mathematik-online.org

Homepage der HM 1/2 für Ingenieurstudiengänge:
www.mathematik.uni-stuttgart.de/studium/infomat/HM-Stroppel/

Aufgabensammlungen

Mathematik-Online (Hrsg.): *Aufgaben und Lösungen zur Höheren Mathematik, Band 1: Analysis und Lineare Algebra.* Stuttgart: Mathematik-Online 2005 (ISBN 3-00-016387-5).

Mathematik-Online (Hrsg.): *Klausuren mit Lösungen zur Höheren Mathematik, Band 1: HM I und II.* Stuttgart: Mathematik-Online 2005 (ISBN 3-9810423-0-1).

Formelsammlungen

I.N. Bronstein, K.A. Semendjajew, G. Musiol, H. Mühlig: *Taschenbuch der Mathematik. Mit einer CD-ROM.* Frankfurt am Main: Verlag Harri Deutsch 2001 (ISBN 3-8171-2015-X).

L. Råde, B. Westergren: *Springers mathematische Formeln. Taschenbuch für Ingenieure, Naturwissenschaftler, Wirtschaftswissenschaftler.* Berlin: Springer 1997 (ISBN 3-540-62829-0).

E. Zeidler (Hrsg.): *Teubner-Taschenbuch der Mathematik. Teil I.* Stuttgart, Leipzig: Vieweg+Teubner 2009 (ISBN 3-519-20012-0)
(*dieses* Buch ist inhaltlich die aktuelle Version des Standardwerks, das ältere Kollegen als den „guten alten Bronstein“ kennen.)

Analysis für Mathematiker

H. Heuser: *Lehrbuch der Analysis. Teil 1 / 2.* Stuttgart: Teubner 2003 / 2002 (ISBN 3-8273-7207-0 / 3-519-52232-2).

M. Barner, F. Flohr: *Analysis I / II.* Berlin: Walter de Gruyter 2000 / 1996 (ISBN 3-11-016778-6 / 3-11-015034-4).

W. Wendland, O. Steinbach: *Analysis. Integral- und Differentialrechnung, gewöhnliche Differentialgleichungen, komplexe Funktionentheorie.* Wiesbaden: Teubner 2005 (ISBN 3-519-00517-4).